The Scientific Logic and
Thinking Process of
Systematic Approach

执简御繁

坚持系统观念的
科学逻辑与思维方法

徐浩然　胡建涛　张冠玉　著

中共中央党校出版社

图书在版编目（CIP）数据

执简御繁：坚持系统观念的科学逻辑与思维方法 /
徐浩然，胡建涛，张冠玉著 . -- 北京：中共中央党校出
版社，2024.9

ISBN 978-7-5035-7536-5

Ⅰ . ①执… Ⅱ . ①徐… ②胡… ③张… Ⅲ . ①系统科
学—研究 Ⅳ . ① N94

中国国家版本馆 CIP 数据核字（2024）第 048579 号

执简御繁：坚持系统观念的科学逻辑与思维方法

责任编辑	任　典
责任印制	陈梦楠
责任校对	王明明
出版发行	中共中央党校出版社
地　　址	北京市海淀区长春桥路6号
电　　话	（010）68922815（总编室）　　（010）68922233（发行部）
传　　真	（010）68922814
经　　销	全国新华书店
印　　刷	北京盛通印刷股份有限公司
开　　本	710毫米 × 1000毫米　1/16
字　　数	252千字
印　　张	23
版　　次	2024年9月第1版　2024年9月第1次印刷
定　　价	60.00元

微 信 ID：中共中央党校出版社　　邮　　箱：zydxcbs2018@163.com

序 一

在中央党校徐浩然教授的《执简御繁：坚持系统观念的科学逻辑与思维方法》出版发行之际，我受邀为之作序，颇感荣幸之至。我与浩然兄在系统工程研究院高级研修班上相识相知，当时由衷钦佩他作为文科研究者跨界到复杂系统科学领域同自然科学家一道切磋学问的勇气。此时，在我品读完这部书作之后，更加赞叹他们这支党校跨学科团队的执着与深邃。

这是一部恰逢其时的好书。当前，世界百年未有之大变局加速演进，世界之变、时代之变、历史之变正以前所未有的方式展开。我国内政外交无不面临着错综复杂的局面，亟须一种应对复杂性问题的理论工具来武装我们的头脑。习近平总书记指出："系统观念是具有基础性的思想和工作方法。"从治国理政的角度理解，坚持系统观念的核心要义恰恰是要把系统观念作为思想工具来认知国家治理对象的复杂性。只有当我们充分理解了国家治理对象的复杂性演化机理时，才能够正确地选择应对之策。尤其对于政策制定者而言，若不能运用复杂性思维去分析和权衡相关方的利益冲突，不能用动态的视角去预测制度实施可能带来的长远影响，那么新规落地可能就会立即遭遇强烈的反对，导致最后只能草草收场。

坚持系统观念，要求我们对复杂事物具备深刻的认知能力和科学的分析工具，这些都需要复杂系统科学理论与方法的指导。若缺乏系统观念的支撑，人们往往就容易凭直觉来处理遇到的问题。这种直觉可能是就事论事的，考虑问题的角度也可能是片面的，考虑问题的状态亦可能是静止的。《吕氏春秋·察微》中所记载的"子贡让而止善"的故事就很好地说明了这个情形：鲁国有一条法律，任何人如果肯出钱从他国解救鲁国同胞的奴隶，都可以向国家申请补偿所支付的赎金。子贡出资将一名鲁国奴隶从异国赎回，但他拒绝了国家的赎金补偿。子贡自以为做了好事却受到了孔子的批评。孔子认为，子贡本身并不缺钱，因此，为了要名声可以不要赎金，但这对那些想要获得赎金补偿的人来说却是一种道德绑架。长此以往，人们赎回奴隶的积极性便没那么高了。孔子不愧为智者先贤，对于系统观念可谓了然于胸。

回顾历史，不难发现，我们党内有一大批坚持系统观念的典范代表。长期的革命、建设和改革实践培养了大量具有系统观念的政治家、军事家。早在土地革命战争时期，毛泽东就十分善于运用马克思主义哲学中的系统观念。他认为，不能同经济、政治、文化等因素分割开来孤立地考察军事。红军除了打仗之外，还要担负起宣传群众、组织群众、武装群众，帮助群众建立革命政权及党组织等任务，这让红军从创立之初就明确了自身的职责和使命，从本质上划清人民军队和一切旧军队的界限。解放战争时期，毛泽东指出："指挥全局的人，最要紧的，是把自己的注意力摆在照顾战争的全局上面。主要地是依据情况，照顾部队和兵团的组成问题，照顾两个战役之间的关系问题，照顾各个作战阶段之间的关系问题，照顾我方全部活动和敌方全部活动之间的关系问题，这些都是最吃力的地方，如果丢了这个去忙一些次要的问题，那就难免要吃亏了。"在毛泽东和中央军委的通盘筹划下，辽沈、淮海、平津三大战役相互照应、一环紧扣一环地取得了最终胜利。毛泽东善用系统观念来认识把握中国革命和建设的一系列重大而复杂的问题，堪称坚持系统观念的典范。

20世纪80年代，钱学森在中央党校持续给党的中高级领导干部深入地讲授过系统科学理论以及从定性到定量综合集成的方法。钱老的授课曾经为党的干部们播撒了一颗颗系统观念的种子，为提升中国共产党的系统科学理论水平作出了卓越贡献。在钱学森、华罗庚、许国志等老一辈科学家们的不懈努力下，系统科学思想已深入到社会主义建设的各行各业、发挥了重要作用。今天，中国特色社会主义进入新时代，中国共产党以全新的视野积极推动人类命运共同体建设，创造人类文明新形态，这些都是基于大气磅礴的全球大系统视野而提出的，为世界其他国家推进现代化事业贡献了中国方案。

顺应新一轮科技和产业革命，我们敏锐注意到技术扩散的速率在加快，生产对象以及生产工具的关联关系的复杂度不断加深。在各行各业的实践活动中，人们还比较缺乏认知客观世界复杂性的基础理论指导，所以在面对一些复杂的情形时，大家只会用"一团乱麻""毫无头绪"来抱怨，却不知道该用什么方法去分析与解构"复杂"。那么，事物为什么会趋于复杂呢？一是推动事物发展的动力学机制中通常蕴含多重因素，而且各因素之间又存在着非线性反馈环路的因果链条，这很难用直观的线性思维来把握，即事物本身是复杂的。二是事物始终处于演化状态中，它在不断适应外部环境变化的过程中发展，这就是圣塔菲研究所的霍兰教授所提出的"适应性造就复杂性"。霍兰的弟子梅拉妮·米歇尔给复杂性下了这样的定义：没有中央控制的大型网络系统，简单的操作规则产生复杂的集体行为、复杂的信息处理以及通过学习和进化来产生适应性。同样，我们从达尔文的进化论中也得到了这样的印证——地球上的生物在"物竞天择、适者生存"的自然法则下发展成了多姿多彩的自然界。

科学技术的发展日新月异，各类系统在规模、演化性和功能涌现性等方面呈现出越来越复杂的趋势，这就要求人们不断提高驾驭复杂性的能力。随着互联网、大数据、人工智能等技术的快速发展，原来孤立的系统之间实现了紧密互联，一系列具有智能性的系统进行动态组合构成了智能复杂体系。智慧城市、智慧园区、智慧工厂、未来战场都可以视为某种特殊的智能复杂体系。譬如，人们在军事方面驾驭武器系统复杂性的实践就是体系化联合作战。联合作战体系能力的形成主要是通过情报侦察、指挥控制、火力打击、综合保障等功能环节构成闭合的杀伤链来实现的，其核心思想是将原来由单个武器平台独自完成的杀伤链解耦后，由多个平台协同来完成，从而扩大了侦察的范围，增加了火力打击的手段，并可通过网络的重构来提升整个体系的弹性恢复能力。在联合作战核心思想指导下，美军提出了一系列新型作战概念：从网络中心战到分布式杀伤，再到全域联合作战与马赛克战，这都体现出了体系化、智能化、无人化、动态重组与自适应等诸多复杂性特征。美军的战争设计者们已经将复杂性定义为重要的战争武器，他们提出要通过增加己方装备体系的复杂性与不确定性，来给对方造成决策时间与战备资源的压力，并叫嚣打一场中国人看不懂的战争。殊不知，在中国人面前说战略，美国人不过是班门弄斧罢了。《孙子兵法》有云，"吾所与战之地不可知，不可知则敌所备者多"；"形人而我无形"，这些经典论述都体现了中国人很早就认识到要利用战争中的不确定性来达到出其不意的战略效果。美军的战争设计者们终会发现，他们曾经吹过的牛都在他们的对手那里一一实现。

当然，其实复杂事物并不可怕，其背后的规律往往也十分简单。中国围棋只有黑白二子，棋盘纵横却有三十八线，共三百六十一个棋点，对弈起来变幻无穷。沈括在《梦溪笔谈》中谈到围棋的变幻数量时，称"大约连书万字四十三"，即3的361次方，因而有"千古无同局"的说法。若以一秒钟数过一种棋形变换来计算，要把全部的棋形数完，大约要数亿年的时间。因此，认识事物复杂性的关键是掌握推动复杂事物演化的隐藏规则。虽然在自然系统中，从无机世界到有机世界存在着各种复杂性，但就推动自然系统演变的规则来说，无非是自然界存在四种基本作用力：分子之间的强作用力、弱作用力、两个质量物体之间的万有引力以及电荷在磁场中的电磁力。自然系统正是在这四种基本力的组合作用下涌现出各种复杂的现象，并推动系统不断向前演化发展。虽然社会系统发展过程中涌现出了各种复杂的经济、政治、文化现象，但中西方人类社会形态的演变进程竟出奇地一致，都经历了原始社会、奴隶社会、封建社会、资本主义社会（中国明代便出现了资本主义萌芽）。资本主义社会里孕育出了科学社会主义，它指出了人类社会发展的终极目标是共产主义社会，而社会主义社会是共产主义社会的初级形态。人类社会形态的发展像是被一只无形的手在推动着，这一只无形的手就是唯物史观所定义的社会基本矛盾，即生产力与生产关系、经济基础与上层建筑之间的交互作用。

正如"执简御繁"的书名一样，我们只要把握了复杂事物背后的一般规律，便能以简单手段来驾驭复杂性，从而实现执简御繁的目标。作者在论述中提及，"在不同学科群之间推动协同创新和集成创新，探索出在不同学科领域都相互印证的规律性认识；只有这样才能真正弄明白坚持系统观念的堂奥，科学有效应对数智化时代国家治理的复杂性难题"。为此，全书充分吸收了复杂系统科学的范式方法，提出了系统观念的10个认知范畴，分别是"复杂，关键、反馈、演化、秩序、循环、周期、信息、协同、网络"，这十个认知范畴构建出了坚持系统观念的科学逻辑与思维方法，为指导分析与解构复杂性提供了多维视角和理论指导。

徐浩然教授长期耕耘在党的干部教育第一线，能够深刻领会马克思主义世界观和方法论的核心要义。他既深谙马克思主义经典文献，同时又能主动对接智能革命时代的技术进步、推动科学社会主义理论范式建构。早在2017年，他便敏锐地认识到复杂系统科学理论方法对于智能时代国家治理体系现代化的重要意义。于是，他以班超投笔从戎的决心投身到复杂系统科学研究中。近年来，恰逢党中央把"坚持系统观念"提升到经济社会发展必须遵循的原则的高度，这使他大受鼓舞。多年的潜心研究，终于结出胜利的果实。这本书是系统科学理论研究领域的又一力作，跨学科意识突出，既符合专业水准，同时又通俗易懂，填补了系统观念从哲学社会科学走向自然科学普及过程中的知识空白，更为人们学习"坚持系统观念"的核心要义提供了一本好的理论教材。

这本书有一个非常有趣的着墨方式：作者在翔实整理西方学者系统科学理论的同时，又充分彰显出对中华优秀传统文化的自信。一般系统论、系统动力学、信息论、协同学、控制论、突变论、耗散结构理论、超循环理论、复杂适应系统论与复杂网络理论等理论尽是西方自然科学的杰作，虽然我国代表性的系统科学成果只有钱学森提出的复杂巨系统理论和从定性到定量综合集成方法，但我们既不能妄自菲薄，也不能固步自封。中华文化源远流长，其包容性赋予了其强大的生命力，使其成为世界上唯一没有中断过的文化，本书很好地体现了这种包容性：书中每一章节都以老子的《道德经》作为引语，恰如其分地点出了章节的思想要义，体现了中国古代哲人深邃的思想。当今世界西方文明越来越显出其颓势——大规模工程建设停滞不前，社会治理更是沦为资本的禁脔，毫无经验的素人在资本的裹挟下也能成为国家管理者。唯有我泱泱中华，在党中央的正确领导下，全国各族人民投身全面建成社会主义现代化强国、实现第二个百年奋斗目标的伟大历史进程中，以中国式现代化全面推进中华民族伟大复兴。

长风破浪会有时，直挂云帆济沧海！《执简御繁：坚持系统观念的科学逻辑与思维方法》的出版只是一个闪亮的开场。我相信，凭借这股矢志不渝、踔厉奋发的干劲，徐浩然教授领衔的跨学科团队必将在未来复杂性理论与科学社会主义交叉领域大放异彩！

黄百乔

中国船舶集团有限公司系统工程研究院研究员

序　二

　　初识中央党校徐浩然教授是在一次出差的路上：当时，我们同在由中央网信办组织的一个跨学科考察组里乘坐高铁从天津前往武汉，途中，他问了我很多有关算力的技术问题。我很好奇，一位党校教授为什么对大科技有浓厚的兴趣？深入切磋后，我发现，他近些年广泛涉猎复杂系统科学。原来是一位跨界学者！我们之前经常听说自然科学专家跨界到人文社会科学，但确实很少听闻有人文社会科学专家跨界到自然科学中来。本书作者以唯物辩证法的视野，综合运用多种复杂性科学范式梳理了系统观念的科学逻辑与思维方法，角度别致，深入浅出，对工程技术领域实践以及治国理政都有着深刻的启迪。

　　演化之宇宙，繁复万千，奥妙无穷。人类文明薪火相传，不断尝试征服复杂性挑战。马克思、恩格斯基于唯物主义的认识论指出，这个过程并非一帆风顺，因为人的认识不仅在客观上"受到历史状况的限制"，也在主观上"受到人的肉体状况和精神状况的限制"。尽管如此，人类孜孜以求探寻真理的路如同莫比乌斯环一样无穷无尽。求索不止、求知有道。在这一过程中，人类形成了一系列认识复杂世界的方法。在过去较长的一段时期，还原论方法是经典科学方法的内核，它不仅在历史上推动了近代自然科学的发展，还深刻影响着当代人的思维方式。还原论主张将高层的、复杂的对象分解为较低层的、简单的对象来处理。通俗来讲，如果一件事物过于复杂以至于难以解决，那么就可以将它分解成一些足够小的问题分别加以认识，而后再将它们组合起来，以此获得关于复杂世界完整准确的理解。19世纪初，法国数学家拉普拉斯在他的概述论里称，"我们可以把宇宙现在的状态视为其过去的果以及未来的因。如果一个智者能知道某一刻所有自然运动的力和所有自然构成的物件的位置，并且假设他也能够对这些数据进行分析，那么宇宙里从最大的物体到最小的粒子的运动都会包含在一条简单公式中。对于这个智者来说没有事物会是含糊的，未来只会像过去般出现在他面前"。这个智者被后人戏称为拉普拉斯妖，成为物理学"四大神兽"之一。还原论在很长一段历史时期备受推崇，人们利用经典力学等基础物理学对诸多现象进行了还原论式的解释。直到20世纪初相对论、量子力学等新理论的产生，还原论才开始得以有力的矫正。人们发现，类似于双缝干涉、测不准原理类微观世界的复杂表现以及疫情、气候类混沌系统的不可预测现象皆无法在还原论的思维框架内寻求解答。

复杂系统科学是一种强调用整体论和还原论相结合来分析系统的方法，是一种研究系统各元件之间关系如何引起整体涌现行为和系统如何与环境相互作用并形成关系的科学方法。许多科学家已经意识到，一些随机、不可预测的现象无法仅靠单一学科加以解释，因此越来越多的人投身于交叉学科研究。1977年，比利时物理化学家普利高津因创立耗散结构论而荣获诺贝尔化学奖。1984年，一些科学家在美国新墨西哥州建立圣塔菲研究所，专门从事复杂系统的研究。2021年，三位科学家凭借复杂系统的相关研究成果荣获诺贝尔物理学奖，以表彰他们为理解复杂物理系统所作出的开创性贡献。数据表明，在过去的20年里，约有一半的诺贝尔奖获得者来自交叉学科领域。复杂系统科学既是一种前瞻性研究方向，也是一个跨学科研究领域。复杂系统科学吸收了许多不同领域的贡献，例如来自物理学的自我组织研究、来自社会科学的自发秩序研究、来自数学的混沌理论研究、来自生物学的适应研究等。因此，复杂系统经常被用来作为一个广泛的术语，涵盖了许多不同学科问题的研究方法，包括统计物理学、非线性动力学、人类学、电脑科学、气象学、社会学、经济学、心理学和生物学等。

　　系统复杂性的彰显往往随观测者的认知变化而变化。以一个极端情境为例：假设观测者是一个二分类模型认知系统，那么其观测到的系统状态也仅会被分类为一个二进制位（bit），即系统的状态仅被分为0和1两种。这个极端简化的观测者模型仅具备极小的认知能力，于是系统的属性也呈现出了两个离散状态。随着观测者认知能力和认知水平的提高，系统虽不变，但系统的属性将更多呈现出来。在微观物理层面，观测者面对的是微小的粒子和它们的行为，包括原子、亚原子粒子以及它们之间的相互作用甚至波粒二象性、量子纠缠这种微观世界的奇特性质，这远比分类问题复杂得多。在宏观宇宙的层面，我们关注的是广袤的宇宙结构，包括星系、星云、行星和恒星等。观测者的认知决定了我们如何理解宇宙的起源、演化和未来。我们观测到宇宙背景辐射、星系团的分布以及宇宙膨胀的证据，这些观测为宇宙学理论提供了重要数据。从托勒密的地心说到哥白尼的日心说，再到现代宇宙学的银河系小旋臂；从经典的三维空间到多维时空，再到认识时间与物质和引力场相互作用，无不体现人类在不同历史时期对宇宙的认知水平的演变，这也增加了系统的整体属性。更为复杂的是，观测行为本身就会增加系统的复杂性。不确定性原理指出，观察者与系统的互动可以改变系统的状态。观察者的测量行为会导致波函数坍缩，从而导致无法确定粒子的位置或动量，并且更精确的能量测量也会导致时间的不确定增加。这个过程展示了观察者对于微观粒子行为的影响，同时也揭示了量子世界的复杂性。正因为观测行为会影响系统状态，因此我们更需要从包括观测行为在内的整体系统的角度来阐释相关现象。

度量精度体现着人们对系统复杂性的认知水平。从理论上说，一根棍子能撬动整个地球，一根棍子也能承载整个地球文明。前者只需一个支点，后者只需精细的度量。棍子的长度值只要足够精细，精细到可以解码出整个地球文明的编码信息量，地球文明便可被承载于这一根棍子上，这在理论上是确实可行的。作为人类，我们的感知精度在面对复杂系统的时候就显得过于粗糙。人的感知能力包括视觉、听觉、触觉、嗅觉和味觉，其中，听觉上的最小可觉差（Just Noticeable Difference）通常为1dB左右，小于1dB的频率响应，人类是无法区分的。此外，人类在触觉上最小可觉差为5克左右，在视觉上最小可觉差为两个亮度相差约1%的灰度级别。常见的摄像头的每个像素单元一般用8~14bit表示，而在一些高动态域的场景下可用高达20bit表示。也就是，摄像头的灰度差异量化精度是人的2~10000倍。一般的重量测试设备测量时可以精细到克，精密天平则可以精细到毫克甚至微克，这些也远远高于人的感知精度。而人作为系统观测者需要借助越来越精密的工具来实现更为精细的观测系统。我们所说的信息化就是针对现实物理世界而言的，其过程在于部署不同传感器，即人们给予一定激励，采集反馈的模拟信号，并进行采样量化，最终以信息的形式进行存储、传输和表达。这一过程中间，需要经历模数转换（Analog to Digital Converter），即将系统的各种维度的模拟信号量化成数字信息。而我们所说的智能化则针对的是数字系统，是在算力之上部署算法来进行信息的再凝练。这一过程增加了信息的横向连接，最终能够实现基于全局的感知、认知和决策。随着认识工具的进步，观测者不再局限于人，这意味着观测维度的增加和量化精度的越发精细。于是，有关系统的研究也就会随之而更加复杂、全面。

当今时代，算力就是生产力，它是支持复杂性科学蓬勃发展的基础。在强大算力的支持下，我们能够处理更多、更复杂的数据，能够构建更复杂的模型，能够对系统做更精细的测量……人们掌握的微观联系越多，推理预测的精度就越高，这同时使我们对事物有了更为系统的认识。例如，在求π的精确值过程中，我们可以用反三角函数的泰勒级数展开式来计算，也可以用割圆迭代法逐步逼近，还可以用蒙特卡洛方式统计得出。第三种解法是笔者所常用的：一方面，它的思想可以解决更多问题，像非规则图形面积求解、特征匹配问题、路径规划问题等都是可以借鉴的；另一方面，它可以在成本与精度之间找到平衡点。基于这一解法，强大的算力能够帮助我们用通用算法快速解决更多通用问题，这同时也促进了算法的进步。研究人员得以利用更多计算资源优化和改进算法，以便更好地处理和分析数据，提高模型性能，并使复杂系统的建模更加准确。

大型深度学习模型已经成为一种重要的生产工具，对于许多领域的发展和创新起到了关键作用。实际上，我们常常提到的大模型是一种广义的概念，涉及了一系列因素，如计算物理极限（算力）、信息容量（数据）和认知能力（算法）等。这里既包含大量的数据，包含着人类毕生都无法学习和记忆的海量信息，又包含了庞大的算力和脱离了任何碳基生物无法突破的计算物理极限，同时也包含了复杂的算法，突破了人类能够连接的宽度和深度。今天的大模型依赖于思维链、提示工程。更聪明的算法依赖于 Transformer 结构类网络模型和海量的数据，依赖于硅基芯片的不断发展和更庞大的算力。由此，量变引起了质变，现阶段已经出现了超预期的"涌现现象"。面向未来，随着算力和算法的进步以及海量数据的纳入，大模型可能进入强人工智能时代，继而演进成为一种"超人"。提升算力、利用算力，有助于大模型快捷地吸纳和存储不同领域的知识。与此同时，再透过个体之间相互作用来研究集体行为，我们也将能更好地解释复杂系统。

如上所言，复杂系统涉及的领域几乎涵盖了所有学科。例如，在不到十年的时间内，人工智能的研究与应用迅猛发展，甚至已经触及人类社会的伦理原则。时至今日，大数据、大模型、大存储、大算力、高通信带宽让大模型的涌现能力在一定程度上超出了人类认知。人们的研究越深入。随着系统的复杂度逐渐增加，各种产业开发模式便应运而生，如数据驱动、软件定义硬件。此外，科学研究范式也层出不穷，如第五范式、AI4S等。任何一个从事电子工程或者计算机科学的研究或工程人员都无法单方向解决问题，加之AI在各个行业的渗透，这些都直接促成了科学与产业在各个领域的大融合。

几年前，我在搭建人工智能系统的编译平台过程中观察到一个现象：无论是学术界还是产业界，研究和开发电气工程的人很多，而从事计算机科学研究的人却很少，数据通信、无线基带、终端设备开发等主流产品应用更多依赖于具有电气工程背景的人才。随着人工智能不断渗透到各个行业，计算机科学人才的需求急剧增加，一时间洛阳纸贵，这类人才的薪资在几年之内成倍增长。为了适应这种需要，一些有相关工作经验但缺乏计算机科学领域实践的人通过重新学习来适应变化。同时，这一现象也催生了许多新兴研究方向，如数据科学、数据分析、对抗与安全和人工智能伦理等。有趣的是，一些原本不涉及人工智能领域的医疗、教育、建筑、交通、机械等专业的学生也开始重视人工智能应用，他们将本专业知识与人工智能相结合，产生了许多实际有效的跨领域融合。在这样的背景下，我们的研发团队规模逐渐增加至逾百人，平均年龄不到27岁。除了大部分计算机科学出身的人之外，还有一些学哲学、物理、地质科学、天文学、数据通信，土木、游戏开发方面的专业人才。

借助他们复合的专业知识，我们开发出了当时国内第一代人工智能的底层编译框架。在学术界，人工智能的复杂性也促成了很多跨学科的协作甚至学科融合，比如 ECE 电子与计算机工程，EESC 电气工程与计算机科学。事实证明，这种学科融合在复杂系统研究过程中尤为必要。

在实际项目执行过程中，我们也曾遇到过一些对系统研究复杂化的消极看法。例如，企业在面临重大问题时，往往希望掌握全部情报并作出最有利的判断。但实际上，这并不现实，因为我们无法获得全部情报，或者说我们无法承担获取全部情报的成本。因此，我们只能在有效成本和有效情报的前提下作出当下最合适的决策。一些负责具体工作的执行者在认定工作无法量化的前提下往往会研究越深入，系统就越复杂，甚至需要进入新的专业领域。这种想法使得解决问题本身变成了最复杂的问题。于是，他们消极执行，甚至编排错误信息，最终导致决策失误。举一个简单的例子：如果企业没有将自身视为复杂系统中的一部分来思考经营策略，只按照商业逻辑做事而忽视了国际大环境，把创业当成布朗运动，其最终会因为盲目踏上赛道而踏上不归之路。

在科技飞速发展和国际局势风云变幻的当下，越来越多的人对于复杂系统展现出了极大热情：非线性、离散控制、网络、层次、分布式、反馈、分形、信息、协同、随机等思想逐步深入人心，很多已经成为各个学科研究的主流思想。我们非常期待看到更多跨领域合作推动复杂系统研究的进一步发展。

在我们的生活中，复杂系统是一个令人着迷的对象。它让貌似简单明了的世界充满了未知和想象，并在每一条寻常小路上布下了通往星河的隧道，让我们在面对一切"意外"的变数时可以更快速、更冷静地找出"意外"扇动的翅膀。

借着徐浩然教授的跨学科团队出版新作之际，我将上述关于复杂系统的思考和感悟整理成文，希望能够启发更多人去探索这个令人着迷的领域。《执简御繁：坚持系统观念的科学逻辑与思维方法》不仅有助于理解系统复杂性的根源，更能提升我们思维的深度和广度。无论是从事科技领域的专业人士，还是需要面对日常琐事的普通人，深入研究复杂系统都将为我们的刹那而逝的生命带来深远磅礴的回响。

《金刚经》云："微尘众，即非微尘众，是名微尘众""三千大千世界，即非世界，是名世界"。只有拨开层层表象，才会见知微尘星云。

希望这篇序言能够激发更多人了解复杂系统、探索复杂系统，更加深入地体会到坚持系统观念的科学逻辑与思维方法的重要意义，从而更好地理解和改善我们的世界。

江广

苹芯科技首席科学家

目　录

目 录

引　言

　　系统观念是中国共产党治国理政秉持的一套科学思想方法。万事万物是相互联系、相互依存的。坚持系统观念，就是要用普遍联系的、全面系统的、发展变化的观点观察事物，如此才能真正地把握事物的发展规律。当前，世界百年未有之大变局加速演进，新一轮科技革命和产业变革深入发展。我国是一个发展中大国，仍处于社会主义初级阶段，正在经历广泛而深刻的社会变革，推进改革发展、调整利益关系往往牵一发而动全身。因此，坚持系统观念，有助于我们通过历史看现实、透过现象看本质，统筹好微观和宏观、当前和长远、主要矛盾和次要矛盾、特殊和一般的辩证关系，为前瞻性思考、全局性谋划、整体性推进党和国家各项事业提供强大的方法论。

　　系统观念是客观世界在普遍联系和运动变化中呈现的多样性、非线性、涌现性等现象在人们头脑中的一般反映，主要表现为一系列整体论的思维方法与认知集合。在哲学维度上，系统观念的理论基石是唯物辩证法。马克思、恩格斯主张世界是物质的，物质在时空领域内是普遍联系、相互作用的，这就是一种系统观念。在自然科学维度上，20世纪80年代以来兴起的复杂性科学[①]，持续丰富并拓展了系统观念

[①]　研究复杂系统和复杂性问题的交叉学科也被称为复杂系统科学或复杂科学。

的思维方法和概念体系。著名物理学家霍金曾预言：21世纪是复杂性科学的世纪。因此，要深入把握系统观念，还应在辩证唯物主义世界观方法论的基础上充分吸收复杂性科学的理论范式。

2021年，复杂系统（Complex Systems）一词一度出现在诺贝尔物理学奖官方网站中最醒目的位置上。当年，瑞典皇家科学院将诺贝尔物理学奖授予了三位物理学家，以表彰他们"对我们理解复杂物理系统的开创性贡献"。其中，美籍日裔科学家真锅淑郎（Syukuro Manabe）、德国科学家克劳斯·哈塞尔曼（Klaus Hasselmann）因为"地球气候的物理建模，量化可变性并可靠地预测全球变暖"的研究共享了诺贝尔物理学奖的一半奖金；意大利科学家乔治·帕里西（Giorgio Parisi）因为"发现了从原子尺度到行星尺度的物理系统中的无序和涨落的相互作用"而获得了诺贝尔物理学奖的另一半奖金。从爱因斯坦和普朗克开始，100多年来，人类的科学探究在一定意义上正是沿着复杂性视角确立的方向不断进步的。2021年诺贝尔物理学奖的揭晓，更加诠释了复杂系统科学的光明前景和时代意义。①

真实世界是复杂的，物质在时空领域内相互作用，事物之间因此产生了非线性关系。在这个意义上来看，系统观念是一种认识和改造客观世界的复杂性思维，因为坚持系统观念有助于人们全面把握世界的复杂性。在2021年诺贝尔物理学奖的颁奖词中有两个关键词："气候"和"无序"。所谓"无序"，是指事物之间发生的一种无规则、不稳定的随机联系，这是人们对各种复杂现象的直观感受。可是，"无

---

① 参见徐浩然：《从2021年诺贝尔物理学奖看复杂系统科学的时代意义》，《学习时报》2021年10月27日。

序"也不是绝对的，"无序"中也可能蕴含着"有序"。获奖物理学家的研究有一个共同点，即从无序的复杂系统中寻找有序，再运用数学工具建立物理模型，从而在一定范围内精确预测混沌演化的结果。正如马克思在《资本论》第1卷中所表达过的一个观点：商品的价格和价值量之间经常背离，说明"规则只能作为没有规则性的盲目起作用的平均数规律来为自己开辟道路"。[①] 人类社会是一个复杂系统，秩序同样也不是绝对的，而是一种从混沌中演化而来的"复杂有序"。《道德经》说："孰能浊以止，静之徐清？孰能安以久，动之徐生？"辩证地认识有序与无序的关系，是体会系统复杂性的要点之一。19世纪的马克思和恩格斯基于一系列新社会因素以及自然科学发展（如细胞学说、进化论）向辩证思维复归的历史事实，运用唯物辩证法对物质在时空领域内的普遍联系进行的科学探索以及运用历史唯物主义对人类社会演化动力学的揭示都充分反映出了马克思主义的复杂性视域。面对自然界与人类社会演化的复杂性问题，我们将更加深刻地领会到辩证唯物主义和历史唯物主义的世界观和方法论所具有的重大指导意义。

提到系统观念，就离不开"复杂"这个概念。复杂，在现代化语境中是一个高频词汇。我们在分析形势时强调当前世界百年未有之大变局加速深刻演变，全球动荡源和风险点增多，外部环境复杂严峻。在人才培养中，我们经常强调要建设一支爱党爱国、敬业奉献、具有突出技术创新能力、善于解决复杂问题的专业队伍。在社会主义现代化强国建设中，我们党也把全面深化改革视作一项复杂

---

① 《马克思恩格斯文集》第5卷，人民出版社2009年版，第123页。

的系统工程，强调创新是一项复杂的社会系统工程。复杂性是现实世界的显著特征，复杂性问题会随着人类社会发展的时空尺度变化以及伸缩幅度加大而越来越突出。近代以来的大多数科学发现都有其适用的尺度范围，一旦超出限定条件，就要随时予以修正。我们正处在一个发生深刻而复杂变化的时代，"不确定性"是这个时代最大的"确定性"。当前，我们越是深入探究自然和社会的奥秘，就越是能敏锐感知到变幻无穷的复杂性。三位物理学家的研究成果让我们看到了复杂系统科学的适用性，更加让我们坚信这一前沿理论方法能够有效帮助人类应对日益凸显的复杂性问题。

集大成者，方得智慧。复杂系统科学的研究覆盖了从生命、宇宙到经济社会的一系列复杂性问题。2021年诺贝尔奖融入了对人类社会发展起决定性因素的重大事件的考量，深耕复杂系统科学的获奖者因其对人类命运的科学关怀而荣获表彰，复杂系统科学的引领意义不言而喻。从15世纪下半叶开始，基于还原论的自然科学迅速发展起来。人们把自然界分解为各个部分，把各种自然过程和自然对象分成一定的门类，对有机体的内部按其多种多样的解剖形态进行研究。以牛顿为代表，近代自然科学形成以后，科学家开始习惯于将整体还原成局部来加以认识，比如化学研究分子，物理学研究原子，生物学研究器官、组织、细胞等，而往往事物所反映出的不确定性恰恰就源于局部之间的耦合关系。恩格斯批判还原论是"把各种自然物和自然过程，及其内部各个部分和过程孤立起来"，认为还原论无异于撇开宏大的总的联系去考察事物。而复杂系统科学地把大千世界视作一个整体，按照沃尔德罗普的说法，它是诞生于秩序与混沌边缘的科学，其研究难度相当高。面对纷繁复杂的物理、信息和社会系统，复杂系统科学敢于突破学科壁垒，并且有能力提供一套全新的、可以理解复杂系统属性的概念体系。

当代科学技术发展的一个显著趋势就是不同领域相互交叉融合并向一体化综合性方向发展。习近平总书记在2020年科学家座谈会上强调，科技创新特别是原始创新要有创造性思辨的能力、严格求证的方法，不迷信学术权威，不盲从既有学说，敢于大胆质疑，认真实证，不断试验。① 推进原始创新，要求广大科技工作者敢于提出新理论、开辟新领域、探索新路径，但这不是毫无章法的编造。跨学科交叉研究是促进原始创新的重要途径。在20世纪获得诺贝尔自然科学奖的466位顶尖科学家中，具有学科交叉背景的人数占总获奖人数的逾40%。例如，乔治·帕里西就在粒子物理学、统计力学、流体动力学、凝聚物、超级计算机等多个领域作出过重大贡献。21世纪以来，全球科技创新进入空前密集活跃的时期，新一轮科技革命和产业变革正在重构全球创新版图、重塑全球经济结构。信息、生命、制造、能源、空间、海洋等领域的原创突破为前沿技术、颠覆性技术提供了更多创新源泉，学科之间、科学和技术之间、技术之间、自然科学和人文社会科学之间正日益呈现出交叉融合的趋势，科学技术从来没有像今天这样深刻影响着国家的前途命运，也从来没有像今天这样深刻影响着人民的生活福祉。在这样的背景下，我们必须摆脱近代以来科学研究方法上的还原论束缚，主动做"智者不夸其所长"的典范，不能因学问越做越深而使知识面越来越窄。

因此，我们要在不同学科群之间推动协同创新和集成创新，探索

---

① 参见习近平：《在科学家座谈会上的讲话》，《人民日报》2020年9月12日。

出在不同学科领域都能够相互印证的规律性认识。只有这样，才能真正弄明白坚持系统观念的堂奥，科学有效应对数智化时代国家治理的复杂性难题。随着人类对物质世界运动规律认识的不断深化，自然科学与人文社会科学的方法互通性日益凸显，从而延伸出了大量交叉学科，譬如复杂经济学——一种基于量子力学世界观以及经过熊彼特技术创新理论重新建构了的经济学研究范畴，其拓展了如收益递增、路径依赖、随机性小事件、进化等多个范畴。为了更有效地解决经济社会的治理难题，复杂系统科学向人文社会科学领域延伸是大势所趋。19世纪中叶，英国完成了第一次工业革命。那个时候，马克思、恩格斯就曾敏锐地发现社会化大生产是一种历史趋势。今天，我们正在经历大数据和智能化驱动的第四次产业革命，社会化大生产之"大"，无论是在规模还是在深度上都超越了19世纪。人类命运共同体在全球供应链体系与数字基础设施的矩阵中将进一步超越国界、深入互联互通，虚拟空间与现实世界的结合将在时空叠加的宽广维度上更加紧密。[①] 在一个万物智联的时代，经济社会系统是开放的，其耗散结构特征也将越来越明显。系统的"新陈代谢"始终伴随物质和信息的流动，这是远离平衡态的，而在远离平衡态时又会产生一种使之趋于平衡的动力。我们一方面感慨于现代化的突飞猛进，另一方面也会忧虑于不确定性和不稳定性明显增强所带来的隐藏的危机与挑战。目前，已经有学者通过引入复杂性科学方法来拓展科学社会主义方法论，以此来推动科学社会主义的经典范式和命题在21世纪的语境下深化更新，譬如海因茨—迪特里奇基于系统论、控制论对社会主义演化发展的复杂

---

① 参见徐浩然：《大数据时代的社会化大生产》，《学习时报》2020年7月10日。

动态性研究以及一些学者基于量子复杂系统理论对社会主义建设体系的研究，这些研究都是值得重视的。

近些年来，复杂系统科学已然呈现出强劲的崛起之势，但也因其宽广的跨学科特质和抽象的概念令人望而却步——混沌、分形、涨落、涌现、动力学、平衡态、无尺度等名词看似让人摸不着头脑。其实，复杂系统科学并不复杂，无论科学家将它嵌入昆虫群落、神经网络还是公司规模的哪个场景，复杂系统科学的最基本关切都是大量简单个体如何通过自组织涌现出有序的整体并且实现不断学习和进化。列宁曾说，神奇的预言是神话，科学的预言却是事实。复杂系统科学敢于在不确定性中寻找确定性、在无序中寻找有序。因此，面对大千世界的复杂性难题，它将用科学照亮未知的路，为人类文明的进步贡献智慧和力量。

本书以唯物辩证法为指导，充分吸收了复杂性科学的范式方法，整理了理解坚持系统观念的10个认知范畴。全书的写作逻辑如下：开篇首先介绍了复杂性认知，这是全书的逻辑起点。其次，依据霍兰的复杂适应性系统理论（CAS）揭示出复杂系统的理论架构。再次，重点融合了一般系统论、系统动力学、信息论、协同学、控制论、突变论、耗散结构理论、超循环理论、网络科学、政治经济学等理论方法，经过跨学科交叉研究，深入阐述了坚持系统观念的科学逻辑与思维方法。

全书的第一章名为复杂。人类社会系统最大的特点是复杂。毛泽东认为，"世界上的事情是复杂的，是由各方面的因素决定的。这是他从马克思主义哲学视角对复杂这一概念给出的诠释，即万事万物在时空领域内是普遍联系、相互作用的。那么，我们该如何揭示万事万物相互作用的机制呢？遗传算法之父霍兰（John Holland）于1994年创立了复杂适应系统（Complex Adaptive System，简称 CAS），为我们建立了科学的分析框架。它主要涉及复杂系统的7个维度：聚集、标识、非线性、流、多样性、内部模型、积木。CAS 的基本单元是有适应能力的主体，其核心目标是维持其生存发展，即"持存"。主体之间借助各种要素的流动与流通建立起深层联系。在这个过程中，系统通过不断学习并反复验证，推动形成了适应环境的内部模型。CAS 在内部模型作用下，能够高效响应来自环境变化的刺激，从而增加生存机会。积木是内部模型的生成机制和基本构成要素，主体可以通过调整积木块的配搭来完善内部模型。为了更好地持存，系统主体会自发地在标识机制的指挥下聚集形成具有更大行为能力的新层次，新层次则能够涌现出单个主体所不具备的特性与能力。从主体到介主体再到介介主体，复杂适应系统往往会演化出越来越复杂的层次结构。在宏观系统的演化中，个别主体会随环境变动而出现、成长、进化直至衰亡，新的层次也会在聚合中不断涌现，促使多元主体随之派生出来，推动系统在适应环境变化过程中朝着越来越复杂的方向演化。

本书的第二章名为关楗。系统动力学的创始人福瑞斯特（Jay. W.Forrester）认为，系统结构中存在某些"杠杆点"，即我们所说的"关楗"，它是人们通过以小变量的干预来引发较大影响的关键环节，在系统动力学的意义上能起到四两拨千斤的作用，能够使系统的运动状态或行为发生显著改变。本章从系统的变量、反馈回路、时间延迟、目标这四个维度探寻了影响系统状态和行为的关楗。系统的流量与存量被称作变量，对流量进行调节是常见的干预手段，往往能快速而直接地改变系统的状态或功能。存量具有慢变的特点。一个比较大且稳定的存量可以视为防止系统发生振荡的稳定器，它为系统提供了自我调适的回旋空间，从而有利于疏通主体之间的协同关系。当系统中具有因果关联的变量之间形成连续性的互动时，反馈回路就出现了。调节回路具有将系统中某些变量维持在目标范围内的功能，可消除外部干扰对系统的影响，是系统自发保持稳态的机制。然而，调节回路的效能是有限的，它不可能校正所有偏差，并且过强的调节机制也会阻碍系统的变革。增强回路是系统成长的动力引擎，它每运转一次，都会使系统朝着自身运转方向进一步强化，因而它是系统出现增长、爆发、衰退和崩溃的根源。一个不受限制的增强回路最终会导致系统崩溃。具有反馈回路的系统从输入刺激到输出反应之间必然会存在时间间隔，它能够在反馈过程中深刻影响各类变量的变化速度，这就是时间延迟。时间延迟是系统发生振荡的重要来源，设置和调整时间延迟是干预系统的一种方式，延长或缩短它们会使系统行为产生显著变化。目标是影响系统运行的指挥棒，它不仅有维系各组分单元之间有机关联的作用，而且在很大程度上还引导着系统结构形态的演化。因此，改变系统目标常常能使其状态或行为发生重大变化。此外，目标错位会导致系统朝着不符合预期的方向演化。系统的关楗深刻影响着系统整体的性能，因此，把握关楗有助于人们科学高效地控制系统、改造系统。

本书的第三章名为反馈。反馈是理解复杂系统各主体之间以及系统内外部环境之间关系的十分重要的认识范畴。根据控制论，反馈因信息递送方向不同分为顺馈和反馈两种。信息从系统的输入端传至输出端的过程是顺馈，从输出端反向馈送到输入端则是反馈。人们常用一系列相互连接的变量组成的闭合回路来表示系统各要素之间的持续反馈过程：一个刺激从某处出发，再经过一系列环节又反作用于自身，这个闭环就是反馈回路。其中，增强回路能够增强事物原有的变化态势，调节回路则具有抵消变化、维持稳态的功能。无论一个系统多么复杂，都由增强回路和调节回路架设起来的网络构成，系统所有动态变化都源于这两种反馈回路的交互作用。反馈回路运转异常会直接妨害系统功能的发挥，一些特定的反馈回路组合模式还会使系统天然存在结构性缺陷，从而产生各种问题。这些常见的系统模型又被称为系统陷阱或系统基模。本章依据反馈回路的不同类型及其耦合模式，介绍了两大类共包含以下几个方面的系统基模：从系统成长状态看，一些系统在成长中会遭遇限制而出现"增长极限"；同类的增强回路之间会因反馈关联弱化易而形成"公地悲剧"；彼此竞争的调节回路嵌入增强回路时会引发"竞争升级"；彼此竞争的增强回路易又会导致"富者愈富"（马太效应）。从系统运行的障碍来看，目标相异的调节回路之间相互掣肘可能会导致任何大的变动都遭遇"阻力"；调节回路内的"规避规则"则会削弱其调节效能；过度依赖"治标不治本"策略的会导致系统易陷入"目标侵蚀"或"饮鸩止渴"的陷阱，从而受制于负向趋势的增强回路。理解这些系统基模的动力学特点，有助于我们在实际工作生活中快速识别和诊断系统性障碍，进而找到解决问题的关键。

本书的第四章名为演化。复杂系统总是处于运动中，演化反映的是系统在较长时间段内的一种变化趋势，它是指系统状态和特性发生的不可逆变化。譬如，蝴蝶效应的发现打破了确定论对人类思想的桎梏，说明系统长期行为是无法被精准预测的，任何初始条件的微小偏差都将导致演化结果的巨大变化。系统长期行为对初值的敏感依赖性在系统演化过程中具体表现为混沌运动，其中，蝴蝶效应就是一种典型的混沌现象。基于洛伦兹方程与逻辑斯蒂方程这两个演化模型可以发现，系统演化在非线性作用下经过反复迭代后会不可避免地进入到混沌区。此时，系统演化呈现为确定性非周期运动，其状态点随着时间的推移将在相空间内描绘出奇异吸引子的形状。在奇异吸引子中，这些状态点被吸引到有限区域内，而运行轨道却存在随机性。奇异吸引子类属于分形结构，包含分数维、自相似性等特征。系统演化的复杂性一般被具象为混沌序，虽貌似无序，但却复杂有序，诠释了有序与无序、确定性与随机性在系统演化中的辩证关系，从科学的角度印证了唯物辩证法的重要价值。在系统的演化中，混沌区与周期区总是交替出现，即"你中有我、我中有你"。这也提示了我们不应苛求完全的确定性，也不应迷失于常态的不确定性中，而是要辩证地看待系统情况，立足整体演化趋势做出判断，主动谋求复杂有序。

本书的第五章名为秩序。反映系统运动状态的秩序，通常建立在规则的基础上，因此"有序"是系统主体塑造的结构层次以及相关要素之间有规则的联系或转化。"无序"则是系统主体塑造的结构层次以及相关要素之间无规则的联系和转化。系统始终处于演化的过程中，因此秩序不是僵化的，而是有序与无序之间的对立统一状态。有序与无序既相互排斥、相互区别，又相互依存、相互贯通。系统中既不存在绝对的有序，也不存在绝对的无序。系统是有序和无序的共生体。若系统有序程度过低，其整体功能的发挥就会受到限制，甚至会面临生存危机；若系统内的规制性因素过多，其灵活性和创造性就会受到限制，系统的适应力则会下降，脆弱性就会增强。因此，我们既要避免陷入混沌的"无政府状态"，又要警惕形成一味排斥无序因素或将控制等同于秩序的偏颇认知。系统的秩序在开放的条件下能够实现进化，开放会使系统能够从环境中纳入有序因素并排出废弃物，进而使系统能在动态的耗散过程中形成具有高度适应力的"活"秩序。具有自组织临界性的系统，其秩序在自组织过程中会自发连续更迭。正如一个不断有沙粒落下的沙堆，随着时间推移，它会不断发生由沙粒滚落引起的坍塌，又会不断形成新的稳态，这种不断更迭的秩序是在开放的非平衡条件下自发产生的。系统之所以能够实现整体大于部分之和，秩序的生成与进化至关重要，这是认识系统的一个重要范畴。

本书的第六章名为循环。循环是系统耦合的结构方式。与链式耦合和分支式耦合不同，循环是一个往复的运动过程。在这一过程中，系统各主体互为因果，彼此之间有着深度的"相干作用"，具有"整体大于部分之和"的复杂特性。如果说反馈是系统同一层级内的非线性过程，那么，循环就是系统不同层次之间的递进和涌现。在系统科学中，德国化学家艾根（Manfred Eigen）立足于生命起源问题创立的超循环论，将循环问题应用至系统的自组织生成与演化之中。艾根认为，从化学分子到生命细胞是一个自组织进化的过程，需要有等级层次的系统机制特别是多层次循环耦合机制来保证。而超循环正好能够满足这一要求：它以催化循环为分系统，形成循环的循环，其中每一个复制单元既能指导自己的复制，又能对下一个中间物的产生提供催化帮助，具有更高的组织水平。在生命系统演化过程中，依托拟种（一些不稳定的、暂时性的突变体）的相互作用，超循环得以出现并稳定地保持下去。此外，超循环能够选择性地保留有用突变，促使系统在同一层次向复杂化方向前进、由低层次向高层次进化。作为非线性反应网络，超循环能够保证生物基本特征（代谢、自复制和突变性）的发挥，维持信息积累和新信息的产生，是克服信息不足所必需的复杂程度最低的动力学结构。超循环理论摆脱了近代还原论的束缚，是系统科学从有机整体论走向生成整体论的开始，其与中国传统文化也有一定联系。例如，中医医学作为中国在生命科学领域的独特贡献，以生成论关注人体运行，诸如气机学说等，集中体现了超循环的观念。艾根从生物分子中概括出的超循环模型具有生成论的哲学意蕴。与强调空间与还原的构成论不同，生成论重视时间与演化，这在中国古典哲学中亦有所体现，为我们理解与分析复杂系统的演化提供了必要的文化养料。

本书的第七章名为周期。事物在运动、变化发展的过程中，其某些特征会多次重复出现，而连续两次出现所经过的时间则被称为周期。周期性在经济系统的演化过程中最为明显。周期的存在意味着系统状态或行为的变化具有某种规律性。现代经济学之父亚当·斯密指出，经济系统基于自组织机制具有一定自我调控功能，能够自发保持稳态、实现秩序。然而，经济系统的自发秩序并非稳态。马克思认为，资本主义固有的基本矛盾使经济系统呈现繁荣和危机交替出现的周期性波动。不同时代的经济学家们为刻画周期的形态做了大量工作：从较长时间尺度上看，经济周期既有三四年的短周期，也有十年左右的中周期，还有五六十年的长周期，它们处于并存且相互联系的关系之中。从较短时间尺度上看，早期学者认为，市场波动是完全随机的，其涨落在统计图上呈正态分布（扣钟形曲线）。然而，这一模型无法容纳极端的波动现象。于是，有学者提出，经济的波动是"粗头壮尾"式的，即市场的小规模涨落服从正态分布，涨落规模越大，则"出现概率越低"。无论时间尺度如何，经济系统的周期性波动都具有分形特点。周期的成因是复杂多样的，经济系统中主体的行动是造成周期性表现的重要原因，如主体之间的非线性作用会生成群动效应，从而使经济出现较大波动。互动元体模型模拟了主体、组群之间的互动，指明了这种内生性因素会导致系统阶段性地发生大幅震荡而后复归稳定的原理，如此便形成了周期。应对周期波动，需要我们进行科学规划，要建立长周期管理思维，重视周期波动引发的震荡及其叠加效应，善于化危为机，并对系统运行进行跨周期以及逆周期的宏观调控。

　　本书的第八章名为协同。协同揭示了系统从无序到有序或者从一种有序状态到另一种有序状态的自发演化机制。德国科学家哈肯（Hermann Haken）提出了协同学理论。他围绕自然界和人类社会存在的各种有序、无序现象，着眼于若干子系统产生系统宏观结构和功能的过程，探究了在普遍规律支配下的系统自组织涌现和演化。系统宏观特性的产生离不开微观层面的有序结构，即主体间的协同行为。哈肯以激光器为例说明了序参量是系统各组分竞争与合作的必然结果，一旦产生，就会具有支配各组分协同运动的作用。生物形态的形成和演化受到协同机制的影响。协同在信息反馈中完成，系统各主体承担的职能也因此得以明确。从自然界来看，黏菌的最优捕食、水螅的再生能力都与此相关。不仅是某种生物本身，在不同生物之间同样也存在着协同行为。共生便是竞争环境中演化出的协同现象。共生与竞争都是生物关系中的相互作用形式。共生强调"互补"，而竞争则强调"替代"。生物在竞争与共生中结成了复杂的协同演化关系，产生了多样的生态位。系统在出现有序状态之前，往往会经历一个多种可能状态同时存在的阶段，此时，系统具有对称性，具体表现为空间均匀性、时间不变性、各向同性等。打破对称性、涌现秩序的突破点在于涨落。涨落描述了系统偏离平均值的起伏状态，是形成系统有序结构的动力，推动着系统的动态演化。社会系统中同样存在协同作用，团结而成的集体力量就是其经典表达。协同是系统内各个主体的相互作用达到一定程度的产物。协同作用在形成有序的同时，也能够促使系统在有序结构的更迭中实现优化。掌握协同方法，能够帮助我们在处理部分和整体、差异与同一、合作与竞争、支配与服从、偶然与必然等矛盾时更好地把握形势、找准方向，寻求最优、凝聚力量。

本书的第九章名为信息。信息是系统各主体之间、系统与环境之间相互作用的流体。信息依附于消息、数据、知识等载体之上，反映的是主体交互的内容。狭义信息论的创立者克劳德·香农（Claude Elwood Shannon）将信息定义为"对不确定性的辨析度"，并指出信息是对不确定性的度量，信息的作用在于消除不确定性、增加确定性。香农借助数学工具、以概率的方式具象了信息的计量问题，指出对于主体而言一个随机事件发生的概率越大，其信息量就越小，反之，则信息量越大。他将比特作为信息量的基本单位，让不同形式的信息拥有了相同的衡量标准。香农的信息论建构出了系统通信过程的数学模型，其主要包括以下结构要件：信源与信宿、信道以及编码器与译码器。在通信过程中，由于剩余的存在、噪声的干扰以及信息本身的共享性、可生灭性等特征，信息所展现出的是一种动态属性。这就要求我们在获取、处理和应用信息时同样要具备动态思维。香农信息论的研究目标在于实现信息传输系统的最优化。对此，他主要从信源与信道两方面入手进行了理论阐发：在信源方面，他引入了信息熵的概念，并提出了相应的数学计算公式来描述信宿在通信前已经面对的整体不确定性程度。信息熵联系着信息消除不确定性的能力。信息熵越大，其在通信后所能为信宿消除的不确定性就越大。在信道方面，香农对信道容量进行了考量，指出信息熵与信道容量在数值上应相互匹配才能保证通信的高效经济。信息与系统自组织过程有着密切联系，"麦克斯韦妖"设想所引发的后续讨论也说明了信息的动态变化能够为系统带来有序。而以化学钟和生物遗传编码过程为例，可以发现，信息对于构筑系统形态所具有的重要作用。新信息的产生和流动能够为系统有序带来活力。为此，我们应推动信息在开放环境下的流动共享，让系统在确定性与不确定性之间、秩序和活力之间实现动态平衡。

本书的第十章名为网络。从具象化的角度看，复杂适应系统在人类社会演化中的表现形式之一就是网络。特别是随着人工智能、大数据与云计算的广泛应用，参照 CAS 的特性与机制，我们可以把网络节点视为主体，以他们之间的交互关系（即连接）为边，使流通过边在各主体之间持续运转。网络是由节点以及节点之间的边构成的聚合体，是各主体进行相互作用的载体。复杂适应系统中嵌套着大量网络结构，其适应性变化本质上体现为流的运动方向的变化，继而使网络结构发生节点或边的出现、消失现象。网络科学最初诞生于数学的图论，是复杂系统科学的一个分支，它在21世纪的最新形态表现为复杂网络科学，其经典成果是小世界网络理论和无标度网络理论。大千世界比我们想象得要小，一些网络的集群性较高（具备连接度较高的中心节点）且平均路径较短，这就是小世界网络。节点能够利用网络中的"捷径"，从而实现辗转很少步骤就能联系到其他节点，因此，整张网络就会显得很"小"。社会学中的"六度分隔"理论描述的正是这种小世界现象。小世界网络出现在规则网络和随机网络之间，是具有高度复杂性的网络形态。交通网络、交际网络、互联网和万维网、生物血管网络都是小世界网络。其中，互联网和万维网是一种特殊的小世界网络，其特殊性在于网络的形态受"幂律"支配、结构具有自相似性，这就是无标度网络。无标度网络具有稳健性，其抗随机冲击能力较强。然而，当我们把打击目标精确瞄向少数关键的中心节点时，网络又显得十分脆弱。网络结构是各类复杂系统的通用属性。由于网络的分形结构是幂律的来源之一，且诸多系统的变量之间存在幂律关系，因而这鲜明反映了复杂系统的非线性特征。总之，网络的思想为我们理解万事万物的普遍联系提供了科学视角，有助于我们对复杂系统的非线性动力学过程形成具象化的认识。

综上所述，系统是大千世界存在的基本方式，"涌现"是系统的本质属性。老子曾在《道德经》中说："天地万物生于有，有生于无"。古诗也有云："天街小雨润如酥，草色遥看近却无。"这里的"有生于无"以及"润如酥"所展示的就是一种系统宏观上的涌现性。在复杂系统中，各组分单元、要素之间的链接关系不是单向的，而是具有"因果互变性"，即在某个阶段由"因"引起"果"，而在下一个阶段又使"果"又成为"因"。复杂系统的演化正是各组分单元、要素之间非线性交互作用的趋势。当前，我国发展环境面临深刻复杂变化，发展不平衡不充分问题仍然突出。过去在社会主义还没有作为一种制度形态出现时，恩格斯就以唯物辩证法的眼光指出了社会主义社会"不是一成不变的东西，应当和任何其它社会制度一样，把它看成是经常变化和改革的社会"。[①] 这也告诫了我们：全面建设社会主义现

---

① 《马克思恩格斯文集》第10卷，人民出版社2009年版，第558页。

代化国家是一项复杂的系统工程，曲折反复在所难免，不可能毕其功于一役。因此，我们在前进的道路上更要坚持系统观念，坚定不移一张蓝图绘到底，让总体谋划在久久为功的实践过程中涌现出来。

第一章 复杂：万物普遍联系的作用机制

道生一，一生二，二生三，三生万物。万物负阴而抱阳，冲气以为和。人之所恶，唯孤、寡、不谷，而王公以为称。故物或损之而益，或益之而损。人之所教，亦我而教人。强梁者不得其死——吾将以为教父。

——《道德经》第42章

　　复杂是一个高频词汇。如今，人们经常用它描述形势的变幻莫测。譬如，政治学家认为，当今世界正在经历百年未有之大变局，国际社会已经发展成为一部复杂精巧、有机一体的机器，拆掉一个零部件就会使整个机器运转面临严重困难。人们在日常工作生活中也会经常提及复杂一词，但若问其缘由，恐怕能说清楚者寥寥无几。按照现代汉语的解释，复是指"往返"，杂则是说"混合"。在人们的观念世界里，复杂通常意味着杂乱无序。毛泽东认为，世界上的事情是复杂的，是由各方面的因素决定的。这是他从马克思主义哲学视角对复杂一词给出的阐释，即万事万物在时空领域内是普遍联系、相互作用的。遗传算法之父霍兰（John Holland）于1994年创立了复杂适应系统（Complex Adaptive System，以下简称 CAS）理论，为人们用计算机模拟达尔文进化论的自然选择以及遗传学的生物进化过程提供了理论基础。CAS 理论为我们认识与把握人类社会等复杂适应系统建立了科学的分析框架，它主要涉及系统的聚集、标识、非线性、流、多样性、内部模型、积木共7个维度。从 CAS 的视角出发，我们能够全面把握复杂系统整体的持存、适应、恒新等生命特性。复杂适应系统之所以复杂，并不在于其内部结构要素之间的关系多么纠缠，而是源自系统组分的"适应性"。复杂系统内部嵌套着大系统，大系统又嵌套着小系统，各个层次之间以及它们同环境之间是一种相互作用的关系。可以说，"适应性"造就了"复杂性"，使复杂系统整体逐渐从组分聚集中涌现出来。例如，原子通过编织相互间的化学键而确立了最小的能量形式，从而形成了分子的涌现结构；人类通过相互之间的买卖关系来满足其自身需求，从而创建了市场这个巨大规模的涌现结构。

一、主体聚集：复杂系统构成单元的行为逻辑

主体是经济学领域常用的一个概念。在 CAS 中，主体（Agent）是系统的基本构成单元（也称组分），用来说明基本单元的能动性。如果说人的大脑是 CAS，那么单个的神经元就是主体；如果说企业是 CAS，那么单个职员就是主体。如果说 CAS 的主体是活的，那是因为其会对其他主体以及内外部环境作出反应，并且能够通过调整或改变自身来适应各种各样的变化。

CAS 的体积有大有小，内部构成主体有很多，各个主体的行为主要受"刺激—反应规则"支配，也可以简单理解为"有对主体的输入，就会有主体接续的输出"。这里，让我们来打个比方作以说明：假设天气降温是一种刺激性输入，那么人们加厚衣服就可以视为对输出性反应的表现。CAS 之所以能够由简单走向复杂，也正是由于主体具备基本的反应能力。这里所谓的简单，主要是就主体的行为逻辑来讲的，而复杂指的是在这样简单的刺激—反应规则支配下，CAS 整体却能演化出多样和多变的结构功能。霍兰在《隐秩序：适应性造就复杂性》一书中说："对一个给定主体，一旦我们制定了可能发生的刺激的范围，以及估计到可能做出的反应集合，我们就已经确定了主体可以具有的规则的种类。"[①]

---

① 〔美〕约翰·H. 霍兰著，周晓牧、韩晖译：《隐秩序：适应性造就复杂性》，上海世纪出版集团2011年版，第8页。本书就研究复杂现象所提炼的系统科学范式，主要参考了霍兰教授的成果。我们认为，《隐秩序：适应性造就复杂性》的理论综合与深刻洞见为不同学科观察复杂性如何涌现建构了一个普遍的视角，霍兰对于人文社会科学与自然科学的跨学科交叉研究设置了一个明确的路标，所以本书在认知逻辑上主要是以霍兰的 CAS 为分析框架，同时依据具体章节的主题设计再引入物理学、生物学、哲学、数学以及经济学的理论方法。

例如，一群人在聚餐时，有的人吃辣椒可能会流眼泪，而有的人却能越吃越起劲。由此，我们可以根据主体之间反应集合的差异把他们分成两类不同的集群，即不能吃辣的人和能吃辣的人。

虽然"主体受刺激—反应规则支配"这条规则看起来很简单，但大量主体在它的支配下却能演化出无比复杂的系统。从生物学视角来看，其奥秘就在于：受刺激—反应规则支配，主体为了持存（活下去），不得不积极适应内外部环境变化，然后作出自身结构与功能的调整。从系统的输入—输出过程看，CAS 的反应集合也会随环境的变化而变化，这意味着在不同的环境条件下，即使遇到同样的刺激性输入，CAS 也可能会因环境的改变而产生截然不同的输出性反应。另外，CAS 主体所处的环境是多维度的，它既涉及系统外部，也包括由其他主体塑造出来的内部场景，且主体与主体之间互为彼此生存的环境。譬如，对一家企业来说，作为适应性主体面临的环境可能是消费群体、政府部门、社会组织等。他们要根据市场需求、生产条件、政策环境、行业规范等因素来确定自己的经营方向和组织架构。与此同时，企业内部也会形成独特的文化环境：各主体之间既相互支持、合作，又相互制约、竞争，而且在外部环境影响下形成的企业管理方式也会进一步塑造各主体之间的关系状态。

聚集（Aggregation）是自然界和人类社会常见的现象。在自然界中有蜂屯蚁聚、鸟集鳞萃的行为，在人类社会中，人类也有呼朋引伴、云集景从的习惯。聚集是 CAS 的重要特性，也可以看作主体组织起来的过程，其主要包括他组织与自组织两种类型。所谓他组织，即在独立组织者以及明确的目标规划引导下的聚集过程，反之则是自组织。CAS 研究关注的主要是自组织聚集。主体聚集后，会形成更加密切的相互作用，于是他们便会逐渐找到相对稳定的关系模式，并形成具有一定结构的聚集体。新的聚集体往往具有超越个体的集体行动能力。例如，个人组成创业团队，团队又发展为企业，诸多企业再聚集而成市场。聚集的过程也是分层次推进的。全球化正是世界各国、各民族和地区一步一步经过聚集整合而后出现的一种趋势。全球化使人类社会在较大的时空范围内成为结构功能越来越高级的复杂系统。

古语有云："物以类聚，人以群分。"主体在同一个层次上的聚集所形成的聚集体一般称之为"介主体"，介主体与介主体进一步聚集所形成的称为"介介主体"，以此类推至于无穷。为什么会这样？答案也很简单——那就是所谓的"抱团取暖"：聚集会给每个主体营造更具韧性的生存空间，这将有助于每个主体的持存和发展。然而，我们并不能将主体聚集简单地理解为"物以类聚"的机械合并，因为这一过程实有"众煦飘山，聚蚊成雷"之意。聚集是适应性主体的聚集，只有聚集起来才能为系统整体涌现出新的特性创造条件。如果为 CAS 建立一个数学模型，那么"类"就是其中的一个基本元素。介主体的形成就是主体分类的过程。正是因为分类聚集，所以复杂系统才会形成层次性。比如，企业所设置的战略规划部、思想教育部、市场营销部、技术开发中心等就是"类"的体现。聚集推动了介主体、介介主体不断生成，于是，系统整体便会涌现出一定水平的秩序结构。在每个层次上，主体聚集起来就能够产生个体所没有的功能。比如，就人体器官来说，心脏的功能和肺的功能就是不一样的。

总之，系统之所以会出现"整体大于部分之和"的涌现性，关键就在于主体聚集后生成了系统的层次性，它们之间的"化学反应"进一步塑造出了 CAS 的运行规则以及宏观的秩序结构。从社会学的视角看，我们也可以把聚集看作一种组织化和再组织化的过程。

二、标识：主体聚集分类的引导机制

复杂适应系统的主体聚集起来会生成介主体，它们之间存在着比较明显的边界。在这个过程中，始终有一种机制在发挥作用，即标识（Tagging）。标识如同一面旗帜，增加了主体在一定环境内的辨识度，指引着主体向同类处聚集。从信息论的角度讲，在 CAS 演化过程中，主体应归为哪一类需要有信号来指引，这个信号就是标识。譬如，在政治领域中，一个政党高举自己的旗帜，这就相当于标识出了自身的"反应集合"。于是，具有相同政治主张的人就会因此而聚拢过来。在我们的日常生活中，标识也处处可见。比如，当我们驾驶汽车在高速公路上行驶时，去哪个地区或从哪个路口驶出，都需要看交通指示牌，否则就会走错路。再如，人们周末逛商城的时候，要买皮鞋还是墨镜，要看门牌广告，否则就会走冤枉路。如果没有标识的引导作用，那么主体分类聚集而成介主体的过程将是低效的、漫长的、不稳定的。

在一个复杂系统内部，标识包含的信息量越小、规定要素越模糊，它所聚集的主体同质性就越弱，但聚集的规模可能会比较大。反之，标识包含的信息量越大、规定要素越明晰，它所聚集的主体同质性就越强，聚集的规模可能也就比较小。这就好比某领域的行会组织与维护全国消费者权益的协会相比，显然前者成员的同质性要高且规模较小，而后者成员的同质性较弱且规模更大。一般来说，同质性越强的系统，其协同能力越强，这在政治组织上表现得很为明显：列宁在领导无产阶级革命政党同孟什维克斗争的过程中就体现了这个特点。1903年，在俄国社会民主工党第二次代表大会上，以列宁为代表的布尔什维克派同以马尔托夫为首的孟什维克派之间就以何种纲领将政党组织起来发生了争论。列宁认为，为了保证党的战斗性，必须缩小党的概念，关闭投机分子混入党内的大门。马尔托夫则借用西欧社会民主党的条文，主张尽量扩大党的概念，以便吸引更多人支持党的事业。事实证明，列宁以民主集中制缔造的无产阶级政党，其组织性、战斗性要强于马尔托夫松散的政党。

那么，CAS 的标识机制又从何而来呢？它又是如何演化的呢？

霍兰认为，主体与主体之间具有选择性相互作用，这就意味着标识的确立不是强制的，它需要一个选择的过程，主要是自组织与他组织共同作用的结果。在现实生活中，人们往往把自组织与他组织对立起来，但二者其实能够相互转化。换言之，自组织与他组织是对立统一的关系。复杂适应系统在自组织的过程中也会酝酿出他组织的形式。从起始点看，主体聚集的标识可能是主体自主选择的结果。随后，不同的主体、介主体、介介主体又随之形成，它们之间存在明确的边界。一旦某类标识机制确立起来之后，随着时间的推移，主体聚集也就转变为他组织了。从唯物辩证法的角度看，当标识确立下来后，CAS 主体之间偶然的、随机的聚集行为就变成了自觉的活动。标识主要是为了帮助主体建立起他与环境之间的吸引、排斥关系，同类主体间相互吸引，不同类的主体间则会彼此排斥。在吸引和排斥的作用下，系统便会分层次塑造自身的秩序结构。

CAS 的标识机制是由主体之间相互适应演化出来的，当环境发生改变，原标识机制确立的主体间吸引排斥的关系也会随之调整，这又会进一步推动形成新一轮的主体聚集。例如，在移动通信终端的发展历程中，诺基亚曾是传统非智能手机市场的霸主，这个品牌代表着最好的品质，市场占有率一度高达40%。2007年1月，乔布斯正式推出了第一台苹果手机 iPhone 2G，这对诺基亚来说是一个历史性拐点，诺基亚从此衰落直至近乎销声匿迹。随后，越来越多的消费者主体抛弃了非智能手机，转而使用功能更丰富、操作更流畅的智能手机。市场环境发生了变化，尽管诺基亚并没有降低自身的品质，但仍无法阻止消费者向贴上了智能标识的手机品牌聚集靠拢。

三、非线性：主体之间复杂关系的数学描述

非线性是一种数学语言，在复杂系统科学中则是一个高频专业术语。如果两个变量之间存在一次方函数关系，就称它们之间存在线性关系。线性在这个世界中只是特例，其实非线性才是物质运动的本质属性。譬如，在和尚挑水吃的故事当中，从理论上讲，三个和尚肯定是一个和尚挑水量的三倍，可实际情况很可能是"三个和尚没水吃"，其中的缘故就在于三个和尚之间发生了非线性作用。

老子说："道生一，一生二，二生三，三生万物。"万物负阴而抱阳，冲气以为和。老子所讲的"一""二""三""万"乃至"和"都蕴含着 CAS 在非线性作用下演化复杂秩序的意味。主体"一"的聚集形成"二"，"一"和"二"的聚集又涌现出新系统"三"。正是由于非线性作用，主体的聚集才不会成为机械的叠加，而是体现出作为"和"的整体涌现性。万事万物的复杂秩序由此化生。

那么，如何理解 CAS 主体之间（介主体、介介主体）的非线性相互作用？对此，霍兰给出一个十分有趣的生物学模型：有一家叫作哈

德逊湾的公司收集了几个世纪的数据，记录了皮毛产量与猞猁数量变化的关系。霍兰利用这些数据建立起了一个数学模型，这有助于我们清楚地看到非线性引起的复杂性：

　　假设有捕食者（如猎人）和被捕食者（如猞猁）两类主体，二者之间是捕食与被捕食关系，霍兰用这个数学模型中模拟了二者互动中的数量变化。设 U 表示给定1平方公里区域的捕食者数量，V 表示同一区域的被捕食者数量，则每单位时间的相互作用数（比如他搜索领地的平均速率）是 cUV。c 为常量，即捕食效率。若 c 是0.5，$U=2$，$V=10$，那么每天每平方公里双方的遭遇次数是10。若将捕猎者和猎物数量分别扩大二倍，即 $U=4$，$V=20$，那么 $cUV=40$，即每平方公里遭遇次数为40次，这是原来结果的4倍。在这里，我们很容易就能够看到非线性现象的出现：因变量不是随着自变量线性增长，自变量扩大了2倍，而因变量却扩大了4倍。两个变量的乘积关系导致了非线性，也就是说捕食者与被捕食者之间的相互作用不能用两者各自活动的加和得到。

　　下面，我们把 cUV 纳入系统动力学视野来考虑群体随着时间变化而产生的非线性的数量变化：设 $U(t)$ 表示 t 时刻捕食者群体的数量，$V(t)$ 表示 t 时刻被捕食者群体的数量。为了描述两类群体的生老病死，设所有捕食者群体的出生率为 b，死亡率为 d，那么捕食者在 t 时刻的出生数为 $bU(t)$，死亡数为 $dU(t)$。若不考虑捕食者与被捕食者之间的相互作用，捕食者群体数量仅在生老病死作用下，随时间变化的表达为：

$$U(t+1)=U(t)-dU(t)+bU(t)$$

同样的，不考虑相互作用，设被捕食者群体的出生率为 b'，死亡率为 d'，那么被捕食者群体随时间变化的模型为：

$$V(t+1)=V(t)-d'V(t)+b'V(t)$$

现在，我们将捕食者和被捕食者之间的相互作用加入考虑。由于捕食者每次捕食成功后都会有助于后代的繁衍，从而使种群数量增长，因此，我们引入常量 r 表示被捕食者作为食物对捕食者种群的有益程度（转化为后代的效率）。那么，引入两者相互作用后，捕食者群体多增加的数量为：

$$r\left[cU(t)V(t)\right]$$

将捕食者群体自然生老病死的数量和受相互作用影响而增加的数量综合起来，我们就会得到捕食者的数量变化：

$$U(t+1)=U(t)-dU(t)+bU(t)+r\left[cU(t)V(t)\right]$$

那么，对于被捕食者来说，捕猎将增加它们的死亡数。这里，我们可以用 r' 表示二者相互作用时捕获和死亡的容易程度。我们得到的被捕食者群体的数量变化是：

$$V(t+1)=V(t)-d'V(t)+b'V(t)-r'\left[cU(t)V(t)\right]^{①}$$

需要注意的是：CAS 始终处于动态演化过程，因此捕食者与被捕食者之间的关系不可能一直是平衡的，在某个时间点上很可能出现系统的震荡。但这又是为什么呢？

在限制假设条件下，猎人捕猞猁，这意味着猎人的数量会增加，

---

① $U(t+1)$ 和 $V(t+1)$ 这一对方程就是著名的洛特卡—沃尔泰拉模型，霍兰想用该模型说明捕食者与被捕食者关系在时间轴上的强烈震荡，这同哈德逊湾公司记录的数据状况相符。

猞猁的数量会减少。而随着猞猁数量的减少，猎人就没有更多的猞猁用于生产，其自身生计也必然会受到影响，继而影响后代生育。等到猞猁再增加至一定数量的时候，反过来又会使猎人的数量增加，这就是一种相互作用的非线性关系，即猎人的数量会经历一系列在猎物充足或匮乏之间的波动。系统中的很多关系是非线性的，它们的相对优势变化与存量的变化是不成比例的。捕食者和被捕食者的相互作用关系可用两种反馈回路描述：一种是捕食者受益于猎物增加而使整个群体数量增长。对捕食者来说，这是一个增强回路，但对于被捕食者来说，因为被捕食致使其自身的种群数量减少，这就变成了一个"方向向下"的增强回路。任何事物都是相对的，反馈系统中的非线性关系导致了不同回路之间主导地位的转换，从而相应地引起了系统行为的复杂变化。

到此，我们可以得出这样一个论断：用线性的办法处理非线性问题是行不通的，因为 CAS 主体之间的作用是非线性的，其具有非常多的可能性。所以，非线性系统在时间轴上的演化具有极大的不确定性。

我们再举一个简单的例子：设定一个车间有 5 个工人，其中有 2 个熟练工、3 个新手。因为工人的熟练程度不同，假设熟练工每小时可以生产 3 个阀门、新手只能生产 1 个，那么，1 天工作 8 个小时，最后生产的阀门数量就是（$2 \times 3 \times 8$）+（$3 \times 1 \times 8$）。显然，这是一种加权的线性计算办法。可事实上，用线性方法确定的生产效率在非线性系统中是不管用的，因为车间无法确保每个工人的熟练程度能否保持在一个水平上不变。今天一个熟练工每小时可生产 3 个门阀，但没准明天就是 2 个，若干年后又会变成 1 个，所以无法测算总体的生产效率。而且熟练工和新手的不同比例组合也会对生产任务能否完成造成影响，这便是非线性因素带来的干扰。

四、流：主体之间相互作用的介质

如果只看字面意思，恐怕大多数人都会对流（Flows）这个 CAS 的特性感到困惑。到底是什么流？流量、人流、车流……这个概念形象地刻画了 CAS 内信息、能量或物质在主体之间的运动状态，流在交通系统中可以是车辆，在金融系统中可以是货币，在通信系统中可以是语言。至于流到底是什么，这要取决于 CAS 的应用场景。我们经常感慨社会系统研究困难大，因为把握和捕捉其中的"流"十分不易。仅从经济角度来说，流主要体现在生产要素上，资本、技术、管理、经验、知识、劳动力都可以是具体的流，这些流要素在主体之间、介主体乃至介介主体之间流动着，就会推动 CAS 出现"化学反应"。所谓主体之间存在联系，实质是有某种流在他们中间奔涌，主体之间互动最鲜明的特点就是有流动。

流具有变易适应性（Changing Adaptation）。我们以网络场景下的系统为例：随着时间变化，流在一张网络上可能消失，也可能生成或增加，这正是变易适应性的体现。为了便于理解，我们可以想象流要素是在网络节点与节点之间的连线上的一种流动。当新的节点出现时，新的连线也会随之建立，相应的流要素会在相互连接的各个节点之间流动。连线反映的是主体之间存在的关系，如果相互作用没了，也就意味着流动的消失或者转移。在这个过程中，标识机制发挥着重要作用，因为标识能够定义网络节点的属性，并标记该节点在网络中的功能。例如，超市会售卖各种日常消费品，我们在路上见到超市的广告牌，就知道走进去可以买到吃的和用的。但是，如果想要跳广场舞，走进超市就不对了。通过标识机制，网络中不同的节点建立起各自对应的作用关系——连接什么或不连接什么（流向哪里或不流向哪里），或者当某节点的标识机制出现障碍、功能紊乱时，则网络就会淘汰该节点，此时流就会随着连线的消逝而在该节点处止断。

流在网络上的运动主要由两个机制发挥作用：乘数效应和再循环效应。

在经济学领域中，乘数效应（Multiplier Effect）是一种宏观的经济现象，是指经济活动中某个变量的增减引起总量变化的一种连锁反应状态。通俗地讲，乘数效应就是放大效应，类似于人们常说的蝴蝶效应。网络中，某个节点输出一种行为变化，就会引起网络上其余节点的反应，继而出现乘数效应。经济网络中的"价值增殖"，其内在机理就是资本在循环过程中释放的乘数效应。以盖房子为例：有房东要造一栋新房子，便找来一家建筑商施工，建筑商又召集了10个工人。房东需支付20万元给建筑商，建筑商留下2万元后，再支付18万元给工人们，工人们留下8万元后付10万元给建材商店。在这一连串的买卖过程中，建筑商、工人、建材商店都因获得了一定数额资金而创造了分工所贡献的价值。我们假设20万元如果只攥在房东自己手里，不流通则什么也创造不出来。而一旦经由交换使用，房东盖起来了新房子，建筑商获得了收益，工人们有了工作，20万元的使用价值就通过网络被放大了。

乘数效应是网络和流的主要特点。无论流的形态和属性如何均是如此，其关键在于网络节点上的主体受刺激—反应规则支配。有刺激

（输入）就会有反应（输出），所以流要素经过某个节点后自然就会发生反应，而各种反应在非线性作用下也就放大了流的效应。乘数效应也可以分解为为什么要发展市场经济这一问题：因为市场经济下的网络是开放的，各个市场主体之间是普遍联系、有来有往的，流可以在网络中自由流转。当资金以及其他生产要素在市场上流转起来，乘数效应就产生了。

再循环效应（Recycling Effect）说的是多种流体在网络节点之间的变易与交换，例如矿石被冶炼成钢后，汽车厂用这些钢制造汽车，而当汽车被废弃后则重新再被冶炼成钢，这就是再循环。我们可以简单演绎一下这个再循环过程：在汽车产销网络上有三个节点，即矿石供应商、钢材生产商和汽车制造部门。为简化过程，我们假设1单位的矿石能够产出1单位的钢材，1单位的钢材又能够产1单位的汽车。钢材生产商将一半钢材转给汽车制造部门进行生产，假如矿石供应商运送1000单位的矿石、钢材生产商生产1000单位钢材，最终，在网络中将转换为500单位的汽车。我们继续假设：钢材厂生产的钢材有一半能够回收再利用并重新炼制成钢，那么，1000单位的钢材最终能通过回收重新产出500单位的钢材，继而又可以制造出250单位的汽车。1000单位的矿石经过网络和流的一轮再循环，最终产生了1500单位的钢材和750单位的汽车。显然，通过相同的原材料输入，每个节点会通过再循环转换出更多的资源。

再循环会增加系统的输出量。如果将其放到复杂适应系统中看，其所带来的整体效应可能是惊人的：本应贫瘠的热带雨林，在强大的再循环效应下能容纳丰富的物种就是一个典型例证。因为热带雨林多暴雨，暴雨的溶滤作用容易使土壤中的养分快速流失，从而使土地变得极端贫瘠。但有趣的是，热带雨林在物种种类和个体数量上都极为丰富。据说，热带雨林中的一棵大树可以聚藏成千上万个不同的物种，这在很大程度上源于热带雨林强大的获取和再生所需养料的能力。热带雨林演化出了一套其特有的自我加工系统，使各种养分（流）在被雨水冲进河流之前就已被利用了无数次，也使流在各个不同物种之间形成了无尽的循环。再循环效应反映出了复杂适应系统的鲜活生命力，这是系统主体之间非线性作用的显著效果。

五、多样性：系统生态建构的基础条件

多样性的存在首先源于主体之间的相互作用关系，因为任何主体的持存都要依赖其他主体所提供的环境。北京城里有公园、商圈、住宅、车站、医院、烧烤店、水果摊，不同类型的主体被安置在由"以该主体为中心的相互作用"所限定的生态位（Niche）上。所谓生态位，简单讲就是主体在系统中占据的位置。换言之，每个主体都据守在系统安排好的位置上，主体在这个位置上所承担的功能是由主体自身以及周边环境共同决定的。CAS 的多样性主要反映在系统内存在各种各样的生态位上，主体所占据的生态位会因周边主体的需要而产生。生态系统内主体反应集合的丰富性促进了主体生态位的多样性，系统也因此而具备了涌现出活力的基础。

如果我们从系统中移走某类主体，就会导致该主体占据的生态位空缺，那么系统就会做出一系列适应性反应来催生一个新主体以填补空缺。由于新主体占据了被移走主体相同的生态位，它会在此生态位上表现出同前一主体相似的功能模式，这种现象也被称为"趋同"。譬

如，三叠纪海洋中的鱼龙与现代海豚所占据的生态位很相似，尽管它们没有任何血缘关系，但它们在外形和习性上却非常相似。再如，同一种果蝇被吹到一座岛上，但在漫长的演化过程中，岛上的不同地域却出现了非常多种类的果蝇，这恰恰体现了环境对生态位的塑造能力。生态位归属于系统，同一系统内部会有不同的生态位，不同系统中也可能存在类似的生态位。如果某地方的生态位与世界其他地方的生态位近似，那么即便是不同种类的果蝇也会表现出相似的形态和习性。不过，如果特定生态位的空位时间较长，而且迟迟不能被新增主体填空，那么该生态位所处环境中的其余主体就会为适应这种空缺状态而改变自身。由于环境已经变化，空位的功能也会随之改变，所以后来的填空可能只会履行原生态位上的部分功能，而非对全部功能的刻录。

CAS 主体在与环境充分适应后往往能够找到各自合适的位置，系统生态位的多样性将进一步促进各个层次主体的多样性。与此同时，主体的多样化发展又会开辟出新的生态位。生态位一经出现，便不再只属于这个生态位本身，它会受制于系统整体的影响。同一物种在不同的环境中可能会随时间变化演化出不同物种，这主要是由于环境变化所产生的作用。生态位是一种适应的结果，当环境改变之后，生态位随后也会有增有减。这也告诉我们一个深刻的哲学道理：主体构成了系统整体，系统整体也在塑造主体。从很大程度上说，是生态位决定了各个主体的属性与特点，多样的生态位生成了多样的主体。

当然，CAS 生态位的多样性并不意味着各主体之间是冲突的关系，也不意味着系统会因此而缺乏协同和统一。霍兰有这样一个观点："当主体的蔓延开辟了新生态位，产生了可以被其他主体通过调整加以利用新的相互作用的机会时，多样性也就产生了。"① 当各主体占据了一个生态位时，会为它的共生者、寄生者开拓出更大的生存空间。拟态就是一个很好的例子：北美的黑脉金斑蝶由于自身含毒，所以当其花纹被鸟类识别后，鸟类就不再捕食它，因而这种蝴蝶就存活了下来。所谓主体蔓延，同样有一个相关联的例子可以很好地作为解释：有另一种被称为副王蛱蝶的蝴蝶，它因通过模仿黑脉金斑蝶的花纹而得以存活。因此，黑脉金斑蝶的存在为副王蛱蝶提供了生态位，为生态系统贡献了多样性。

拟态、模仿反映出了 CAS 所具有的强大的学习能力，这是通过与环境互动而形成的。拟态现象在原始森林中比较常见，比如昆虫能够模仿树木的颜色，或模仿蛇的姿态；兰花能够模仿多种授粉动物，从而引诱携带花粉的昆虫前来交尾。霍兰用拟态这个概念说明了 CAS 是一种动态演化的系统，具有持存性和协调性。如果说一个系统中的生态位处于永恒不变的状态，那它就不是复杂适应系统。譬如，当主体 A 模仿主体 B 的生态位时，那么 A 就会变成一个新的生态位上的主体 C。这也充分体现了主体的适应性，即主体的模仿本领催生了新的生态位。例如，苹果和梨嫁接产生了苹果梨，苹果和梨共同为苹果梨开辟了生态位。每个新品种都会为更丰富的主体间相互作用提供可能，这就进一步增加了系统的多样性。

CAS 最大的特点就是演化。今天的蝴蝶、苹果同 500 年前的肯定是有所不同的，因为 CAS 是一个动态模型，各个主体都在变，也都在

---

① 〔美〕约翰·H.霍兰著，周晓牧、韩晖译，陈禹、方美琪校：《隐秩序：适应性造就复杂性》，上海世纪出版集团2011年版，第28页。

适应变化的环境，而变化的环境反过来又会刺激主体的蔓延，促使环境持续发生改变，以此往复。CAS 的多样性正是不断适应性演化的结果：每一次新的适应都会为新的相互作用和新的生态位创造可能性。若与驻波这类耗散结构系统进行比较，我们或许会更加深刻地理解 CAS 的动态模式：在宏观结构上，驻波体现出看似"稳定不动"的形貌。如果我们对驻波进行一个干扰，它就会改变自己的状态和特征。当干扰结束后，它又会回归原来的状态。可对于 CAS 来说，如果我们施加一个干扰，这个干扰的影响就会永久存在，哪怕 CAS 具有较强的自我调适能力，也很难回到原初状态，因为 CAS 有不同的相互作用模式，且这个模式是连续演化的。

从流动的视角看，每一个生态位都需要资源，而这个资源是由另外的生态位提供的。流体在相互作用的网络中能够产生再循环效应，参与循环的主体使系统能够保留资源，这些资源提供了新的生态位以便被新的主体占据。再循环会提升资源的利用效率，能够利用这些资源的主体将更好地持存并不断壮大，而不能很好利用资源的主体则会被淘汰。因此，再循环也是多样性增加的过程。从 CAS 非线性的动力学特点看，如果是在同类主体经聚集而塑造的环境下，那么系统的反应集合就会比较单调。相反，若有各种异质主体聚集，则会比单一的同质主体聚集更能促进系统整体形成多样的演化，因为非线性作用会激发主体不断丰富自身的反应集合，而这样的系统往往更有生命力。

六、内部模型：系统对环境做出反应的认知框架

复杂适应系统有一个显著特点，那就是能够预知或感知到外部环

境变化以及事物的运动方向。CAS 主体为了增加生存的机会，必须提前预判环境变化和自身状况，即主体在受到某些刺激后，要知道做出什么样的反应才能更有利于生存。比如前述蝴蝶的拟态行为，它能够隐约预感到某种花纹会欺骗捕食者，这说明主体在适应环境的过程中有一种内在机制指引它增加自己的生存机会，这个内在机制就是复杂适应系统的内部模型（Internal Model）。

内部模型好比一个人的心智地图。作为社会系统中的主体，人对这个世界会有一个总体认识：从出生那天开始，人就启动了社会化的过程，他既要学会吃饭、穿衣、说话，又要学会通达人情世故和学习专业技能。人必须学会适应社会这个复杂巨系统，所以人会在社会化过程中建构自己的认知框架，并以此形成关于生存环境乃至大千世界的感知能力。这种能力会促进主体自身的持续进化。具有适应能力的系统之所以会优于一般（机械）系统，其关键就在于前者能够凭借内部模型感知环境、做出预测和回应环境变化的挑战，然后再根据回应环境变化积累的经验来检验、修正、优化原有的内部模型，以最终实现迭代升级。

那么，内部模型是如何产生并发挥作用的？从系统的输入和输出过程看，内部模型的建构可以理解为 CAS 从大量外部涌来的"输入"中挑选出搭建模型的素材，然后依据主体的反应集合分门别类建立"素材库"，再将它们结构化并梳理出对应关系。面对环境的刺激，系统一般会先建立起临时性反应模式，然后在多轮验证和修正中把它们转化为内部模型建构的基本要素。这样做的意义在于可以使主体认识到类似情况再次出现时随后会发生怎样的后果。举例来说，前述中提到黑脉金斑蝶对鸟类来说具有毒性，因此鸟类会避免捕食它。那么，鸟类是怎么学会避免捕食的呢？正是因为有来自外部的大量刺激性输入，才会引起不同状态的反应。像觅食这类活动，初始阶段时，鸟类可能会拾来苹果、西瓜、桃子、香蕉，但它不知道吃这些东西会产生什么样的反应。吃下这些东西就相当于食物输入：假如吃了西瓜后生病了，而吃苹果、桃子却没有这样的反应，鸟类就会构建起这样一种内部模型，即遇到黑纹绿皮的球状水果（西瓜）时不能去吃。

为了便于理解，其实我们也可以把内部模型看成刺激—反应机制结构化后的高级版：它首先要依附于一定的实体结构，但若要发挥作用，还需要借助一套信息处理方法。比如，对人类来说，无论有怎样的世界观，认知各种事物都要基于一定的身体部件，如眼睛、嘴巴、鼻子、耳朵、中枢神经等，这就是一种结构。此外，人们还需要把听到的、看到的、感受到的内容进行一番加工、整理和提炼，然后才能对所处环境的形势以及事物的发展趋势作出判断。在时间序列上，主体是如何感知事物的呢？比如我们在早上起来的时候，大脑就好似一张空白文档，当上班时坐在办公室之后，这个"文档"中就会输入各种各样的文字符号、图形图像，再经过内部模型的编排处理，就使得我们会对工作状况作出一个大致的判断。以此类推，当鸟类建立起来一种内部模型，输入一些信息后并经过模型处理后也会产生一个反应，即如上文假设的"西瓜有毒"等，这在数学上也被称为"映射"。

那么，主体是如何将经验转化为内部模型的呢？我们可以先考察一些生物是如何进行分析判断的。例如，细菌是比较低级的生物种类，当它在收到一个糖分浓度梯度变化的刺激后，它会向浓度高的方向前进。细菌能隐约地预测出食物所在的方向，并依据某种化学梯度变化方向而运动，这是它的本能。比较高级的哺乳动物除了依靠本能行动外，还会直接依赖其感官经验。例如，草原上的豹子在捕食时会根据感官获得的地理情况、猎物特性等信息，进而形成一幅虚拟地图，从而选择适宜的行动策略。古人曾用日晷观测太阳的运动规律，如今的人们能够利用风洞模拟飞行器的飞行状况、用计算机模拟蛋白质生成，这些实验模拟方法却是人类特有的高级能力。相较于主体内置的预知模型来说，它们却属于外部模型（External Model）。外部模型扩展了内部模型，它通过模拟方式来研判不同刺激会产生何种反应，在经验积累方面也可以说是对内部模型的一种有益延伸。

根据霍兰的理论，内部模型有"隐式"和"显式"两种结构。隐式的随机性较强，而显式的则能提供更多支撑主体作出决策的必要条件。

隐式模型中的"隐式"有不言而喻之义。隐式（Implicit）是含蓄的意思。主体在隐式模型作用下，主要依靠直觉不加任何思考地行动。以细菌为例，如果它受到一种刺激，并不能即刻判断出其对它是有利还是有害的，所以其仅能依靠遗传的"经验"进行无意识的选择活动。越低级的生物系统越依赖于这种模式。隐式模型是一种本能的反应模式。本能实质是 CAS 适应性演化的产物。生命系统在数百万年的进化中创造、积累了大量有利于持存的信息，这些信息以结构化了的经验的形式储存在基因中，使生命能够据此接受环境信息并采取相应行动。

显式模型中的"显式"所表示的是明确公开的意思。显式（Explicit）表示一种清晰明了的状态。这种状态表明了主体在一个输入性刺激面前会进行审慎的利弊分析与预测，表现为做事前有思考因而具有前瞻性。显式增加了主体的能动性，使其可根据环境作出不同的行为选择。越高级的生物系统，其显式结构往往越发达。例如，同百万年才能演化出的本能相比，当人类进化出某种"文化"时，主体在特定文化环境下通过实践能够学习会迅速形成比较成熟的内部模型。人类通过在经验和反思的基础上自觉地建立并优化内部模型，大大提高了进化的"速率"，这也是人类在万千物种中能够脱颖而出并进而发展出高级文明的重要原因之一。

在复杂的现实环境下，主体兼具隐式的和显式的两种内部模型，所以其行为具有极大的不确定性。以古典经济学的理性人假设为例：理性人善于计算利弊，并且作出的决定一定会确保利益最大化。但事实上，经济人的行为则具有极大的不确定性，其决定可能是在理性和感性共同作用下产生的，或者有时根本无法甚至来不及分析利弊得失就作出了决策。现实中的人们依据社会环境的复杂性而建立的内部模型既是显式的也是隐式的。目前流行的复杂经济学也秉持了类似的认识论。通俗地说，主体在面对各种刺激时，它的反应具有极大的不确定性。因此，主体有时会凭借本能和直觉作出判断，而有时又会凭借知识和理性作出判断。另外，如果我们把这两种模型结构放到不同情景中来认识，那么时间序也可能是导致两种模型可切换的一个重要因素。例如，到了一年中的六七月份，外面天空一声巨响，我们凭直觉一般会认为是打雷了。而在古代，这种声音如果传到人的耳中，他或许会分析猜测一下：那是雷声还是车轮声？古代车轮发出的声音很大，如同《易经》中的"震"卦，它既可以代表雷声，也可以代表车轮声。就这个案例而言，现代的我们属于隐式的内部模型在发生作用，而古人更多是属于显式的内部模型在发挥作用。

总之，我们考察一个主体的认知框架时，如果能通过其关联要素推断出主体所处的环境，那么这种结构就支撑起了一个内部模型。在这个意义上，理解内部模型就能够帮助我们确定主体的行为特征。反之，据此也可以推断出主体所处的生存环境。比如，我们发现海豹的脂肪特别厚，就能根据这一点推断出它所生存的环境比较寒冷，它需要调动很大一部分能量进行保暖。我们研究生物学和形态学，就能推断出任何生物体所处的环境状况，因为生物的特性和习性都与其生存环境密切相关。主体通过大量、反复不断地输入—输出建立起这种机制，就有了生成模型的能力。这个过程既包括主体的积极选择，也包括自然选择驱动的认知进步。内部模型机制最大的作用就是能够帮助主体建立认知框架并预知未来，以增加其生存的机会。对于主体的进化来说，要不断完善内部模型，以便自身能够更好地适应外界环境的变化。

七、积木：系统内部模型的变形组合

人类有一种本领，即能把复杂的东西拆分成若干不同类型的组成部分，然后经由不同的叠加方式构建出各种各样的造型。如同小朋友们做积木游戏，CAS 对内部模型结构进行的拆分选择的机制就好比搭积木一样。积木是内部模型的生成机制和基本构成元素，用积木生成内部模型是复杂适应系统的显著特征。

CAS 的内部模型是在有限样本参与下构筑的，其只有在面对反复出现的（或类似的）情景时才有效。可麻烦的是，真实系统要面对恒新的环境，就会随时出现各式各样之前从未遇到过的问题。那么，如何解决这个矛盾呢？CAS 内部模型的运作涉及输入、输出两个前后时间序列上的情况。任何一种输入都来自 CAS 所处的环境之中。面对环境的持续变化，CAS 如何生成一种稳定的内部模型对于自身来说至关重要，否则其将会因面对海量的"数据储存"而不堪重负。输入与输出之间是有联系的，但是不能通过一次输入就断定该模型结构在适应环境方面是否有利。一次有利、两次有利、三次有利……经过尽量多的输入后才能说内部模型有效。但问题是，谁也无法保证内部模型面对的每一次输入都一样，反复检验毕竟不同于实验室里的试验，这就是环境的恒新问题。

因此，内部模型建构要解决的关键问题就是如何应对经常变化的环境以及如何保证模型结构拥有足够的韧性与弹性。CAS 需要把每种情况拆分成细小的部分，然后构筑和完成大量不同的组合。CAS 能够通过自然选择和学习，寻找那些已经被检验过并能够重复使用的结构化元素。面对情况变化（输入），CAS 只需要对其进行拆分、筛选，而后利用模型对构成元素的有机组合作出反应（输出）即可。只要找到构筑内部模型具有基础性作用的积木块，再将上一层级的积木分解为下一层级的积木，就能把预测环境变化的过程转化为筛选和组合积木的过程。

为了便于理解，我们可以把内部模型也看作一个系统，这个系统是按照搭积木的方式建成的。当我们把人脸作为 CAS 内部模型的一个特例来看时，其所涉及的结构要素就包括了眉毛、眼睛、鼻子、嘴巴、耳朵这五个构件。假设这五个构件分别有 10 个不同的种类，即总共 50 个积木块，最终，凭借这些积木块能够组成 5^{10}=9765625 种表达，即近 1000 万张不同的面孔。人脸上的积木式小块非常少，是在适应环境中经过长期筛选后固定下来的。然而，世界上除了双胞胎，很少能找到完全相同的两张面孔。只要 CAS 中存在类似的这些积木式小块，组合起来就能应对复杂的环境变化。

内部模型"以不变应万变"的本领是强大的，它能在经历多轮刺激—反应后抓取大千世界中最基本的结构元素。如果说最小积木块存在差异主要体现在它们具备的功能方面上，比如眼睛可以识别颜色、鼻子可以闻气味、嘴巴可以感知材质，那么，内部模型的建构就是不同积木块按照对应功能的一种结构化组合与叠加。第一层、第二层、第三层……随着组合的不断形成，其功能也越来越完善。每一个层次的形成是一种聚集过程，不同层次积木的叠加是更高级的聚集。从这个意义上来说，内部模型的个体元素意义相对较小。只有按不同方式组合起来的内部模型对 CAS 的持存才更有价值，这正是对"整体大于部分之和"的一种反映。

人们认识世界都要借助科学理论，而每一套理论都有其自己的分析框架，这实际上就是 CAS 的一种内部模型。人们往往会经由这个框架来认识世界。大部分科学研究都会涉及建造模型的工作，而筛选模型积木块就是一门重要的技术。比如，对于马克思主义政治经济学来说，它的积木块就包括生产、劳动力、劳动量、工资、利润。我们把这些积木块搭建起来形成的分析框架可以用来剖析经济现象。经典理论何以能够历久而弥新？其关键就在于筛选出来的积木块能够充分应对研究对象的变化。

在面对环境的恒新性时，CAS 内部模型的建构可以通过积木块的各种组合来解决。但组合不是随意的，组合也要遵循一定的规则。这个道理就如同创作书法作品，它不是横竖撇捺的任意搭配。楷书、行书、草书的笔画符号筛选以及体势章法都有一定的规则，否则就会变成"江湖书法"。我们可以将规则概括为分解、选择和组合这三个概念。分解过程就是 CAS 在应对环境变化时会积累一些积木块，而后当再次遇到类似情况时，就可以进行选择可能有用的积木，最后将有效的积木进行排列组合，这个过程就是内部模型的生成过程。比如，我们的免疫系统再强大，也不可能强大到能识别出世界上所有的细菌和病毒，因为环境一直在变化，所以内部模型挥舞"组合拳"的本领就显得尤为重要。再如，从经济社会系统的分度来看，因为大千世界具有极大的不确定性，不知道何时会出现"灰犀牛"或"黑天鹅"事件，所以人类社会必须建构起一套能够进行适应性演化的制度。意识到这些问题，我们就明白了在面对复杂适应系统时何以要生成一个"以不变应万变"的内部模型。

这里所谓的"不变"其实是指要找到一种（搭积木的）规则。CAS 之所以是复杂适应系统，是由于主体本身就是一个受刺激—反应规则支配的系统。我们继续向上推演就能够发现，刺激—反应规则也适用于搭积木这一项复杂的系统工程。CAS 系统中套着若干系统，规则其实也相当于其中的一个系统。我们在将内部模型这个系统的构成要件进行排列时会发现，它也有不同的主体（积木块）。比如前述的人脸模型，眉毛、眼睛、鼻子、嘴巴、耳朵各属于一种主体类型，且都会受刺激—反应规则支配，每一个组分都有着不同的反应集合，所以可归为五类主体。再比如听音乐这件事：当我们听到西方的交响乐和中国民乐时，如何搭建内部模型去分辨西方交响乐和中国民乐？答案很明确：主体（最小积木块）是 CAS 的基础单元，只要找到了，就能够对两种音乐进行区分。检索我们对西方交响乐的反应集合，会筛选出一些结构要件，如有小提琴、大提琴、钢琴等；检索我们对中国民乐的反应集合，则会筛选出的结构要件可能有二胡、扬琴、琵琶、唢呐等。因此，我们分辨西方交响乐和中国民乐，一定得先筛选出积木块，而后再筛选音色、旋律等其他反应集合，最后再将其叠加起来，以建立一套关于音乐赏析的内部模型。

　　任何一个系统都是分层次的，内部模型也是一层又一层叠起来的。不管我们用积木搭成什么样的房子，积木堆里一定得有圆木、三角、长条……所以，搭积木就是一个积木块分层与架构的过程。物质世界的最底层是夸克，夸克组合产生核子（即夸克的下一层——它们是时间序列的上下关系）。因此，我们可以想见，上一层积木的聚合会派生出下一层积木，结果这个世界就有了夸克、核子、原子、分子、细胞器、细胞……显然，较高层次的结构特点能够从较低层次积木聚合的规律中进行捕捉，但这并不是一件唾手可得的工作。正如在几何学上，公理往往更方便掌握（如平面上三角形内角和为180度），但是掌握定理（比如推算三角形面积）就没那么简单了。

第二章 关楗：四两拨千斤的杠杆点

将欲取天下而为之，吾见其不得已。天下神器，不可为也。为者败之，执者失之。是以圣人无为，故无败，故无失。故物或行或随，或嘘或吹，或强或羸，或挫或隳。是以圣人去甚，去奢，去泰。

——《道德经》第29章

关楗，本义是指木门闩。正所谓"横为关，竖为楗"，关楗一般被用来隐喻事物的紧要之处，在系统科学中也指"杠杆点"。龚自珍说"一发不可牵，牵之动全身"，其中的"一发"就是指深刻影响系统整体的关楗。一方村落、一家公司、一座城市、一个国家都是系统，每个系统都被包含在更大的系统之中。人类活动在很大程度上皆可视为对各类自然或社会系统的改造，因此，深刻认识和把握系统的结构特性，有助于人们科学高效地变革系统。在系统科学的分支领域里，控制论、系统动力学等理论范式比较关注对系统的管理问题。系统动力学的创始人福瑞斯特（Jay.W.Forrester）指出，系统结构中存在某些"杠杆点"，即我们所说的"关楗"，它是人们能够通过小变量的干预引发较大影响的关键之处，在系统动力学的意义上会起到四两拨千斤的作用，会使系统的运动状态或行为发生显著改变。唯物辩证法认为，整体和部分既相互区别又相互联系：整体统率着部分，整体的性能状态及其变化会影响部分的性能状态及其变化。与此同时，部分也制约着整体。在一定条件下，关楗的性能会对整体的性能状态起决定作用。换言之，复杂系统的主体之间有着千丝万缕的联系，若想对系统运行施加干预，从而改变系统动力学的方向，找不准作为关楗的"杠杆点"则无异于隔靴搔痒。在经济社会系统中，干预管理是系统工程领域常见的现象，本章所列的"关楗"不可能为所有复杂系统工程问题的解决开出精准到位的"处方"，而是仅仅作为控制系统的一种方法指引。

一、存量—流量的数值与结构

流是复杂适应系统的基本特性，同时也是系统动力学[①]的重要概念。在经济社会系统中，系统运行过程主要就是人员、资金、物资、设备和信息的流动过程，因此，在很大程度上，人们管理系统可以视为对这些流要素的控制。存量、流量、流速是流的定量特征，它们共同对系统的状态产生影响。

存量是指在任何时刻都能观察、感知和测量的系统要素，它是所有系统的基础。浴缸里的水、数据库中的数据、人的知识储备、城市的人口数量、银行的资金、商品的口碑、政府的威信等都是不同形式的存量。

流量是存量的影响因素。系统始终处于动态变化之中，存量也会随着时间变化而增长或减少。在这个过程中，使存量发生改变的是流量。流量的变化有方向，如人口的增长或减少、银行中现金的流入或流出、浴缸中水的注入或排出、信誉的累积或损毁、经济的繁荣或衰退等。

存量与流量也是相互制约的：一方面，流入量和流出量影响了存量的动态水平，比如流入量超过流出量时，存量就会提高；另一方面，存量会影响流量的大小，比如大港口的吞吐能力强于小港口、银

[①] 系统动力学（System Dynamics）是一门基于系统科学、吸收了控制论和信息论的理论精髓的综合性学科，是分析研究信息反馈系统、解决系统问题的学问。系统动力学起源于福瑞斯特所著的《工业动力学》，后来随着该学科的发展，理论应用扩展至经济社会等各类系统，由此工业动力学改称为系统动力学。

行中存款多的账户其利息增长会高于存款低的账户。存量和流量的大小及其变化速率都可以用数值来表示，因此，被量化的流可以视为干预系统的"关楗"，如企业为了维持利润会调整产品价格、产量等数值，银行为了吸纳资金和放出贷款会调节其利率数值，政府为了提高空气质量会制定空气质量等级标准、设定碳排放额度等。在日常生活中，若要使浴缸快速装满水，可以用塞子堵住漏水孔，使流出量为0（忽略蒸发量），而后将水龙头开到最大，使流入量尽可能大。这正是通过调节流量来改变系统状态的行为。

信息流在复杂适应系统的各种流要素中是颇为特殊的一类。相较于一般的流，信息流对系统的影响也更深刻。信息流是系统中影响主体决策和行动的信号。调整系统的信息结构有时比大费周章地设置各种物理实体结构更有效。系统控制者无需改变某些参数，也无需改变现有各类调控设施的性能，仅仅在系统某些地方增加或恢复信息流就能有效改善系统状态。因此，与其重建系统的物理设施，不如努力完善系统的信息结构，使其更高效、更便捷且成本更加低廉。譬如，社区若将电表设置在人们更容易看见的地方，住户可能会更加注意节约用电。一个社团组织若能自觉公开财务信息、接受群众监督，将有助于减少其内部的腐败问题。

信息流的缺失是导致系统运转不良的常见原因之一，完善信息结构、保障信息流的顺畅流转能够使系统形成或增强反馈回路。例如，经济系统中的公地悲剧就可以通过疏通信息流来有效予以解决。纽芬兰海岸外的格兰德班克斯渔场盛产鳕鱼，自20世纪60年代起，捕鱼技术进步使渔民们每年能够捕获大量鳕鱼，这也使得捕获量逐渐超过了鳕鱼经繁殖周期所增长的量。资源总量减少加剧了渔民之间的竞争。同时，渔民们捕获的鳕鱼越多，鳕鱼的数量减少得也就越快。到1990年，鳕鱼资源近乎枯竭，当地的捕鱼行业也难以为继。这就是一个涉及鳕鱼资源的公地悲剧。若渔民们能获得鳕鱼总体资源情况的信息，并理解继续扩张捕捞的后果，即在资源存量与捕捞行动之间建立信息反馈结构，那么渔民们便可通过协商进行可持续的捕捞作业，从而避免公地悲剧的发生。

从调节流量入手对系统进行干预，其优点是便捷高效，且有时能快速而直接地改变系统的状态或功能表现。然而，仅仅依靠量的调节是无法改变系统的基本结构的，系统仍会依据旧的信息、目标、规则运转，系统的功能也难以发生质的变化。因此，这类干预方式的效力是有限的。例如，一个传统工业区不断加大治理环境污染的投入并不能根除污染问题，只有当工业区的产业结构完成了调整与升级，才能从根源上减少环境污染的发生。很多国家为了实现经济的可持续发展，不仅依靠财政货币等手段对经济进行调节，同时还特别重视布局健康的经济结构。因此，人们在解决系统问题时，不仅要对流进行量的调节，还要注意对流的运行结构进行优化。

系统中存在由若干存量和流量物理地连接起来的结构，即存量—流量结构，它包括实体系统及其交叉节点。存量—流量结构很常见，如铁路系统由遍布全国的铁路线和车站构成，又如人体内的血液在血管中流动，血液同时也会暂存于各个器官，再如城市中既有错综复杂的道路，也有设置于各功能区的停车场等，这些都是典型的存量—流量结构。调整系统的存量—流量结构是干预系统的一个"关楗"。

城市的发展过程可以被视为其存量—流量结构不断丰富和优化的过程。比如，很多城市在发展过程中都会遇到交通堵塞问题——汽车数量增长得越来越快，而道路建设却落后于汽车增速。尽管增加交通信号灯或出台限行政策等措施能在一定程度上缓解交通堵塞问题，但随着汽车数量持续的增长，这些缓解措施的效果会越来越弱。因此，很多超大规模城市开始尝试从存量—流量结构入手改善交通体系，通过发展轨道交通、建设立体交通、扩建原有道路等措施来解决拥堵的城市病。

中国在历史上积累了丰富的治水经验，注重结构优化便是中国传统的治水智慧之一。在"大禹治水"的神话故事中，大禹将治理洪水的方针变"堵"为"疏"，其实质就是从限制流的方法转变为开辟新结构的方法。战国时期，秦国蜀郡太守李冰率众修建了都江堰水利工程，世界文化遗产都江堰在2000多年中一直发挥着防洪灌溉作用，泽被数十万顷田畴，是一种经过时间考验的、功能优异的存量—流量结构。此外，浩大的南水北调工程也是一项调整全国水系网络中存量—流量结构的系统性干预措施。中国的水资源空间分布不均衡，缺水成为限制北方地区发展的不可忽视的因素，一味扩大开采地下水或限制用水都不利于少水地区的可持续发展。21世纪初，南水北调工程作为一项国家战略性工程开始动工，共有东线、中线和西线三条调水线路。通过三条调水线路与长江、黄河、淮河和海河四大江河的联系，我国构成了多起点"四横三纵"的长距离输水总体格局。这一宏大工程就是塑造了新的全国水系网络中的存量—流量结构的绝佳范例。

存量—流量结构是特定时空条件下的一种物理实体，因此它也存在固有的缺陷。实体系统的建设成本高昂、建设周期较长，甚至有些存量—流量结构一旦建立就无法再改变了。比如，人口结构就是一种一旦出现就无法在短时间内改变的存量—流量结构。每个人在不同的人生阶段会有不同的需求，这也相应地会给社会带来不同层面的压力。当一个生育高峰出现后，这种人口结构起初会给小学教育造成压力，接着是中学、大学，随后是就业、住房，最后，整个社会也要面临沉重的养老负担。

二、存量—流量控制的缓冲器与稳定器

一般来说，人们能相对容易地对流量进行调节，而对存量的调节则相对困难，这是因为存量的变化一般比较缓慢。比如，我们转动浴缸阀门或打开排水管时能很快改变水的流入量和流出量。然而，即便我们将进水阀调到最大，浴缸也不可能瞬间被水灌满；即便我们将排水管完全打开，浴缸中的水也不会一下子被排空。存量的变化需要时间，因为影响存量水平的流量需要时间运转。大气层中的污染物是一种存量，它是工业革命以来尤其是近一百年来人类在生产生活中大量排放并积累的结果，因此，清除这些污染物需要几代人的努力。

存量的"慢变"特点不但制约着系统其他要素的变化速度，同时也制约着系统整体的变化速度。一个地区城市化的发展速度不可能超过工厂、住宅、道路等建设工程的推进速度，也不可能超过培养城市建设者专业技能的速度。从另一个角度来看，存量变化这种相对缓慢的特性能够增强系统的稳定性。

当我们把"存量"作为系统实体储蓄的流（如水库、粮储、存款等）时，一个比较大且稳定的存量就可以被视为防止系统振荡的"缓冲器"。设置或撤销"缓冲器"是控制系统的一处"关楗"。如果一个系统一直处于不稳定的振荡状态，我们就可以通过建设"缓冲器"或

提高已有"缓冲器"的容量来使系统稳定下来。举例来说，湖泊的存水量一般比河流要大，因此湖泊的水情更加稳定，而河流更容易泛滥成灾，于是人们会通过修建水库等设施来降低河流泛滥的风险。中国人有存钱的习惯，当人们遇到需要扩大支出的情况时，有一定积蓄的家庭往往会更加从容。当以日常收入无法满足投资、购房、应对重大疾病等支出的时候，人们就需要动用已有的积蓄来应对这些支出。存量是积蓄的能量，它能使系统拥有更大的行动空间。俗语所说的"瘦死的骆驼比马大""百足之虫，死而不僵"都体现了存量对系统演化节奏的缓冲作用。

"稳定器"为系统提供了自我调适的回旋空间，从而有利于疏通主体之间的协作关系，系统整体的和谐与稳定也将由此涌现出来。存量可以将系统的流入量和流出量"分离"，使这两类流量各自具备一定独立性。这种独立性允许流入量和流出量暂时失衡，从而使系统状态不会因某项流量的变动而发生剧烈振荡。例如，在由一条河流及众多支流组成的网络系统中，它的输入量和输出量是直接关联的。若上游地区有大量降水汇入河流，下游的水位将随之迅速上涨。尽管水位的大幅变动可能会导致洪涝灾害，然而，当人们在该水域系统中建设一座水库（系统实体的存量）时，同该系统相关的流入量和流出量就将不再直接关联，而是各自具备了一定的独立性：上游的大规模降水不会再直接流向下游地区继而迅速推高水位，而是会首先流入水库之中，然后再由水库调节输出水量的规模和流速。这就意味着输入水量与输出水量在规模、流速等方面处于暂时失衡的状态。此时，短期大量降水带来的流入量大幅增加，也就不会直接导致下游水位迅速上涨，这就削弱了水位波峰，增加了水域系统的稳定性。

　　系统中的主体多种多样，所有输入主体的流是由他者提供的，而主体输出的流又是他者所需的，当共处于同一系统内的各主体都能恰如其分地获得"所需"并输出"所产"，那么他们彼此之间互动的秩序结构就是和谐的。然而，现实中每个主体输入、输出不同类型流的规模和速率却是不同的。比如，炼油厂生产石油的速度不可能与社会消费石油的速度完全一致，水稻生长的速度也不可能与人们消耗的速度完全一致，木材砍伐的速度更不可能和树木生长的速度完全一致。就粮食生产来说，粮食只能在短短一段时间内得以收获，而人类全年都要消耗粮食。为了解决这一矛盾，农民会通过仓储来度过青黄不接的时期。自西汉起，中国就在各地设置了常平仓用以调节粮价、备荒救灾。正是由于存量的作用，人们才具有了一定时间和空间来调节各个组分的状态和功能，从而使不同主体的互动关系更加和谐。在经济领域，生产端的生产规模与消费端的需求量是难以完全匹配的，现代供应链体系的建立有助于畅通从生产到消费的循环。上游供应商、生产商、分销商、批发商、零售商等各个环节都会保留一定的库存量。这种安排有助于减轻需求剧烈变化对生产端的影响，促进生产顺畅进行，也有利于生产端适时对消费需求信息作出反应，使动态的需求得到满足。

　　"缓冲器"具有促进主体协作的功能。我们可以在一项游戏中模拟这个特性："两人三足"游戏是一项需要参与者配合默契、高度协同的活动。参与者两人各有一只脚被捆绑在一起并行，两人的行进速度必须相对一致（即要求两人输出的能量流相对一致），否则就会面临行进缓慢甚至出现摔倒的风险。若在二人之间设置某种"缓冲器"，双方的协同行进就会更加顺畅。假设不再将两人的脚捆绑在一起，而是在两人腰部系上一条有一定长度的绳子，这就相当于在两人间建立了一个"缓冲器"：具有一定长度的绳子允许两人之间出现一定距离，两人的行进速度无须完全一致。当一个参与者走得稍快、绳子被拉得稍长时（这可视为积蓄了前行的能量），他的搭档自然就有了一定的反应时间来加快步伐，因此两人在此系统中的配合就会更为和谐。具有"缓冲器"的系统比"两人三足"系统更便于主体的协同配合。

在系统不稳定或运转不协调时设置"缓冲器"是一种有效的干预措施。然而，并非"缓冲器"越大系统就越优良，它的优点在一定条件下也会成为负面因素。如果"缓冲器"过大，系统的反应可能会变得过于迟缓，从而变得缺乏弹性。此外，建立、扩大或维护"缓冲器"的容量需要耗费大量时间与资金，这对系统来说是一种不小的负担。由于建成之后的"缓冲器"是物理实体，因此，人们后续对其进行改造或拆除也颇为不易。一些大型水利设施一旦建成，就难以再对其进行升级改造或拆除。所以，一些企业也在不断探索减小系统中冗余存量的机制。日本丰田公司在20世纪六七十年代发明了"零库存"的及时生产（Just In Time）模式，以避免耗费巨资维持巨大的存量。及时生产模式的原则是"只在必要的时间以必要的数量生产必要的物料"，其目的在于有计划地消除所有浪费，并持续不断地提高生产效率，以降低产销各环节必要的运转时间。这一生产管理模式大大降低了各环节物料存量积压带来的成本占用及维护费用。

三、联通存量与流量的反馈回路

按照控制论的观点，对系统实施控制总是在信息传送、变换和利用中进行的，信息传送的方式决定着控制方式。在复杂的大型系统中，组分相互之间的行为存在因果关系，具有行为上因果关系的组分经由信息流联通起来，会形成各种闭合回路，即反馈回路。反馈回路一旦形成，就意味着存量与流量之间形成了连续性的互动关系。反馈回路是复杂系统的重要结构特征，在很大程度上决定着系统的行为和功能。反馈回路分为调节回路和增强回路，其中，调节回路具有将系统中某些变量维持在目标范围内的功能。

人饿了会进食、渴了会喝水，人的身体的感受在提醒人们身体的需求，这也使得人体内的能量和水分总会保持在一个相对稳定的区间。一个公司缺员了会进行招聘，必要时又会裁员，一个组织的成员数量也会维持在与其规模相适应的某个范围内。人们到医院体检后一般会得到一张化验单，尽管大多数人看不懂单子上的专业术语，但是它会指示人体的各项指标是否处于正常的范围。这些指标之所以存在着一定的"正常范围"，正是由于有调节回路在其中发挥作用。

不论系统周围的情况如何变化，当某些存量总是维持在相对稳定的水平且系统的行为长期表现相对一致时，我们就可以判断其中有调节回路发挥了作用。如图2—1所示，调节回路具有将相关联的存量保持在预定目标值附近的能力，它包含三个重要部件：预设目标、监测机制、反应机制。调节回路首先会自行监测相关存量是否处于目标区间内。当存量偏离目标区间时，系统就会启动修正程序，对流入量或流出量进行调节，从而改变存量水平。存量水平的变化反过来又会产生反馈信号，并再次使系统调节流量，从而产生一系列连续作用。调节回路能够使存量水平保持相对稳定，但它并不会将存量维持在某个完全精确的固定值上，而是仅仅会将其维持在一个相对确定的范围内。来自外部和内部的各种干扰会产生使系统偏离稳态的影响，而调节回路的作用就在于消除这些影响，从而使系统保持在相对稳定的状态。系统行为在这一过程中也会因此而表现出相对固定的模式。综上所述，一个系统中可能会有大量调节回路共同发挥作用，它们是系统保持稳定的重要机制。

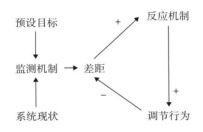

图2—1　调节回路的结构

调节回路并不能校正所有偏差，它的效力是有限的。有时，一些干扰对系统的影响会超出调节回路的调节能力，使其无法将存量水平调节至目标状态。此时，系统可能会出现不可逆的改变。例如，人体的肝脏具有解酒功能，能使人从醉酒状态恢复过来。然而，当一个人的饮酒量超过了肝脏的解酒能力，酒精就会对其身体造成不可逆的伤害。因此，调节回路的力量应与其需要矫正的偏差相适应，偏差的规模、影响越大，调节回路的效能就应该越强。当人们在冬日使用空调送暖风时，在相对封闭的环境下，空调很容易使室内温度上升至预定值。但如果将所有门窗打开，让冷空气源源不断地涌进室内，空调的调节能力就无法平衡环境的干扰了，室温也会因此而迅速下降。对此，解决的办法有两个：一是安置足够大的、吹风能力足够强的空调，使其能够对抗外部的寒风；二是关闭所有门窗，通过减少外部干扰的方式重新使调节回路有效。

除了干扰的影响，还有很多因素会影响调节回路的效能。例如，信息传递延迟、信息没有被反应器接收、信息不完整或难以解读、反应器的调节能力太弱等，这些信息递送或实体性能层面上的因素都会影响调节回路的正常运作。当调节回路出现故障，不能将存量调节到预设的目标范围内时，系统将表现出"病态"。例如，糖尿病患者的血糖超出正常范围，这是胰岛对血糖的调节功能出现了障碍，而治疗方式则应是围绕恢复、增强胰岛的调节功能或以外部干预代替胰岛调节功能（如注射胰岛素）来进行。关于如何增强调节回路以使其更好发挥效力，我们可以尝试从以下五个方面入手：

一是预防为先，未雨绸缪。不要等着系统偏离正常状态才关心调节回路是否可靠，而是要做好规划，预防可能出现的不利影响。比如，人们可以通过增加日常锻炼和良好的营养来提高自身免疫力，从而保证健康的体魄。

二是因势利导，综合治理。调节回路中反应器的效能是有限的，与其仓促对事件进行线性调节，不如先尝试理解相关量之间非线性的制约关系。利用好其中的复杂制约关系，有时可以达到事半功倍的效果。比如，生物治理病虫害的方法就是利用了生物之间的制约关系来达到防治目标，这比直接大规模使用杀虫剂更安全也更能维持长效。

三是保障系统内信息流畅通流转。若回路中各环节都能获取准确、及时、完整的信息，反馈的效率就会大大提高，调节效能也会相应增强。

四是建立和完善相关系统状态的监测机制。监测系统状态是对系统进行调节的前提，系统实时的状态信息为调节指明了方向。有效的监测机制能使系统更精准、更及时地发现问题所在并作出调整。

五是通过直接加强调节回路中的反应机制来提升调节能力。例如，人们对违法排污、破坏环境的企业进行道德谴责往往可能难以使其收敛行为，而加大立法、增强执法部门的执法力度等措施则会取得直接的效果。

如果说调节回路是纠偏的"修正器"，那么增强回路就是使系统跑得越来越快的"加速器"。如图2—2和图2—3所示，若我们以复利的模式将钱存到银行里，银行会根据利率和账户余额来支付利息。每年递增的利息对余额来说是一个流入量，它不仅能使账户余额增加，还会使下一年的利息也跟着增加。长期来看，我们会发现账户余额增长得越来越快。增强回路是自我强化的，它每运转一次都会使系统朝着自身运转方向进一步强化。随着时间推移，增强回路将导致指数级的增长或衰退。因此，当我们发现系统中某一要素拥有自我增强、自我复制能力并增长得越来越快时，我们就可以判定其中可能有增强回路在起作用。

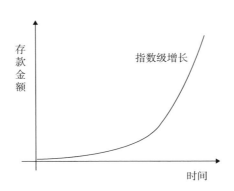

图2—2　复利模式下存款金额随时间变化趋势

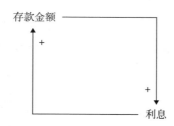

图2—3　存款指数级增长背后的增强回路

　　增强回路是一种动力引擎，用好这种引擎能够有效促进系统发展。比如，市场经济存在自发性，商品生产者和经营者都在价值规律的自发调节下追求自身的利益。哪里有获取更高利润的机会，他们就会将市场资源投向哪里，以此不断扩张自己。市场的自发性常常被视为一种负面效应，但是这种自发性包含着围绕"利润"的增强回路，这是经济增长的动力机制。市场经济中常有"富者愈富"的现象：在主体相互竞争的经济系统中，具有优势的一方更容易赢得竞争而获得更多优势，这些优势在一轮一轮的竞争中会不断积累，从而成就"巨富"或"垄断者"，这种现象就是由增强回路导致的。

　　增强回路是系统出现增长、爆发、衰退和崩溃的根源。一个不受限制的增强回路最终会导致系统的崩溃。即便是那些看起来有益的增长，若不加以限制，也可能会成为灾难。因此，我们很少见到完全不受限制的增强回路，它或早或晚都会激活某些调节回路来限制其作用，这是因为一个存量的增减会受到其他存量变化的影响。例如，人口不可能无限制增长，人口的增长往往会受到粮食、土地承载力、经济发展水平等因素的限制。市场经济也不可避免地会导致"富者愈富""贫者愈贫"的现象出现，因此，在贫富差距演变到引发经济社会危机之前，政府往往会通过征收高额累进税、再分配、反垄断等措施来抑制增强回路。若富人（资本）可以影响公共部门削弱这些调节措施，公共部门也可能会从一个平衡的调节者异化为强化"富者愈富"的助推者。

复杂系统中往往存在多种反馈回路，这些反馈回路的作用方向不同，影响效力也不同。此外，某一种存量可能同时受多个增强回路和调节回路的影响。复杂系统的状态与行为是多变的，大量反馈回路彼此交织在一起也会相互影响：有些回路会促使存量快速膨胀，有些回路则可能导致其迅速衰减，还有些回路还可能起到维持平衡的作用。因此，现实中系统的膨胀发展或急剧衰败都是少见的。

四、系统从输入到输出的时间延迟

复杂适应系统中的主体会受"刺激—反应"规则的支配，而从"刺激"到"反应"之间却存在着时间延迟。时间延迟是系统动力学和控制论的重要概念。时间延迟是动态系统产生复杂性的主要根源之一。由某一时刻的"因"产生的"果"不会在这一时刻发生，而是在未来某一时间点上出现，这种现象就是时间延迟。

具有反馈回路的系统从输入刺激到输出反应之间必然存在时间间隔。反馈回路中的时间延迟对系统行为有着显著影响，这是导致系统状态出现周期振荡的成因之一。当我们试图将一个存量调节到某个目标水平时，整个调节过程就会存在多个时间延迟。这些延迟会使人们难以一次性达成目标。比如，我们获取存量状态的信息需要一定时间，这就会导致感知的存量状态可能同存量的实际状态形成差距。即便我们获得的信息是及时的，但实施调整行为也需要一定时间，这些时间延迟可能会让我们的调整矫枉过正或达不到目标效果。由于系统存在时间延迟，人们很难精准地将系统状态调整至某个理想水平，它只能围绕特定值而上下波动。

简单系统中的时间延迟可以忽略不计，然而，在较为复杂的系统中，时间延迟的影响却不可忽视。在经济社会系统的决策活动中，决策层获悉问题情况需要时间，对问题进行研判再形成决策也需要时间，决策的执行贯彻需要时间，决策落实后的成效更需要一定时间才能显现。在这些时间延迟的影响下，决策的正确性和有效性不可能及时反映出来。真实的复杂系统必然囊括了大量时间延迟，行为与结果响应之间也经常会有时间延迟。忽略了这个因素，就必然会导致系统出现振荡。这就好比初学骑自行车的人在骑车过程中会不自觉地将车把反复左转右转、摇摇晃晃，乃至不慎摔倒在地，这些都是具有时间延迟的反馈造成的调节过度和振荡所导致的。我们沐浴时会体验到由时间延迟所引发的水温波动：淋浴设备中水温调节器同喷头之间有一段或长或短的管道，水流通过管道需要一定时间，因此我们起初调节阀门时总能体验到忽冷忽热的水温变化。有时，我们已经通过调节阀门达到了适宜的水温，但由于管道中仍存在不适宜的水流，在这些水流的刺激下，我们的调节又会越过"最佳"点位，从而导致新的波动。经过几轮反复调整、修正，温度适宜的水流才会被固定下来。若将人和沐浴设备视为一个反馈回路，人能够很快感受到水温并作出反应，这个反应时间几乎是可以忽略的。但水流在管道中流动时却需要时间，这个时间延迟则会导致受调节的水温变得忽冷忽热。

在一个由调节回路主导的系统中，流量是动态变化的，其补进与流失的过程也是持续的。因此，若我们期望将存量维持在某个目标

值，就必须要尽可能地考虑到所有重要的流量以及涉及这些流量运转
的时间延迟。例如，对于一个期望维持一定时间（如一个月）正常营
业的汽车经销商来说，它要经常保持一定的库存，因为汽车供应量是
相对确定的，而消费者的需求量则很难预测。从汽车生产到终端消费，
这一链条中存在若干个反馈回路，自然也就存在着各种各样、或长或
短的时间延迟。如图2—4所示，我们可以通过模拟有时间延迟的调
节回路运转过程来考察时间延迟对汽车经销商库存量的影响：一家汽
车经销商的汽车库存量主要受两种流量影响，一是因汽车销售而产生
的流出量；二是厂家交货带来的流入量。这也意味着库存量会受两个
运转方向相反的调节回路影响——一个是汽车库存量与汽车销售相
关联的调节回路，另一个则是汽车库存量与供应商供货相关联的调节
回路。

当两个调节回路将汽车库存量维持在某个相对稳定的范围内时，
它们的运转过程是这样的：经销商会持续关注汽车的销售情况，分析
销售数据并作出预测。当他们发现销售量呈明显增长趋势时，就会据
此向工厂下更多订单，以便用更大的库存量满足未来可能出现的需求，

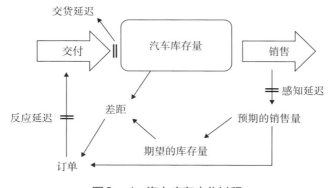

图2—4　汽车库存变化过程

即汽车销量的增加导致未来预期销量随之增加，继而拉高期望的库存量。当期望库存量与实际库存量差距变大时，汽车经销商便会增加采购量。当到货量增加，且实际库存量与预期库存量相差无几时，经销商也就不再向工厂下更多订单。

从工厂为经销商供应汽车再到经销商将汽车销售出去，这一过程中存在着各种时间延迟。这些时间延迟导致了汽车库存量在不同时期出现了程度不一的振荡现象。首先是感知延迟。市场是复杂的，经销商的认识水平是有限的，经销商认识销售量变化情况需要一定时间，因而不可能对销售量的任何变化都立即作出反应。经销商作出调整库存的决策前必然要有一定时间间隔。例如经销商需要花费一定时间去综合分析过去一段时期的销售量变化趋势，并研判销售量的变化是一种长期趋势还是短期波动，以最终根据分析结果作出决策。其次是反应延迟。经销商从作出调节库存量的决策到执行决策之间存在着时间延迟。即便市场需求扩张的趋势比较明朗，经销商已经决定增加汽车库存量，他可能也不会立即执行决策。有经验的经销商会分阶段地执行这一决策，而不是一次性完成所有缺货调整。这是因为当未来出现与预期相反的波动趋势时，这种策略能有效降低风险。最后是交货延迟。从汽车生产工厂接收订单、启动生产线生产到最后发货交付给经销商，这些过程都要花费一定时间。上述的这些时间延迟正是系统振荡的来源之一。

假设汽车销售量增长了10%，当我们将时间延迟的影响加入调节回路的运转时，就会发现库存量（设初始库存为100）随销售额增加而出现了振荡。如图2—5所示，变化从销售量的微小增长开始，即销售量增长会导致库存量下降。经过一段时间的观察，经销商判断销

售量增长的趋势会持续存在，于是预期的销售量就会增加并同时并拉
高预期的库存量，预期库存与实际库存之间的差距会促使经销商作出
订购更多车辆的决策。然而，在经销商发出采购订单到汽车交付之间
也存在着一定时间延迟，这期间，库存量进一步降低，预期库存量与
实际库存量的差距进一步拉大，经销商可能会因此而进一步加大订货
量。随着订货源源不断地提高着库存水平，到货量不仅补足了之前的
差额，可能还超过了预期库存量，于是经销商便会开始减少订单量。
当之前预定的车辆仍不断大量交付时，经销商会更大幅度地减少订单
量。假设销售量仍保持相对稳定，一段时间后库存量会再次低于预
期水平，经销商便会再次作出增加订单的决策。多变的客户需求会影
响预期销售量，而预期的销售量又同预期的库存量（受销售量和到货
量影响）密切相关，于是实际库存量会围绕多变的预期库存量上下振
荡。此外，时间延迟也加大了这种振荡的幅度。

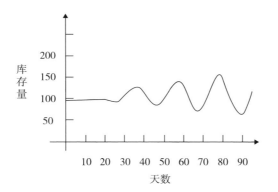

图2—5　在涉及汽车库存量的调节回路中加入时间延迟的影响，
模拟汽车库存量随天数增长的振荡

　　上述双调节回路下的汽车库存量变化模型是从复杂的经济系统中
抽出个别环节、剔除各种复杂因素影响而建构的，这有助于凸显时间

延迟对系统状态的特殊影响。然而，模型必然同真实的汽车销售情况有一定差距，商业活动中存在更多复杂的非线性因素，这会减小或放大时间延迟带来的影响。一家汽车经销商的库存问题在庞大而复杂的经济系统中是微不足道的，然而，如果我们把它放大到全国的汽车销售活动中来看，其中的复杂性会呈现出指数级的增长。全国所有经销商订单的增减会影响到全国汽车厂商的生产，也会影响钢铁、芯片、橡胶、玻璃等一系列相关行业。此外，若具有超大规模性的经济体，其产业链的某些存量发生了振荡，世界性的产业链亦会随之出现振荡。每个产业部门都和其他部门都有着广泛的联系，这些联系中到处都分布着如感知延迟、生产延迟、交货延迟和建设周期延迟等时间延迟。这些时间延迟带来的振荡还会被网络中流的乘数效应和随机的非线性因素放大，这也是经济出现周期性波动的原因之一。

在对存量变化起主导作用的反馈回路中，反馈过程中的时间延迟会深刻影响存量的变化速度。如果时间延迟太短，系统很容易会反应过度、风声鹤唳、草木皆兵，一点小刺激就容易引发系统的大振荡。若时间延迟太长，又会导致系统反应迟钝、适应能力下降，这可能导致负面因素不断积累并突然爆发。对于处于临界状态的系统来说，过长的时间延迟会导致系统因矫枉过正或反应不及时而崩溃。很多时间中，延迟无法被消除，并且通常也不容易被改变。古人很早就知道揠苗助长不可行，罗马也不是一天建成的。设置和调整时间延迟是干预系统的一种方式，延长或缩短它们会使系统行为产生显著变化。因此，我们要重视系统中存在的时间延迟。如果不知道时间延迟的作用形式和影响力，我们就很难真正理解系统的动态行为。

五、目标是一个有效的指挥棒

考察系统的目标或功能[①]，不仅有助于我们理解系统的内部构造，还有助于我们认识它与环境的互动关系。从一般意义上看，目标有两种含义：一是指射击、攻击或寻求的对象，二是指工作或计划中要达到的预设标准。目标是人脑中的一种主观意识，是对实践活动预期结果的设想，它为实践活动指明了方向。由于系统组分之间的互动和内在联系都服务于系统目标的实现，因此目标是一处"关楗"——它不仅起着维系各组分有机关联的作用，很大程度上还引导着系统结构形态的演化。目标设定了系统演化的方向，指示着调节回路运作的预期状态，明确了系统状态同矫正措施之间的距离。如果目标定义不当，系统将不能产出预期的结果。

一般来说，改变系统目标能使其状态或行为发生重大变化。第二次世界大战时期，一些国家将商用的货船改造为军用的航空母舰，这就使船舶的目标定位发生了变化，其结构与功能相应也发生了巨大变化。在社会系统中，人们格外重视目标对组织的深刻影响。美国企业管理专家彼得·德鲁克（Peter F. Drucker）在1954出版的《管理实践》一书中首次提出了"目标管理"（Management by Objective）的概念。目标管理是指组织在一定时期内围绕某个确定的目标实行自我管理，为达成总目标而开展的一系列管理活动。目标管理既是一种管理

[①] "目标"一词常被用于人类系统，"功能"一词常被用于非人类系统，但它们之间的区别不是绝对的，很多系统兼具人类和非人类的要素。

方法，也是一种管理思想，其主要观点包括：企业的总目标需要转化为符合各层级的子目标；企业的各级管理都要以目标为中心确定责任范围，通过其自我控制来协调不同的部门及人员的活动，促成企业总目标的完成。只有企业所有成员都理解企业总目标与其本人的利害关系，企业的总目标才有可能完成好。在这个过程中，目标管理在组织内部建立了一个上下相关、左右互联的目标体系，使目标成为每个部门、每个成员的行为方向和评价标准。组织的各个部分、每个个体都被目标体系有机地组织起来，从而使集体的力量涌现出来。

如果目标定义不当，没有测量应当被测量的事物，就不能反映系统的真实状态，系统也将无法产出预期的结果。如果人们期望实现国家安全与稳定，并将这一目标定义为军费数额，那么该国的军费可能会因此而大幅提高。然而，军费开支的增加并不意味着国家实现了安全，一国军费增长可能会加剧其他国家的安全忧虑，从而引发一定范围的军备竞赛。经济领域也存在着目标错位的现象，有些国家曾在一段时间内将本国经济当期生产的最终产品和服务的货币价值（即国民生产总值，简称 GNP）当作衡量经济成就的主要指标。经济发展的目标被定义为 GNP 的增长，这虽然能反映出一个国家的产量和经济实力，但它无法衡量经济的质量和国民的生活水平。例如，人们生病就医产生的医疗费用会拉高 GNP，然而 GNP 的增长却无法引导社会提高卫生健康水平。调整系统的目标是一种强影响力的干预措施，目标错位则会导致系统朝着不符合预期的方向演化。

系统的目标具有多样性，系统每个层级的目标、每个个体的目标可能各不相同。在社会系统中，普通居民希望安居乐业，企业希望获得更多利润，政府希望治理有效，各类社会组织的目标更是多种多样。系统嵌套着系统，目标中还有其他目标。目标具有多样性的根源在于系统中的生态位是多样的，每一个被特定生态位塑造的主体必然都有一个共同的目标——持存（自我保存）①。以持存为根本目标，主体会基于所处生态位表现出适应其他主体需要的特殊功能，而实现这类特殊功能则有助于主体从环境中获得有利于持存的各类资源。因此，主体在特定生态位上实现其特殊功能，是略次于持存的普遍性的目标。蜜蜂巡游采蜜、牛羊走动吃草、虎狼捕猎食肉，生态系统中各种动物都有自己的生存之道。社会系统中的每个人都在一定岗位上发挥着自己的功能，如企业职工、农民、教师、医生、商人等。每个主体的目标都是实现好这些角色所代表的功能，每个主体都以持存为根本目标。主体所处的生态位的多样性导致了其功能的多样性，而实现特定功能则是由持存目标衍生出的次级目标，这类目标往往具有多样性。

系统所处的层级不同，目标亦不同。当主体在持存这一根本目标的驱动下聚集形成介主体（更高层级的系统）后，介主体作为新的整体自然也会形成一定目标。由于介主体所处的生态位同主体所处的生态位已大不相同，因此，介主体的目标同主体目标不会完全一致，即对不同层次的系统来说，其目标是有差异的，整体与部分的目标可能是不同的。比如，市场经济中企业的目标是压倒所有竞争对手从而获得最大收益，最终垄断整个市场。然而，由无数企业组成的市场，其目标则是维持各方的公平竞争。在生态系统中，一个物种能够进化是

---

① 持存（自我保存）不仅仅意味着系统要维持当下的生存状态，还要关切未来的持存问题，系统越高级就越重视涉及未来的持存问题。

因为个体在生存竞争中存在优胜劣汰，种群的目标则是维持自身规模和进化，而不是保障每个个体都能生存下来。

整体的目标源自部分的目标，它能够为部分服务，同时又能够超越部分。系统的层级结构是自下而上进化的，因此，一般来说，较高层级的目标是服务于较低层级的目标的。例如，社会中的个体为了共同利益结社形成组织，从而在社会上主张自己的利益。该群体甚至可能发展为政党，从而在国家层面表达自己的利益。当整体和部分的目标有差异时，由于整体的行为能力远超部分，于是它在实现其目标的过程中就可能会侵害部分的目标。有时，我们可能会发现一种矛盾的现象：为了实现部分目标而形成的整体却在个别时期反对着部分的利益。例如，农业社会中的封建王朝（整体）是为了维持农业生产秩序而产生的，它能够在促进农业生产、维持社会稳定等方面为民众（部分）提供服务。然而，封建王朝在面对统治危机时，常常以加重赋税、徭役等侵害个体利益的手段来摆脱危机。整体和部分都以持存为根本目标，然而，整体有能力使部分的目标服务于整体。此外，整体能够将有利于本层级持存的行为模式内化为部分的行为模式，如特殊的意识形态、英雄主义、奉献精神……这些有利于组织、社会、国家等高层级聚集体持存的目标导向以伦理的形式内化于个体的思维模式、行为模式中。有时，它们是违反个体本能的，即这些思维模式和行为模式有时会与个体自我保存的根本目标相悖的。马克思在《德意志意识形态》中指出，社会上占统治地位的思想其实质是统治阶级的思想："占统治地位的将是越来越抽象的思想，即越来越具有普遍性形式的思想。因为每一个企图取代旧统治阶级的新阶级，为了达到自己的目的不得不把自己的利益说成是社会全体成员的共同利益，就是说，这在观念上的表达就是：赋予自己的思想以普遍性的形式，把它们描绘成唯一合乎理性的、有普遍意义的思想。"①马克思所描述的统治阶级将自己的思想确立为全社会思想的过程，就是整体目标内化为部分的目标的过程，这有助于动员各方为实现整体的目标而自发行动。整体的这种功能既是进化的产物，也是推动进化的关键环节，所谓"水可载舟，亦可覆舟"。当然，也要看到，当整体长期忽视部分的目标实现时，部分将重组整体的秩序。

总的来说，整体是为了实现部分的目标而出现的，部分因此获得了远超以往"单打独斗"时的有利条件。尽管有时整体作为独立体为了持存和进化而不惜牺牲部分的目标，但整体在根本上还是服务于部分的目标的。因此，主体会不断聚集成更高的介主体、介介主体，系统的层级结构也由此越来越高级、越来越复杂。

总之，目标作为"关楗"，是我们干预系统的一个有效切入点。目标引导着系统结构的变化，系统的目标一旦变更，可能就会发展出截然不同的形态。若系统中的某个参与者可以设定新的目标，它就具备了引导系统变革的能力。有时，一些国家更换国家最高领导人会将整个国家带向全新的方向，因为新的领导人可能会改变国家的发展目标，如资本、劳动、土地、数据等生产要素都可能按照新的目标塑造连接方式或运转模式。所以，目标的调整影响着系统的方方面面。

---

① 《马克思恩格斯文集》第1卷，人民出版社2009年版，第552页。

第三章　反馈：系统内外交互影响的路径

以正治国，以奇用兵，以无事取天下。吾何以知其然哉？以此：天下多忌讳，而民弥贫；人多利器，国家滋昏；人多伎巧，奇物滋起；法令滋彰，盗贼多有。故圣人云：我无为而民自化，我好静而民自正，我无事而民自富，我无欲而民自朴。

——《道德经》第57章

在汉语中，馈有馈送、传输之意。在控制论中，根据信息递送方向不同，反馈分为顺馈和反馈两种。信息从系统的输入端传至输出端的过程是顺馈，从输出端反向馈送到输入端则是反馈。人们常用一系列相互连接的变量组成的闭合回路来表示系统各要素之间的持续循环运转的反馈过程。一个刺激从某处出发，经过一系列环节又反作用于自身，这个闭环就是反馈回路。其中，增强回路能够增强事物原有的变化态势，调节回路能够通过自我调整来抵消变化。无论系统多么复杂，它却是由很多个增强回路和调节回路架设的网络构成，系统中所有动态变化都源于这两种反馈回路的交互作用。一些特定的反馈回路组合模式会使系统存在结构性缺陷，从而导致各种各样的问题出现。当人们遇到系统的结构性障碍时，用"头痛医头、脚痛医脚"的施治办法往往难以奏效，这也就是大家常说的"系统陷阱"。有人认为，"眉毛胡子一把抓"是避开系统陷阱最有效的方式，其实则不然。这里的要害在于科学识别系统动力学的结构性特点，做到有的放矢。充分认识并理解一种类型的系统与实际动手去修补它完全是两码事。正所谓"医经折肱，方能察人病理"，医者只有厚积经验，才能察知疾病发生、发展的过程和原理。对系统结构性问题的把脉也是有章法的。系统动力学创始人福瑞斯特以及系统思考大师梅多斯、圣吉等人经过多年研究，概括并总结了一些导致常见状况出现的系统结构，被称为"系统基模"。所有系统基模的结构都由增强回路、调节回路以及回路中的时间延迟组合而成。这三要素的组合方式决定了基模的类型与特征。它描述了我们在日常工作生活中经常看到的一些重复出现的结构模式，能够帮助我们快速识别和诊断出系统陷阱，进而找到解决问题的"关楗"。

一、增长极限：增强回路作用受限

系统在追求实现某项目标的过程中，通常在一定阶段后都会遭遇增长的极限，导致系统载负越来越重、运行效率越来越低。譬如，一些公司在发展初期规模较小却成长迅速，职业晋升机会较多，员工士气高涨。随着公司的发展壮大，它的成长速度逐渐放缓，甚至可能停滞下来。成长受限的原因有很多，可能源于市场趋于饱和，也可能源于决策者不再追求高速增长等。由于公司规模扩张速度放缓，内部职位升迁机会减少，职员之间的竞争更加激烈，公司的整体士气大不如前，这会进一步削弱其锐意进取的发展势头。同理，一个人为了应对任务截止期的压力，可能会用突击的办法加班工作。然而，越来越重的超常压力和超负荷工作带来的疲惫逐渐影响了他的工作效率和质量，这就又把超时工作的努力成果抵消掉了。起初，任务进度被快速推进，而后就越来越慢，乃至在"快"和"慢"之间震荡。一位减肥者按照一份突击减肥食谱或运动方案进行减肥，尽管起初迅速减掉了几斤体重，但随后减重就进入了瓶颈期。当减肥者因失去减肥兴趣或被其他事项分散了注意力而不再按食谱进食和坚持运动时，其体重就容易继续增长。

"增长极限"也被称为"成长上限"，它描述了系统成长的动力学过程，适用于理解所有系统成长遭遇限制的情况。从理论上讲，系统的增强回路是能够围绕某项目标启动的一个增长过程：起初，增长是越来越快的，然后成长速度开始放缓或停止。与此同时，成长过程还可能经历波动与震荡，甚至增强回路的作用方向可能会出现逆转，以致系统运行状态开始加速下滑直至崩溃。因此，存在成长上限的系统常常会表现出如图3—1、图3—2、图3—3所示的三种行为模式："成长乏力"模式、"成长＋震荡"模式和"成长＋逆转"模式。

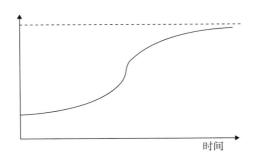

图3—1 "成长乏力"模式，经历一段快速成长后成长速度越来越慢乃至停滞，仿佛存在一个"天花板"限制其发展

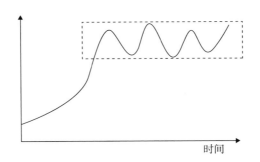

图3—2 "成长＋震荡"模式，经历一段快速成长后成长曲线像被限制在一个长方形的"箱体"中上下震荡，它既不会突破"箱顶"，也不会突破"箱底"

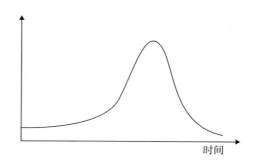

图3—3 "成长＋逆转"模式，经历一段快速成长后增强回路的方向从成长逆转为衰败，而后衰败加速甚至崩溃

系统的成长过程是由增强回路推动的，然而，增强回路在作用过程中会碰到一个调节回路①，当后者开始限制系统成长时，成长过程就会表现出上述三种模式。如果增强回路同调节回路"势均力敌"，则会导致成长处于停滞状态；如果增强回路与调节回路经常"攻守易势"，则会使成长出现震荡；当增强回路在某些情况下发生急速逆转，正增长则会转变为负增长。下面，我们再看两个系统"增长极限"的案例：

一是城市系统——很多国家（尤其是发达国家）都经历了一个城市化快速发展的时期，大量人口以及工业企业向城市聚集。随着城市规模不断扩张，交通拥堵、犯罪增加、环境污染等问题的压力日渐增大，于是，城市人口开始向郊区或外部流动。这意味着城市化发展速度放缓，甚至出现逆城市化趋势。

二是经济系统——有些发展中国家在工业化进程中奉行唯GDP的增长模式，起初都经历了经济高速增长的阶段。然而，一段时间过

---

① 调节回路由各种限制性因素构成，如主体能力、外部资源、环境条件等。

后，社会文化水平低、法律法规不健全、贪污腐败案件多发、两极分化严重等限制性因素的影响开始凸显，加之快速形成的既得利益集团垄断了稀缺资源、占据了大量财富，造成国内市场不景气、产业升级乏力、经济增长停滞。这种经济快速增长而后又陷入停滞的模式也被称为"中等收入陷阱"。

当系统陷入"增长极限"的境地时，人们往往会试图通过更大努力来推动持续成长。譬如，如前所述，有的人面临任务截止日期临近的情况就会超负荷地工作，但是这样做反而降低了效率，结果可想而知。当一个国家的经济增长陷入停滞，就会通过实施宽松的货币政策和积极的财政政策来达到刺激经济的目的。然而，调节回路内置于增强回路中并且相互影响。增长极限在"输入端"付出的努力越大，调节回路对成长的制约作用就越强。因此，系统的内在矛盾不断升级。这样一来，对系统的输入刺激不但枉费功夫，还可能使增强回路逆转为恶性循环。比如，当一个城市出现发展停滞以及人口流失的现象时，公共部门若大规模引进各类产业，则可能加剧用地紧张、交通阻塞、环境恶化等问题，从而导致逆城市化。

若系统已经处于"增长极限"的结构中，则不应盲目强行推动"成长"，而是应从根本上促进系统结构转型，或者削弱限制性因素的影响。如此一来，系统的成长才会重新得以启动。此外，应对"增长极限"的最好办法是未雨绸缪、防患于未然。为了实现可持续成长，系统要主动管理自身的成长，全面平衡协调各相关要素的关系，避免某一个或某几个要素演变为限制成长的主导因素。这就是说，人们要预见可能存在的障碍以及哪些因素将要演变为居于主导地位的限制性因素。有时，为了避免系统长期深陷"增长极限"结构，可以主动放缓成长的速度，以此换取破除"增长极限"结构所耗费的时间。正所谓"磨刀不误砍柴工"，有时候，慢也是快。

二、公地悲剧：局部与整体的反馈关联较弱

在一个复杂适应系统中，在主体之间分布着有限的公共资源，每个主体都可以从中直接获利，用得越多收益越大。但若是被过度使用，成本则将由所有主体来承担，这意味着资源整体状况与局部（个别）主体占用式使用资源的行为之间的反馈关联较弱。如果每个主体不顾资源总量而无限制占有或使用公共资源，资源将很快被耗尽，以至于最终每个主体都没有资源可用。这就是人们熟知的"公地悲剧"陷阱。

譬如，在一些高校，每到学期末或大型考试前的一段时间，图书馆、教室占座现象就十分普遍。学生们占座的心理不难理解：图书馆的座位是有限的，无法容纳全部有需求的学生同时落位，于是就有学生为了确保自己在任何时候进入图书馆都能尽快找到座位而采用各种方式占座。图书馆的座位越紧张，占座现象就越普遍，这是因为学生们发现要找到一个没有被占的空位正变得越来越难，甚至一部分以前不占座的学生也加入到这一行动之中。由于占座并不需要花费什么成本，有时占座者不仅为自己占座，还会帮同伴占座。普遍的占座行为最终会导致图书馆出现一种矛盾现象：整个图书馆既存在不少空闲座位，同时也有许多学生因默认占座"规则"而找不到座位。图书馆的资源相对于学生的需求来说是短缺的，然而占座行为可能会导致图书馆上座率并不高，长此以往，公共资源使用的整体效益反而下降了。

这个由图书馆和学生组成的系统生动地反映了"公地悲剧"的结构特征。

"公地悲剧"最初由美国著名生态经济学家加勒特·哈丁（Garrit Hadin）提出。1968年，哈丁在《科学》杂志上发表了一篇题为"The Tragedy of the Commons"的文章，"the commons"不仅指公共的土地，一切有限的可共享的公共资源都可以被纳入这个范畴。哈丁在文章中以一个普通草场为例演绎了"公地悲剧"：

如果有一片范围有限的草场对所有牧民免费开放，在边际成本几乎为零的情况下，每个理性的牧民都会选择尽可能扩大自己的畜牧规模，这会启动一个使资源状况不断恶化的增强回路。牧民使用草场资源超过一定限度后，草场的自我再生能力就会越来越差，甚至可能会被彻底破坏。一方面，草地越稀疏，牲畜就越容易将其连草带根都吃掉。另一方面，植被覆盖率越低，土壤就越容易在雨水的冲刷下变得贫瘠。由此一来，草场资源既会因过度放牧而不断减少，又会因恢复能力丧失而难以再生。最终，草场可能就会退化成荒漠。当草场消失导致所有牧民都无法放牧时，"公地悲剧"也就出现了。

从结构上看，"公地悲剧"的基模有两类系统要素：一类是诸多独立的主体，他们依照有限的理性行事，并为尽可能地扩大自己的利益而活动，很少关心资源总体状况。另一类是公共资源，它具有竞争性却不具备排他性，主体可以不受限制地免费或以极低的成本占用公共资源。无论是可再生资源还是不可再生资源，供给都是有限的，不可能被无限地使用，甚至资源供给能力会随着过度使用而退化。这两类系统要素之间因缺乏有效的反馈机制而导致公地悲剧。换句话讲，该基模的结构性根源在于诸多个体使用资源的活动同资源总体状况之间的反馈关联较弱或者反馈的时间延迟太长。

在牧民—草场的系统中，针对公共资源使用的反馈回路的限制力量很弱，这也导致了公共资源过度消耗的现象难以得到遏制。牧民的活动会不断减少草场资源总量，他们对资源的使用速度最终会超过草场的再生速度。由于牧民无法获得关于资源消耗总体情况的反馈信息或时间延迟太长，过度放牧的状况可能还将持续。即便牧民获得一些信息反馈，理解了自己行为可能产生的后果，但他们仍会认为：凭什么是我作出让步？在资源越来越难获取的情况下（主体所分得的资源越来越少），每个牧民都不会退让，反而会进一步加强放牧活动以获取更多收益。最后，草场资源加速枯竭的回路将会启动，有限的资源将被耗尽，致使所有的使用者一无所获。

这样的案例在现实中比比皆是：一些旅游景区若不对游客数量加以限制，将很快人满为患，导致旅游资源遭到破坏；政府若不对高污染企业进行排污限制，任其将污染物排放到环境中，该地区的生态将迅速恶化。此外，过度砍伐森林、过度捕捞鱼虾、过度开采矿物、商业区商户侵街占道、公厕迅速消耗卫生纸等都是容易陷入"公地悲剧"的场景。

解决"公地悲剧"的根本思路是建立使用者行为同公共资源之间的反馈机制，也就是在使用者之间、使用者同共享资源之间建立某种能约束主体活动的治理方式。这种反馈机制既可以由使用者的理性能力来发挥维系的功能，也可以由无形的道德约束或舆论压力来发挥维系的功能，还可以由惩戒措施来发挥保障作用。哈丁、梅多斯等学者给出了一些摆脱公地悲剧的建议，综合起来有三点：为公共资源确权、进行思想教育和劝诫以及对公共资源进行管制。这三种方法都在以不同的方式恢复或增强着系统的反馈机制。

第一种方式是将公共资源分给个人，使其盈亏自负。这样一来，由于资源状况直接关联个人利益，理性的使用者将更加注意可持续地使用资源。15世纪至16世纪的英国在乡村实行了敞田制。敞田制要求农民在农作物收获之后，将自己的土地无偿向其他农民开放，以便所有人在公共场地放牧。15世纪中叶，由于呢绒产品需求猛增，英国的呢绒原料（羊毛）在欧洲市场上供不应求，逐渐形成了羊毛产品货俏价高的局面。英国的养羊业在这种背景下飞速发展，大量羊群进入公共草场。不久，土地开始退化，公地悲剧出现了。与此同时，一些有势力的权贵开始采取各种手段侵占公地，掠夺农民土地，并按照资本主义的方式大规模经营牧羊业，竭力追逐高额利润，这就是英国的"圈地运动"。这是一个确立土地产权、使土地由公地变为私人领地的过程。尽管"圈地运动"使大批农民和牧民失去生计，造成了"羊吃人"的恶果，但"圈地运动"的阵痛过后，土地拥有者对土地的管理更高效了，以往的过度放牧活动也被遏止了。

第二种方式是对行为主体进行思想教育与劝诫，其目的在于通过教育，让人们看到无节制消耗公共资源的后果，使人们自觉保护资源。此外，还可以通过劝诫使用者来节制其行为，利用社会舆论谴责或惩罚威慑违规者。当然，这类措施有一定局限性：道德约束、舆论压力对主体活动的约束力并不强，若公共资源只靠道德、信用或舆论来保护，反而有可能让那些不遵守道德、不讲信用、不在意风评的人钻了空子、占了便宜。

第三种方式是在主体之间推动共识并强制执行。各方参与者按某种共识原则形成中心式的权力机构，该机构既能掌握资源的总体情况，又能对个体活动予以有效制约（如实施禁令、准入制、配额制、税收调控等），因而个体活动同资源状况之间的反馈机制便能以这种间接的方式建立起来。实际上，这种方式同第一种方案类似。在第一种方案中，个体将公共资源分割并确立产权，依据个体理性提高资源的使用质量。而"达成共识、强制执行"的方案，其实质是利益相关的主体聚集成对所有成员都有约束力的介主体，而后通过介主体"分享使用"整体资源，使介主体具备充分理性来实现资源的长期效益。这种方式非常常见：如道路是公共资源，车辆在繁忙的街道不会横冲直撞，而是遵循交通规则和交通信号灯的管制；图书馆可能会采取预约制或是惩罚占座行为等方式应对占座乱象；在停车、用水、用电等生活方式上，政府采用阶梯计费的模式以限制资源滥用等。

三、竞争升级：两个调节回路的存量博弈

系统主体或不同层次之间是一种对立统一的关系。矛盾无处不在，如若只看到相互的"对立"而看不到"统一"，系统就会面临"竞争升级"的陷阱。设想有这样一场不断升级的街头冲突：两个陌生人在马路边因矛盾而发生争吵，"你吼我一声、我回怼你几句"，双方言语交锋越来越激烈。此外，当一个人冲动地推搡了另一个人后，口舌之争便可能升级为肢体冲突。拳脚之争中，假如双方拿起了棍棒，肢体冲突就可能升级为械斗。若双方的同伴也加入冲突，两人的械斗就会升级为群殴。从口舌之争到肢体冲突，从拳脚之争到持械斗殴，从两人争端到群体冲突，一方能力的增强会迫使另一方提高应对能力。若无第三方介入管制，双方的冲突会不断升级，直至一方彻底失败或两败

俱伤。

"竞争升级"基模由两个调节回路和一个增强回路构成。在这一基模中，两个调节回路被嵌入在增强回路内。若甲和乙是竞争关系，他们互相视对方为威胁并监测对方的状态，并且甲和乙都能通过一定活动方式来增强自身能力（此能力会被对方视为威胁），以此来相对削弱对方的威胁，这正是调节回路的运作过程。当甲感知到乙的威胁而增加活动时，其活动成果也就随之增加了对乙的威胁，于是乙也会进一步付诸行动，这又会引起甲的忧虑而促使其采取新一轮的行动，这正是增强回路的运作过程。一般来说，调节回路中的存量状态受一个固定目标牵引，存量通常在相对固定的范围内变动。"竞争升级"中调节回路的特殊性在于：其存量状态并不是由固定的目标牵引，而是取决于另一个调节回路中时时变动的存量状态。具有竞争关系的两个存量都试图超越对方，这也使得两个调节回路构成了一个增强回路，致使双方的存量水平在竞争中不断升级，即"竞争升级"。

暴力升级、军备竞赛、价格战、财富攀比……这些现象都属于竞争升级。每个参与者期望的目标状态都是相对其他参与者而言的，他们都试图成为最有优势的一方，每一方都倾向高估对方的敌意，夸大对方的实力，而后在此基础上进一步扩充自己的实力。如果没有打断这个不断增强的循环过程，竞争升级就会以指数级的速度激化，最终的结果就是一方崩溃或两败俱伤。

第二次世界大战结束后，美国和苏联互不信任，都害怕一旦第三次世界大战打响后自己处于劣势，于是双方陷入了围绕军事实力的竞争升级。在核武器方面，1945年7月16日，美国在第一次核爆炸成功后，在同年分别向日本的广岛和长崎投下两颗原子弹。在认识到核武器的巨大威力后，斯大林下令要用最短的时间造出原子弹。于是，苏联集全国之力，最终在1949年成功爆炸了第一颗原子弹。接着，双方又进行了研制热核武器的竞赛。1952年，美国成功进行了氢弹爆炸试验，苏联则在1953年8月也成功爆炸了第一颗氢弹。后来，美苏又在核武器的实战化、小型化、高当量方面展开了竞赛，双方你追我赶，频繁地进行着核试验。结果到了1984年，美苏两国军费合计占世界军费总数的41.7%。[①]巨额的军费使双方财政承担着巨大压力，甚至影响了国民经济的正常运行。冷战后期，长期并且日渐扩大的军备竞赛不断加深了苏联的系统性危机，苏联的结构性矛盾集中爆发，在各种矛盾和问题的重压下，最终导致了苏联的解体。苏联的解体意味着冷战结束，竞争升级的系统结构终于由于一方的退出而被打破。

价格战也是一种常见的"竞争升级"。价格战一般是指企业之间通过竞相降低商品的市场价格而展开的一种商业竞争行为，其内部动力主要包括市场拉动、成本推动和技术推动，其目的包括打压竞争对手、占领更多市场份额、消化库存等。当一方为了战胜竞争者而报出低价时，另一方也将报出更低的价格。如此发展下去，每一方都会遭受损失。若没有一方愿意让步，那么最终将导致一方破产或两败俱伤。

当然，"竞争升级"在一定条件下能够朝着好的方向发展，如治疗癌症、开发新能源技术等方面的竞争能够促进人类整体的福祉。然而，即便竞争升级有时是朝着向好的方向发展，但由于增强回路的运

[①] 参见北京国际战略问题学会编：《世界军备与裁军简明手册》，军事译文出版社1986年版，第34页。

转不容易停下来，好事也可能变成坏事。例如，有利于激发劳动者积极性的劳动竞赛可能会被扭曲为"只要数量、不重质量"的盲目攀比；每家医院为提高服务水平而竞相引进更先进的设备则可能会导致医疗保健成本超出人们的承受限度；各个城市竞相改善城市环境、提升城市形象的活动可能演变为不顾实效的面子工程。

应对"竞争升级"陷阱的策略主要在于打断系统中的增强回路。对于军备竞赛来说，可以通过单方面裁军来降低竞争热度，从而引导对手作出让步。但是，这种方式实现的难度极大，因为处于竞争状态的双方可能会随着竞争越来越激烈而变得非理性，单方面退让会让双方认为自己将更可能面临被迅速击败的后果。第二种应对策略则是竞争双方通过协商、谈判达成平衡系统状态的约定，或引入外部制约将竞争控制在一定范围内。比如，军事领域中，在武装冲突地区部署维和部队，或是使处于军备竞赛的两国经过谈判达成裁军协定。

四、富者愈富：增强回路之间存在竞争排斥

《中庸》里说："天之生物，必因其材而笃焉。故栽者培之，倾者覆之。"这句话的意思是说：大自然化生万物，会根据万物能否成才的潜质来判断对待它的态度。如果你德才兼备、积极向上，上天就会为你施加更大的助力；如果你无才无德、消极怠惰，上天就会把你推向覆灭。但从系统动力学的角度看，"栽者培之，倾者覆之"会在一定程度上导致强者愈强、弱者愈弱。

俗话讲，"一山不容二虎"，这在生态学上被定义为"竞争排斥"法则。在一个资源有限、不受干预的系统中，存在竞争关系的两方主

体必有一方会在竞争中被排挤出局，最终只剩一个赢家。在这个系统结构中，一方在此轮竞争中表现得越好，就越能分得更多资源，这有助于他在下一轮竞争中表现得更好。竞争中取得优势的一方会持续强化其获胜的能力，以不断扩大自身优势，这就形成了一个增强回路，它的状态会呈指数级增长。在商业竞争中，一家企业利用在财富、技术、信息、关系网上的优势，可以在下一轮的竞争中获得更多财富、技术、信息、关系网，而劣势的一方则会陷入一个趋势向下的增强回路，其表现也会越来越差。

"富者愈富"在社会学家和经济学中有另一个名字——"马太效应"。"马太效应"的名字来源于圣经《新约·马太福音》中的一则寓言："凡是有的，还要给他，使他富足；但凡没有的，连他所有的，也要夺去"。"马太效应"被广泛应用于社会心理学、教育、金融、科学等领域，它描述了一种两极分化的社会现象。这个术语是由美国科学史研究者罗伯特·莫顿（Robert Merton）在1968年提出的，其主要用于概括一种社会心理现象：那些声名显赫的科学家通常会比那些不知名的研究者更容易获得声望，即便他们的成就是相似的。任何个体、群体或地区一旦在某方面（财富、权力、地位、声望等）获得成功和进步，就会积累起优势，这个优势会创造出更大的成功和进步。

"富者愈富"常见于社会生活、商业竞争、政治角逐等多个领域。例如，两家同类的餐馆并排营业，生意红火的会吸引更多顾客排队用餐，生意冷清的则无人问津。在忽视教育公平的国家或地区，来自贫穷家庭的孩子更容易面临失学或进入最差的学校、接受最差的教育的局面。由于他们的专业素养不高、就业面窄，毕业后也只能从事报酬很低的工作，难以改变其社会地位，因而造成贫困代际传递。农业社会中的土地兼并现象也具有富者愈富的结构特点。譬如，土地兼并是中国历代王朝难以根治的顽疾，王朝初期一般都实行均田政策，然而小农生产具有脆弱性，稍遇天灾人祸，农民就不得不出卖土地。于是，土地就这样不断集中到大地主、大官僚手中。及至王朝末期，土地兼并就很可能会发展至"富者田连阡陌，贫者亡立锥之地"的地步。

19世纪工业革命后，资本主义的发展壮大也是一场富者愈富的竞争排斥过程。恩格斯曾经生动地描述了这一竞争过程："资本主义生产方式利用这一杠杆（组织性日益加强的生产——引者注）结束了旧日的和平的稳定状态。它在哪一个工业部门被采用，就不容许任何旧的生产方法在那里和它并存。它在哪里控制了手工业，就把那里的旧手工业消灭掉。劳动场地变成了战场。"[1]竞争排斥不仅发生在资本主义生产方式和旧的生产方式之间，就连资本主义内部的生存竞争也愈发激烈。19世纪后期，资本主义逐渐从自由资本主义发展到垄断资本主义阶段，大的经济体吞并小企业，形成了规模越来越大的垄断组织。譬如，德国的莱茵—威斯特伐利亚煤业辛迪加控制了当地90%左右的煤产量。1880年，美国标准石油公司控制了全国精炼石油业务的90%~95%，美国钢铁公司的"十亿元托拉斯"占了美国钢产量63%。[2]恩格斯指出："在资本家和资本家之间，在工业部门和工业部门之间以及国家和国家之间，生死存亡都取决于天然的或人为的生产

---

① 《马克思恩格斯文集》第3卷，人民出版社2009年版，第553页。

② 参见〔英〕艾瑞克·霍布斯鲍姆著，贾士蘅译：《帝国的年代：1875—1914》，中信出版社2017年版，第49页。

条件的优劣。失败者被无情地淘汰掉。这是从自然界加倍疯狂地搬到社会中来的达尔文的个体生存斗争。"[①] 资本运动本身就是一个增强回路运作的过程，因此，当企业在经营中确立优势后，便会进一步扩大其生产规模和收入，将其他竞争者"甩"得越来越远，最终使得大企业吞并小企业、垄断组织吞并个别企业，代表垄断集团利益的帝国主义则不断"吞并"小国、扩张殖民地。

"富者愈富"基模描述了多个增强回路在资源有限的系统中发挥作用的动力学过程。造成这一结构的原因来自两个方面：一是多方主体竞争同类有限的资源。若资源是无限的，或主体借助不同类资源促进自身成长，那么系统中多个增强回路可以并行发展，所有主体都能不断壮大。二是资源分配的标准是既往成功的表现。表现好的竞争者能分配到更多资源，这是主体优势不断积累的根本，也是增强回路出现的关键原因。若资源分配标准不是既往成功的表现，各主体处于竞争中各有占优势的时期，那么系统未必会陷入富者愈富的陷阱。

针对"富者愈富"的结构性根源，我们可以提出以下几种逃离陷阱的措施：

第一种方式是开辟多元的发展道路。为了让系统主体之间避免竞争同类有限资源、陷入互斥性竞争，可以开辟出新的发展道路，并通过借助不同赛道来舒缓竞争氛围。例如，在经济领域，一家公司可以通过创新产品和服务来找到新的生存空间。然而，多元化的效力也是有限的。新开辟出来的领域可能会很快吸引新的竞争者，使系统将再

---

① 《马克思恩格斯文集》第3卷，人民出版社2009年版，第553—554页。

次陷入新一轮竞争。

第二种方式是引入更高层级的系统介入，通过植入一个调节回路来限制增强回路的运转。为了避免一家独大，系统可以自上而下限制增强回路过度膨胀。比如，国家出台反垄断法，严格限制资本的无序扩张，这就是对资本循环的调节。在经济社会系统中，调节回路与增强回路的衔接配合非常重要，这是维持系统秩序的关键。

第三种方式是制定灵活的规则或机制，合理调节主体通过竞争获得资源的比例。例如，与生产要素直接关联的初次分配可能导致社会的贫富差距越来越大，对此，政府可以实行累进税制、征收不动产税、完善保险制度、财政转移支付等政策再分配社会财富。以公平、合理的方式改变资源分配的标准，是打破富者愈富结构的常见办法。

五、政策阻力：目标相异的调节回路彼此掣肘

系统内的调节回路能够化解外部力量对系统构成的不利影响，从而使系统特定的行为模式保持相对稳定。调节回路对任何一个复杂的经济社会系统来说都是必不可少的。比如，人的体温常常保持在37℃左右，这就是体内的各种调节回路在发生作用。若是系统一些经常出现的行为方式不符合人们的预期，而它被干预者修复正常后，不久后又出现近似的状况，那么系统可能进入了名为"政策阻力"的陷阱之中。该基模的结构性根源在于调节回路的作用——当多个调节回路监测同一变量（事物），且各个调节回路的目标方向不一致时，该变量任何较大的演化趋势都会受到一定阻力。

"政策阻力"陷阱的机理可以看作多主体围绕系统中某些变量（如 CAS 的流）进行博弈的"拉锯战"。因为复杂系统主体具有多样性的特点，各个主体都有不同的目标取向。当他们都努力将系统的某项变量拽向自己的目标时，一场"拉锯战"便会就此开始。譬如，在经济系统中，每个行为主体都会十分关注那些同自身利益密切相关的变量，如原料、产量、价格、利润等。他们会将变量的状态同自己的目标状态进行对比。如果存在差异，则每个主体都会采取响应措施，使该变量的值重新回到他们设定的目标状态。一般来说，目标状态与实际状况之间的差异越大，行动的压力或强度就越大。任何一方的增强努力都会刺激其他主体发挥更大能动性，从而把系统状态往相反的方向拉扯，进而使所有主体的努力都被抵消掉，这就导致了系统同以前的状况并没有太大差别。这种结构类似于"棘轮"，即任何一方稍有让步或松懈，其他各方就会把系统往更接近自己目标的方向拉，最终导致局势更加远离让步一方的目标。因此，每一方主体都不得不付出巨大的努力来使系统维持在一个相对稳定的状态。尽管这个状态可能并不符合各方的目标，每一方付出的巨大努力也不一定能达到预期效果，但退让会导致自身处境更糟。

第一次世界大战结束后，为重构国际版图、解决战败国后续事宜以及建立新的世界秩序，协约国在巴黎召开和平会议。会上，各国竞相角逐，力求最大限度地维护自身利益：英国试图通过制衡德、法以巩固其欧洲领导地位；法国则要求彻底削弱德国，确保其再也无力威胁自己；美国则力推成立国际联盟，以期扩大自己的影响力。与此同时，战败国也在努力争取对自己有利的条件，力求减轻战败的代价。然而，由于各国利益错综复杂，彼此间存在深刻分歧，和会进程屡遭阻碍，谈判也陷入僵持。各国提案频繁遭遇他国反制，每一份努力都似乎成为了对方策略下的牺牲品。以法国严惩德国之议为例：该提案因英美担忧激起德国敌意、重燃战火而遭否决。历经漫长而艰难的协商与让步，和会最终达成了《凡尔赛和约》。然而，该合约没有真正解决各国之间的矛盾和分歧，反而埋下了新的仇恨和冲突的种子。凡尔赛体系下的欧洲非但未能迎来持久的和平与稳定，反而为日后爆发的第二次世界大战埋下了伏笔。这一案例表明：当一方努力的成果被其他主体的抵制行动抵消了，且一方努力程度越大、效果越好时，反方向的抵消力量也就越强。在这一过程中，尽管每个参与者都做出了一定行动，然而系统存量状态与之前却相差无几。

为了更好地化解"政策阻力"，一种解决方式是以足够强大的力量来压制各方。多主体博弈形成的"拉锯战"之所以会成为陷阱，原因之一就在于参与各方对系统状态的影响能力相当。当一方拥有足够强大的力量来打破这种均势并有效化解阻力时，自然就越出了"政策阻力"陷阱。需要警惕的是，强制力固然可以压制矛盾，同时也可能为更大的矛盾冲突爆发埋下隐患，因为当强制力有所放松时，潜藏的阻碍势力可能以更激烈的方式卷土重来。

另一种解决方式是废止无效的政策，将有限的资源和精力投入到更具建设性的目标当中。戈尔巴乔夫曾在苏联全国实施禁酒令，然而政策不仅没有达到预期效果，反而引起了一定的社会混乱，于是政策在实施不久后被废止。由于俄国在历史上形成了独特的酒文化，不少俄国人嗜酒如命，然而人们过度饮酒会给社会带来一定危害，不利于提高国民平均寿命与生育率，因此，从沙皇俄国到苏联再到如今的俄罗斯，政府推行过多次禁酒令，但均遭遇了"政策阻力"而不了了之。1985年5月，就任苏共总书记两个月的戈尔巴乔夫颁布了严厉的禁酒令。他下令关闭伏特加酒厂，取缔大部分酒类商店，禁止苏联驻外使馆用酒，甚至还用推土机推倒了克里米亚、格鲁吉亚、摩尔多瓦和库班河流域的葡萄园。于是，人们为了在家里自行酿酒而抢购食用糖，这导致了一段时间内市场出现了食用糖短缺的现象。伏特加的生产也因禁酒令转入地下，监管缺位使酒质难以保障，工业酒精、花露水、漱口水等含有酒精的液体也被当成酒来售卖。一些买不到酒的人甚至会饮用制动液等有毒的致醉品，这比禁酒令之前的酗酒行为危害更重。戈尔巴乔夫的政策减少了酒类的生产和销售，这也导致了一部分人私自产酒并通过黑市销售。这些活动在一定程度上抵消了政府政策的效果，导致酒精对社会的危害仍然存在。由于禁酒令成效不佳并加剧了社会动荡，戈尔巴乔夫为结束社会乱象而不得不取消了禁酒令。

综上所述，应对"政策阻力"最有效的方式是：设法将各方主体的目标协调一致，并设立一个宏观总体目标，让所有参与者能突破各自的有限理性。如战时经济动员能有效突破"政策阻力"，一国全体成员会共同为保家卫国目标而奋斗，团队成员会在共同目标的整合下和谐地相处。只有放弃一些狭隘的眼前利益，转而考虑整个系统的长期利益，才有可能找到被多方认可的目标。

六、规避规则：绕开调节回路的指向

规则是一个经济社会系统中所有主体都要遵循的行为规范。所谓"上有政策，下有对策"，是指任何规则都不可能是尽善尽美的。当它作用于复杂的现实中时，就必然会显出某些漏洞或例外情况。哪里有规则，哪里就有规避规则的可能性。"规避规则"指的是系统中的部分主体虽然在表面上遵守或不违反规则文本的要求，但暗地里却借助一些手段规避规则。规避规则不仅会使系统原定的目标难以达成，甚至还会使系统行为扭曲或引发其他严重问题。例如，为了交通安全，交通管理部门可能在一些路段限制汽车行驶的最高速度。当汽车在测速区间超速行驶时，其便会受到处罚。然而，一些车辆会在整条道路上超速行驶，而仅仅在测速区降下速度。这种行为虽然不会产生违法记录，但仍具有极大危险性，违背了交通规则制定的初衷。

　　"规避规则"基模在政治系统中也是常见的。中国在秦朝的确确立了强大的集权体制，一般来说皇帝的政令无论是否正确，臣民都必须绝对服从，否则会受到严苛的惩罚。然而，当有些政令根本无法执行，或者执行的结果可能会损害执行者的利益时，在不能公开违抗的情况下，地方官员可能会阳奉阴违地采用各种对策规避政令。汉武帝在位时曾多次集全国之力发动对匈奴的战争，至其执政后期，由于"征发烦数，百姓贫耗"，加之地方官员管理不力，盗贼滋起。朝廷多年镇压暴乱不见成效，于是汉武帝作"沈命法"①："群盗起不发觉，发觉而捕弗满品者，二千石以下至小吏主者皆死。"②其意是说，凡出现群盗而没有及时发现，或发现却没有完全抓获的郡，从郡守（食禄二

---

① 沈，指藏匿。命，即逃亡。
② 吕思勉：《秦汉史》，北京理工大学出版社2018年版，第141页。

千石）到具体负责的小吏等相关人员一律处死。此令一出，基层小吏害怕处理不好盗情而丢了性命，干脆坐视不管；上级官吏发现事态严重时已经难以处理，因此伙同下级欺瞒更上一级的官员。如此上下相匿，暴乱越来越多，这实际上就完全违背了"沈命法"的初衷。这就是"规避规则"基模的一种表现。

"规避规则"同"政策阻力"在某些表现上是类似的，但仍有明显差异。尽管"规避规则"并没有违背字面上的条文，但主体仍通过各种方式仅遵守了规则要求的"表象"，这无助于实现规则内在指向的价值目标。复杂系统具有层次性，不同层级的利益是有差异的，而规则一般是自上而下发出的，较低层级要服从较高层级的要求。因此，当某一层级的利益需求没有在规则制定阶段得到充分满足时，它就会试图在规则的执行过程中实现其利益。这也就导致了下级对上级制定的、损害了本级利益的规则进行了选择性规避。

应对"规避规则"可以从以下三个方面寻找思路：第一，通过强化规则和执行力度来管制规避规则的行为。这是一种短期见效的办法，但不能彻底消除规避规则现象。第二，重视规则形成过程的开放性，充分吸收各层级的利益关切，并在及时反馈中不断完善优化规则。更好地设计规则意味着要尽可能预见到规则对各个子系统的影响，包括可能出现的各种规避规则的行为，并调整系统结构，充分发挥系统自组织的能力，将其引导至符合系统整体福利的方向上来。第三，政策制定者应将主体规避规则的行为视为有利于完善规则的积极反馈，在其基础上对规则进行修订或者废除。正如古语所言，"见兔而顾犬，未为晚也；亡羊而补牢，未为迟也。"

七、目标侵蚀：因状态感知出现偏差而致

一个人为了减重而设下"每天运动一小时"的目标。第一周，他排除各种干扰每天挤出一些时间运动。第二周，由于他工作繁忙，有一两天没有运动，并且每天挤出时间来运动让他身心俱疲。于是，他开始觉得是不是"每天运动一小时"的目标不符合自己的实际情况。渐渐地，他将锻炼计划调整为每周运动五天。第三周，由于一些突发事情干扰，他只运动了一两天，并且运动时间不足一小时。随后，他转变观念，将减重的目标转为保持身体健康，同时又将实现目标的规划宽泛地定为"每周运动几次"。第四周，他只运动了三天，运动时间有长有短，他感觉很满意，但这已经同最初的目标相去甚远。这就是"目标侵蚀"系统模型的表现。

"目标侵蚀"所描述的是系统的发展目标渐次降低的反馈模式。一般来说，系统都有自己既定的目标或绩效标准，它会受到系统既往绩效的影响。当人们关注的绩效评价偏负面时，系统的目标和状态将会不断下滑。如果系统状态快速下降，通常能引起人们的注意并及时采取应对措施。然而，目标侵蚀是一个渐进的过程，系统状态下降的速度比较缓慢，这不仅难以引起人们的关注，还可能使人们如"温水煮青蛙"一样产生麻痹心理。由于每个人在不知不觉中把期望值越降越低，于是，人们为了改变系统状态而做出的努力越来越少，系统的实际表现也就越来越差。

目标侵蚀产生的原因有两个：一是主体消极应对系统问题带来的压力，长期依赖"治标不治本"的方案；二是人们过于关注系统运作

中的负面信息，使其不断下调未来预期。主体对系统的绩效表现都有一定期待，因而会为系统发展设定目标。当系统的实际状态同目标状态存在差距时，主体就会采取行动，使系统状态保持在被期望的水平上。这是一个常见的调节回路。当系统出现某些问题而导致状态变差时，实际状态同目标状态之间的差距就会给人们带来一定压力。对此，具体的应对措施有两个：

第一种是付出努力改变现状，使系统重新达到目标状态。尽管这有助于从根本上解决系统问题，但这不仅要付出较多时间和精力，还要常常被各种不确定性因素影响。如调节回路内部存在一定的时间延迟，即从人们付出改变现状的行动到系统状态得到改善之间存在时间间隔，这就意味着行动的有效性得不到及时验证，在一定程度上这可能会挫败人们继续行动的积极性。

第二种是降低绩效目标，使预期状态同现存状态更贴合。虽然这会暂时缓解一些问题，但是不利于长期发展战略，因此，这也可能导致系统的问题更加难以彻底得到解决，系统状态会持续不断恶化。此外，当人们对负面信息更加敏感、更关注负面信息而非正面信息时，他们感知的系统状态可能比真实状态更糟糕一些。于是，人们往往会选择用"治标不治本"的方案来暂缓一时压力。然而，这样的选择也就导致了一个趋势向下的增强回路：人们感知到的系统状态越差，期望值就越低。当预期与现状的差距缩小时，人们就会采取更少的改进行动，可改进行动越少，系统状态下滑的趋势就更难以遏制。如果任由这一回路运转下去，我们就会发现系统的目标在不断降低、绩效在不断下滑。

正是因为人们经常依赖短期缓解方法，那些长期根本的目标才会受到"侵蚀"。放松要求、降低目标是一个缓慢的渐进过程。无论出于何种原因，只要出现要求放松、目标降低的现象，我们就要提高警惕。此时，系统可能正在落入目标侵蚀的陷阱中。面对这种情况时，我们首先要审慎地设立目标，并度量其合理性及战略意义。目标设立后，无论绩效如何，都不要轻易大动（同时要警惕"钻牛角尖"的极端），同时不断将现行目标同过去最佳目标相对照。其次，主体不仅要看到负面信息的警示作用，还要更多关注正面信息的积极作用，全面认识系统的真实运行状态。再次，应重视优化系统的感知和反应结构，提高反馈回路效能，缩短系统运行中冗余的时间延迟。

八、饮鸩止渴：调节回路效能渐趋衰弱

当系统出现某些问题时，若一味采取"治标不治本"的方案，只能使问题症状缓解一时。如若不寻求根本解决方案，就会更多地依赖"治标"的办法。如此一来，系统自身"治本"的能力将更难以应对不断恶化的问题。若此时引入外部干预来帮助系统缓解问题，系统原本的自我调适能力将不断萎缩，从而引发一个负面的增强回路：系统的自我调适能力越差，就会更加依赖外部干预，这不仅不能遏制问题恶化的趋势，还会导致系统的自我调适能力进一步萎缩。此消彼长，系统最终将可能对自身的问题束手无策，以致陷入危机。《后汉书》有言："譬犹疗饥于附子，止渴于鸩毒，未入肠胃，已绝咽喉，岂可为哉！"[1]

----

[1] 附子和鸩毒都是有毒物质。

　　"饮鸩止渴"还有很多名称，如"转嫁负担""上瘾"等。很多人或组织即便知晓"饮鸩止渴"的道理，也会不自觉地落入这一陷阱当中。如果你经营一家业绩堪忧的公司，当你想改变现状时，可能会面临两种行动选择：一种是想方设法获得政府补贴、银行贷款或其他渠道的融资来勉强度日，这样既能帮助公司正常运营，还能维持自己体面的社会地位。另一种方法则是费心费力地寻找并实践彻底解决经营问题的方法。这条路可能困难重重，措施可能一时看不到成效，此外还要承受各方的质疑。此时，应该如何选择呢？显然，第一种方法看似划算，但却正是"饮鸩止渴"的策略，它将使公司陷入越来越深重的危险境地。这样的案例比比皆是：现代医疗技术和药物的发展提高了人们的生活水平，然而这也导致很多人不再重视加强锻炼以及保持健康的生活方式，他们把这种责任转嫁给医院。人体的免疫系统能够对很多疾病产生抗体。然而，如果人类一生病就大量依赖抗生素类药物，人体自身的免疫系统会因得不到训练而导致功能下降。与此同时，由于致病细菌的耐药性在不断增强，人体再次面临相同病症时将不得不使用更多抗生素类药物。另一个案例就是中国的数学教育通常会鼓励学生采用心算或用纸笔计算数学问题，因为学生长期依赖计算器会弱化其计算能力，而这可能挫伤学生对数学的兴趣。

　　"饮鸩止渴"的结构性根源同"目标侵蚀"类似，都是人们在面对系统问题时过度依赖"治标不治本"的方法导致的。当系统出现某种问题而表现出一些症状时，主体解决问题的方案一般分为两种："症状解"与"根本解"。"根本解"是人们从根源上解决系统问题直至症状消除的方法，它在实施初期可能会遭遇一定困难，但随着系统问题的逐步解决以及症状的逐步消除，"根本解"的使用次数会越来越少。若人们长期依赖缓解和掩饰问题的办法去应付，问题症状虽可能得到一定缓解，但一段时间后它又会进一步恶化。于是，人们将不得不更频繁地使用"症状解"，以致问题症状的严重性在波动中加剧。与此同时，使用"症状解"应对系统问题还会带来一定的副作用：不断加重的问题症状不仅使系统原本的自我调适能力更加无法应对，还会破坏这种自我调适能力，从而使"根本解"的效力越来越弱。此消彼长之下，最终会导致系统无法依靠自身的调节能力来应对危机，以至于不得不进一步依赖治标之策或外部干预。由于"症状解"的副作用不会立即显现出来，人们往往容易忽视其行动与副作用之间的关联。当问题症状加重到引起人们高度重视时，系统可能已经积重难返、病入膏肓了，这也正是"饮鸩止渴"基模的危险所在（如图3—4所示）。宋代苏洵在《六国论》中描述了这样一个"饮鸩止渴"过程：一些诸侯国为了暂得一夕安寝、避免被秦国攻伐而争相割地"赂秦"，然而"奉之弥繁，侵之愈急"，各国不仅没有获得安稳的环境，反而招致了秦国更激烈地入侵。由于诸侯国"今日割五城，明日割十城"，导致秦国国力不断增强，对六国威胁越来越大。而在这一过程中，六国国力却在不断衰落，越来越难以应对秦国的攻伐。因此，苏洵断言："六国破灭，非兵不利，战不善，弊在赂秦。赂秦而力亏，破灭之道也。"[1] 这就是系统过于依赖"症状解"的后果：问题症状日益严重，自身从根本上解决问题的能力越来越退化，系统状态也就不可避免地将变得越来越差。

---

[1] 张文忠主编：《唐宋八大家文观止》，陕西人民教育出版社2019年版，第182页。

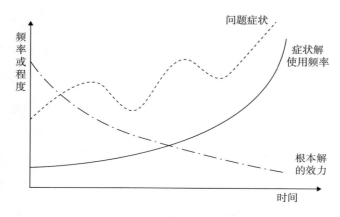

图3—4 "饮鸩止渴"的表现

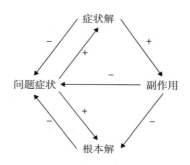

图3—5 "饮鸩止渴"的系统结构

如图3—5所示，应对这一陷阱的根本之策是促使系统增强自身的基本能力，使其在应对各类问题时更多使用"根本解"。人们在处理系统的问题时，必须警惕过度依赖"症状解"，并且要注重提高系统的有机调适能力。此时，引入外援是一种常见的方案，但这些行动都应服务于长期方案的实施、服务于自我调适能力的提高。如果系统已经陷入"饮鸩止渴"的结构，则人们要尽快行动，减少使用"症状解"，建立并增强系统内在的能力。干预系统要注意尽量减少变革带来的额外伤害。比如，高度依赖化石能源的经济体，倘若大刀阔斧地调整能源结构，可能会导致能源供应紧张以及供应链熔断的问题，这是得不偿失的。在有条件的情况下，打破"上瘾"结构可以逐步来完成，从而以最小的扰动使系统逐步恢复原有的自我调适能力。当我们作为外部干预者试图"帮助"一个出现问题的系统时，尤其要注意避免好心办坏事，否则就会将系统带入这一陷阱。作为外部干预者，在缓解系统临时性危机的同时，要重视帮助系统恢复或增强解决问题的能力。授人以鱼不如授人以渔，干预者不能完全代劳系统自身的功能，因此，还要学会适时取消干预。

第四章

演化：
系统状态的变化趋势

古之善为士者，微妙玄通，深不可识。夫唯不可识，故强为之容：豫兮，若冬涉川；犹兮，若畏四邻；俨兮，其若客；涣兮，若冰之将释；敦兮，其若朴；旷兮，其若谷；浑兮，其若浊。孰能浊以止，静之徐清？孰能安以久，动之徐生？保此道者不欲盈，夫唯不盈，故能敝而新成。

——《道德经》第15章

演化，是复杂系统运动过程中的一种绵延趋势。今天，当一些人使用"演化"一词的时候，或许是由于达尔文进化论不同译文的影响，通常会把演化与进化不加区分地混合使用。其实，演化不一定等同于进化，在《说文》中就有"演，长流也""进，登也"的说法。"演"描述的是系统的持续运行，"进"则表明了系统从低级逐步向高级的发展趋势。演化没有方向性，而进化有；进化与退化相对应，二者共同包含于演化之中。复杂系统始终处在演化过程中，这是一种"不舍昼夜"的运动状态，并且系统主体、层次以及流要素等都会随着运动而发生变化。演化不存在绝对的起始点，终点亦是起点、起点亦是终点。在复杂系统科学领域，混沌理论是研究演化现象的经典范式，它刻画了非线性系统的演化状态。此外，还有分形理论，它能够为精准把握系统演化提供有力的数学工具。混沌与分形把系统演化的复杂性直观地展现出来。具体说来，系统在状态迭代中能自发地形成混沌序。混沌序是一种貌似无序的"复杂有序"，它深刻诠释了系统的有序与无序、确定性与随机性之间的辩证关系，并以形象的事实印证了唯物辩证法的科学价值。演化的道理提示我们，不要苛求复杂系统拥有完全的确定性；当然也不应迷失于作为常态的不确定性。我们要辩证认识系统的各个演化阶段，积极适应系统整体演化趋势，并作出客观的形势判断，从而实现"复杂有序"。

一、蝴蝶效应反映了演化的复杂性

演化是复杂系统的主体行为、结构层次等随着时间推移而产生的动态变化，具有鲜明的动力学特点。在系统动力学的视域下，迭代是系统演化过程的数学形式，其对应着系统的自反馈，即把上一次系统的输出结果再次输入系统，从而持续影响系统的后续行为。若系统的迭代规则与以往的输出结果均为已知，那么是否可以推断出系统演化过程也完全可知呢？换言之，人们只要充分把握系统过去与现在的基本情况，提炼出相应演化规律，似乎便可以精准地预测未来了。然而，事与愿违的是，精准预测是十分困难的。古人所说的"天有不测风云，人有旦夕祸福""忽如一夜春风来，千树万树梨花开""客愁草草不易除，世事茫茫本难料"等，皆说明了不确定性同样蕴藏在演化过程中，它与确定性一起共同构成了世界演化的复杂特性。为了破解其中奥妙，古今中外的哲学家、科学家们进行了长期探索，并试图给出合理解释。

若想充分理解演化，我们需要以完备的运动理论为基础。亚里士多德（Aristotle）是最早论述运动理论的哲学家之一，他将运动区别为天上运动与地上运动：地面物体只有受到力的推动才会沿直线运动，否则将一直保持静止，而行星等天体无须作用力就能以圆周形式围绕地球不断运动。在运动方向和速度方面，他提出了"自然归宿说"，认为所有物质均是由土、水、气、火四种元素混合而成，并以此为序由下至上分布。物体有"回归到原本位置"的倾向，其运动方向受到构成元素的影响，例如土元素多的物体倾向于向下运动，火元素多的物体则倾向于向上运动。物体回归原位时将保持恒定的运动速度，物体间的速度差异也与构成要素相关。相较于小石子，大石头中的土要素含量更大，下落速度也更快。这些观点现在看来未免过于荒诞，但确为当时的人们提供了一种"合理"解释，因而被长期视为理解事物运动的主流。亚里士多德之所以会如此构造理论，其根本原因就在于实验方法尚未产生，理论建构受制于对周围现象的观测。

直到16世纪，哥白尼、伽利略、开普勒等科学家逐渐将实验引入到运动分析中，并提出了有关运动的统一规律性认识。哥白尼首先明确了行星不是围绕地球而是围绕太阳运行。然后，开普勒发现了行星的运行轨迹并非圆而是椭圆，他以三大定律描述了行星的运动过程，并断言引力作用会随着距离的增加而减少。不同于以往哲学家对运动的分类（如自然运动与强迫运动、天上运动与地上运动等），伽利略以速度为标准，将运动分为匀速运动与变速运动，这更有利于对运动展开深入的科学研究。一些耳熟能详的物理实验，如单摆、沿斜面滚动的小球、自由落体等，均与伽利略的科学设想有关。伽利略利用思想实验和逻辑推理证明了亚里士多德在落体问题上的谬误，提出物体空中下落的运动速度不为恒定，也不由构成元素决定，物体在不同时刻拥有不同的下落速度，加速度才是其中的恒定数值。在水平运动方面，伽利略提出了惯性定律：任何物体在不受外部作用时，都有保持匀速直线运动或静止状态的趋势。这一定律打破了"运动需要力来维持"的错误观念，为后世研究奠定了科学的理论基础。

牛顿力学是科学史上一个重要里程碑，它打通了世界运动宏观规律与微观规律之间的壁垒。为进一步理清力学中的速度问题，牛顿发明了用于描述事物运动和变化的数学工具——微积分。物体的运动速度是通过距离（位移）除以时间求得的，但是，以这种方法求得的仅是平均速度，无法诠释物体瞬时的速度变化。而牛顿所提出的微积分，严格意义上说是其中的导数概念，很好地回应了有关瞬时速度的计算问题，这是以往科学家未曾涉猎的，更不用说具体计算了。简言之，牛顿使用的方法可称为"无限趋近"，即把时间间隔这一"时间段"

无限缩小至"时间点"，此时再用位移除以时间，即可得瞬时速度。

牛顿在认识到函数变化的速率，即函数曲线上每个点切线的斜率构成新函数后将其命名为流数，也就是"导数"。导数是衡量原函数变化快慢的函数，它不仅反映着事物运动变化的方式，也体现了其变化快慢的规律性结果。由于导数本身也是函数，它自身同样存在导数，所谓"导数的导数"也被称为二阶导数。例如，速度是位移的导数，加速度则反映着速度的变化规律，构成了速度的导数。因此，加速度便是位移的二阶导数。导数赋予了人们以宏观把握微观的数学工具，使人们可以对微观运动的动态细节进行刻画。这使得事物运动变化的宏观规律和微观规律得以联系起来。导数对于不同事物变化规律的量化表述，也以数学形式在不同函数变化速率间、自然界不同事物的运动规律间搭建起了一座统一桥梁。基于导数这一概念，不同时空尺度下的事物变化规律能够得以比较。这一成就对于描述事物运动变化而言无疑是极具突破性的。

牛顿的另一重要贡献则在于提出了万有引力定律，即两个物体间的引力与二者质量的乘积成正比，与两者距离的平方成反比。这一定律对现代科学影响重大，并进一步论证了万物在演化规律上的统一性。正如牛顿所说的："自然简单而自足，对宏大物体的运动成立的，对微小物体也同样成立。"[1] 然而，牛顿力学也促成了"钟表宇宙"的观念：事物只要初始状态确定、遵循固定方程，就一定会沿着牛顿提出的三条定律一直运行下去，一切都是有序、确定、可预测的。由此，人们陷入了

---

[1] 〔美〕梅拉妮·米歇尔著，唐璐译：《复杂》，湖南科学技术出版社2011年版，第22页。

对确定论^①的迷恋，而拉普拉斯（Pierre-Simon Laplace）便是其中之一：他试图把万有引力定律应用到整个太阳系。他表示："假设知道宇宙中每个原子现在的确切位置和动量，智能者便能根据牛顿定律，计算出宇宙中事件的整个过程计算结果中，过去和未来都将一目了然！"^②依照确定论的观点，世界演化似乎是完全确定的，可事实果真如此吗？

20世纪初期，量子物理和相对论的发展打破了确定论的构想。相对论挑战着牛顿的绝对时空观，量子力学则质疑了微观世界的物理因果律。1927年，海森堡（Werner Karl Heisenberg）提出了量子力学中的"测不准原理"，证明不可能在准确测量粒子位置的同时准确测量其动量（质量乘以速度）。探测粒子位置的行为势必会影响对动量的测量，反之亦然。不过，海森堡提出的"测不准原理"只是说明了在量子世界中精准确定微观粒子运动的困难程度，尚未触及宏观尺度上的运动预测。这一空缺被混沌理论所填补。混沌现象在天气领域的发现给了确定论最后一击。混沌现象向人们展示了这样一个事实：在宏观层次上，即便是基于确定性方程，初始值的细微差异同样会导致完全不一样的结果。换言之，在非线性条件下，系统的长期运行充满着不确定性。

大气系统在存续运行中表现出的状况和态势涉及速度、密度、压力和温度等许多参量。这些相关参量中的一组数据仅能确定大气系统的一个状态，而考察系统态势则需要对多组数据展开动态分析，其研究难度可想而知。因此，科学家们尝试对这一问题作出相应的近似简化，其中，美国数学与气象学家爱德华·洛伦兹（Edward Norton

---

① 确定论的经典思想是，如果某个动态系统的所有组成部分的初始位置和速度都是确切已知的，那么，描述该系统运动的方程的解是唯一的。

② 张天蓉：《蝴蝶效应之谜：走进分形与混沌》，清华大学出版社2013年版，第37页。

Lorenz）将气象问题提炼为一个仅有3个变量的方程组，即洛伦兹方程（Lorenz Equation），这样就会使比较精准地预测天气情况成为可能。如图4—1所示，洛伦兹方程是与导数相关的简化微分方程，其所刻画的是大气热对流的非线性运动。其中，x，y，z是状态变量，σ，r，b则是控制参量。

$$\dot{x} = -\sigma\left(x - y\right)$$
$$\dot{y} = rx - y - xz$$
$$\dot{z} = xy - bz$$

图4—1　洛伦兹方程

依照确定论，在洛伦兹方程中输入两个极其近似的初始条件，理应得到两个近似甚至同样的计算结果。然而，事实情况却并非如此，一次偶然的发现激发了洛伦兹对混沌现象的理论关注：某天，洛伦兹为确保计算结果的准确无误，打算把昨天推导出的数据再重新验算一遍。虽已完成简化，但洛伦兹方程需要的数据计算仍是一个庞大工程。考虑到运算耗时较长且仅需大致验算，于是，他决定走个捷径：直接输入初始条件"四舍五入"后的结果。当时的计算机运算精确度为保留到小数点后6位数字，初次计算的初始值为0.506127。这次，他抽取了之前输出结果中的一组数据0.506，让计算机从中间而非从头开始运行程序，以此省略计算时间。这一在确定论下"无伤大雅"的操作，却带来了与昨天记录大相径庭的运算曲线。两条曲线从近乎相同的初始点出发，起初几周时间点上的预报基本重合，但随后二者却迅速分离，最终竟变得毫不相关了。在排除了公式错误与计算机故障的可能性后，洛伦兹敏锐地意识到：微小的初始值误差可能会形成差距巨大的计算结果。对此，洛伦兹高度重视。经过多次对比研究，他发现，大气系统对初始条件具有高度敏感性，因此，他得出了著名的结论：在此类系统中，一个微小的初始值误差在反复迭代计算后会造成巨大的结果差异。

这说明，即便存在确定的仿真模型，大气系统的演化情况也不可能被长期、准确地捕捉。对此，洛伦兹作了一个十分形象的比喻：也许巴西的一只蝴蝶抖动了一下翅膀，而改变了气象站所掌握的初始资料，3个月后就有可能引发美国得克萨斯州一场未曾预报出的龙卷风。后来，这一形象的比喻成为了人们描述此类现象的代名词——蝴蝶效应（Butterfly Effect）。蝴蝶效应用中国俗语可以叫作"差之毫厘，谬以千里"。亚里士多德也曾有过类似的表述："对真实性极小的初始偏离，往后会被成千倍地放大。"洛伦兹是第一个利用物理系统的数学模型刻画此种现象的科学家，他依托蝴蝶效应论证了演化过程的动态复杂性，因而被誉为"混沌理论之父"。

蝴蝶效应是一个典型的混沌现象，其广泛地存在于日常生活的各个方面，多用以描述为微不足道的小改变同样具有产生巨大影响的可能性。正如一首代代传唱的英格兰民谣：

> 少了一枚铁钉，掉了一只马掌；
>
> 掉了一只马掌，倒了一匹战马；
>
> 倒了一匹战马，败了一次战役；
>
> 败了一次战役，输了一场战争；
>
> 输了一场战争，丢了一个国家。

这首民谣讲述的是英国国王查理三世在与公爵亨利的争权之战中，仅仅因为他的战马马蹄上缺少一枚铁钉而输掉了整场战争、失去国家统治权的故事。一枚铁钉对于一个国家而言通常是微不足道的，但在风云变幻的战争局势下，它的影响在多个层次的反复迭代中被急剧放大，最终成为了决定国家兴衰成败的关键。类似的剧情也曾在中国历史上上演过：公元前209年，一批发往渔阳戍边的秦朝贫民在途经大泽乡时遇到连日大雨，队伍难以行进，无法如期到达。依秦律，凡不能按时到达之戍边民夫，一律斩首示众。一时间，这些民夫陷入了两难境地：去渔阳，会因为迟到被斩；不去渔阳，同样也是死路一条。此时，身为屯长的陈胜、吴广当机立断，领头发起起义，反抗秦朝暴政。这便是中国历史上第一次农民起义——大泽乡起义。随后，全国各地的贫民纷纷响应起义号召，形成了连锁反应。尽管他们最后未能真正推翻秦朝，但也切实地鼓舞了后世无数底层劳动人民在遇到压迫时奋起反抗，有力打击了封建统治。正如毛泽东在革命战争年代所阐述的"星星之火，可以燎原"的道理一样，处于"布满了干柴"环境之中的星星火光，在经过连锁传导与相互作用后，很快就会燃成熊熊烈火。以上这些事例，说的其实都是蝴蝶效应的发生逻辑。

二、混沌：演化过程的状态刻画

混沌理论的产生并非一蹴而就。混沌一词，在很多文明中都曾出现过，往往用以描述周围环境中的某些复杂事物或茫茫宇宙的一种自然状态。希腊诗人赫西奥德在《神谱》中曾写道"宇宙之初，先有混沌"。中国古代思想家们将混沌视为世界本初状态、一个未经分化的统一体，并从混沌出发说明了宇宙的演化过程：混沌先于宇宙，混沌孕育宇宙，混沌生出宇宙。这在神话故事"盘古开天地"中也有所体现："混沌未分天地乱，茫茫渺渺无人见。自从盘古破鸿蒙，开辟从兹清浊辨。"[①] 此外，《易纬·乾凿度》提出了一个独到的看法：世界生成前的状态存在一个历经不同阶段的演化过程，而混沌则是其演化的结果。"太易者，未见气也；太初者，气之始也；太始者，形之始也；太素者，质之始也；气形质具而未离，故曰浑沦。"[②] 这段表述说明了混沌同样是演化的产物，需要经由太易、太初、太始、太素四个阶段。此处的"浑沦"与混沌同义，二者在中国古籍中可以并用。总的来看，中国古籍里的"混沌"一词与演化相关，是一个动态的整体性存在，与现代自然科学中的混沌理论有着一定共鸣之处。

蝴蝶效应作为一种混沌现象，揭示出了系统的长期演化行为对于初值具有敏感依赖性。事实上，这并不是人类第一次发现这种兼具"确定性与随机性"的矛盾现象。天体力学中的三体问题便是从确定性方程中发现随机性解的最早问题，而法国数学家、物理学家昂利·庞加莱（Jules Henri Poincaré）则是推动这一研究的关键人物。天体力学中的二体问题早已在牛顿时代得到解决：牛顿通过万有引力定律对卫星绕某一行星的运行轨迹作出了充分论述，并得到了二体问题微分方程的精确解。不过，三体问题却一直处于悬而未决的状态，其主要原因在于三体系统中的每个天体都在对另外两个天体施加力的作用。这就在系统中产生了非线性作用，于是使问题的分析变得复杂起来。庞加莱首先将三体问题简化成限制性三体问题[③]，即假设其中一个

---

① 吴承恩著，程宏注评：《西游记》，译林出版社2019年版，第1页。

② 郑玄注：《易纬·乾凿度》，中华书局1985年版，第8页。

③ 限制性三体问题所使用的方法是，假设小星球的质量相较于两个大星球来说可以忽略不计，实际上是先解大星球的二体问题，即认为它们相对做椭圆运动，然后再考虑小星球的运动。

天体的质量对于其他两个天体而言可以视为无限小，如此便可暂不考虑其对于其他两个天体的作用，相关计算方程也可因此而得以简化。但即便如此，庞加莱发现，该方程依然无法求出精准的解。于是，他转而使用定性方法来研究解的性质，并试图从整体上了解可能存在的各种天体轨道的性质和形态。然而，当他越是深入研究小星球的轨道在奇点附近的性质形态时，解的形态也变得越复杂。这说明，太阳系长期的轨道行为是不可预测的，基于确定的初始条件也无法获知轨道的"最终命运"。此外，初始条件的微小变化也将导致后续运动的巨大改变。虽然此时的理论界还没有"混沌"的提法，但庞加莱在天体领域对混沌现象的诠释确实为后续研究开启了先河。

此后，科学家们一直没有找到命名这一类问题的适当方法。直到1975年，华人学者李天岩和其博士生导师约克（J.Yorke）才在其论文中将这种动力系统所呈现的奇异特性命名为"混沌"。之所以取名为混沌，其实是与李天岩的中国文化背景有关，并且约克也认为"混沌"一词能够充分代表这一研究事业。中国混沌研究领域的著名学者郝柏林在谈及混沌含义时着重强调了混沌不是简单的无序，"正因为这个缘故，我们才从古汉语中引用'混沌'一词（气似质具而未相离，谓之混沌），避免'混乱''紊乱'等等容易引起误解的说法。"[①]混沌理论促使人们能够突破原有的线性思维方式，从而促进了分形、非线性动力系统等理论的发展。近年来，有关混沌的理论问题更是得到了广泛关注。2021年，诺贝尔物理学奖的三位获得者真锅淑郎（Syukuro Manabe）、克劳斯·哈塞尔曼（Klaus Hasselmann）和乔治·帕里西

---

① 郝柏林：《自然界中的有序和混沌》，《百科知识》1984年第1期。

（Giorgio Parisi）的研究领域都与混沌理论有一定联系。其中，真锅淑郎和克劳斯·哈塞尔曼的成果在于发现了全球气候系统无序中的有序现象。他们将地球气候的短期变化与长期变化相结合，建构出了相对完善的物理模型，并通过量化可变性来对全球变暖展开预测。而乔治·帕里西（Giorgio Parisi）则聚焦于混沌边缘（the edge of chaos）[1] 的复杂现象，发现了从原子到行星尺度的物理系统中无序和涨落的相互作用。

混沌是非线性系统的普遍特性，是演化过程的基本状态。根据混沌理论，对初始条件的敏感依赖性导致了系统长期演化的不确定性。那么，初始条件的细微差异到底是如何被急剧放大，并最终在系统整体中形成混沌现象的呢？其关键因素在于系统的非线性特点。与线性一样，非线性是系统内不同变量之间基本相互关系的函数表达。不同变量之间错综复杂的关系促成了非线性，而线性系统实际上是将系统中的非线性因素简化到忽略不计时的结果。人们虽然希冀"一分耕耘，一分收获"，但现实情况却往往是"事半功倍"或者"事倍功半"。在科学史上，科学家们通过化约非线性因素发现了一些万事万物运行的宏观规律，但也同时阻碍了人们对世界复杂性的把握。

非线性系统中的迭代行为使得混沌在信息的不断反馈和改变中产生。譬如，厨师揉面团时的折叠行为[2] 就鲜明地展现了这一点：当厨师反复地把面团拉长拉细、折叠对齐时，假设面团中有两个相邻点，我们对厨师揉面团时它们的状态位置进行记录，就会发现它们的状态

---

① 复杂系统能够在秩序和混乱间找到平衡，这个平衡点被称为混沌边缘，即系统处于稳定和完全混沌之间的状态。复杂性理论就是科学家们关注"混沌边缘"而展开的学科。

② 厨师折叠面团时，面团上两点之间的关系在理论上具有相应的数学模型——马蹄映射，该模型是美国数学家史蒂芬·斯梅尔（Stephen Smale）发现的。

曲线在不断地经历分离、汇聚、交叉，最后在整体状态上呈现出了复杂效果，即混沌现象。为了更深入地了解混沌现象的状态轨迹，我们可以从有关混沌的一个典型模型——逻辑斯蒂方程出发来展开论述。

逻辑斯蒂方程是动力系统理论和混沌研究中最著名的方程之一，其产生自生态学领域，并且已推广应用于医学、经济管理等诸多方面。在生态学中，逻辑斯蒂方程考察的是某一种群的数量增长规律，它展现出了系统在内外多因素影响下的演化过程。最早关注种群数量演化问题的是英国学者马尔萨斯（Thomas Robert Malthus），他围绕人口增长而提出的"马尔萨斯人口论"引发了广泛探讨。1798年，马尔萨斯的著作《人口原理》问世，其中鲜明地指出：人类必须控制人口增长，否则将会落入贫穷境地。这是因为人口数量在没有任何限制的条件下将会以几何级数增长，而生活资料却只能按照算数级别增长。长此以往，人口必然过剩，人类所必需的生活资料必然稀缺，贫困也就在所难免。依据马尔萨斯的观点，人口数量将处于每年持续增长的状态。

然而，现实的情况则是：人口的增长会受到外来因素影响，比如食物存量、环境质量、地域安全等。所以，我们需要在马尔萨斯设想的基础上添加有关增长的限制因子，即衰减率。只有共同考量种群数量的增长率与衰减率，才能得到更为实际的演化模型。1838年，比利时数学生物学家弗胡斯特（P.F.Verhulst）以此对马尔萨斯的生物总数增长率模型进行了补充，引入了衰减系数，并提出了逻辑斯蒂方程：

$$\frac{\mathrm{d}N}{\mathrm{d}t} = N_{n+1} - N_n = rN_n(1 - \frac{N_n}{K})$$

其中，N 代表种群数，n 代表年数，r 代表种群增长率，K 为当前系统环境所能承载的种群数量最大值。K 与 N_n 的不同取值关系对应着有关种群数量演化的不同趋势。若 K 可以取无限大，则 $1-\dfrac{N_n}{K}>0$，那么物种数量将会持续增长，此为马尔萨斯所担忧的情境。但实际情况是，环境所能承载的种群数 K 不会无限大；若 $K=N_n$，则 $1-\dfrac{N_n}{K}=0$，那么下一年的物种数量将与本年一样，即本年种群增长的数量与衰减的数量刚好持平；若 $K<N_n$，则 $1-\dfrac{N_n}{K}<0$，那么下一年的种群数量将会减少。

1976年，澳大利亚生物学家罗伯特·梅（Robert May）将描述连续时间下种群数量变化规律的逻辑斯蒂方程进行了离散化处理，从而得出了由本年种群数量预测下一年种群数的规则，即逻辑斯蒂映射。逻辑斯蒂映射一般用于研究离散时间下的动态系统行为，比如研究动态系统的复杂性和混沌行为。其公式为：

$$x_{n+1}=ax_n(1-x_n) \quad ①$$

根据现实情况变化，逻辑斯蒂映射 x 的取值应在 [0,1] 的范围内，a 应在 [0,4] 内取值。由于 x_n 增大时，$(1-x_n)$ 则减少，此映射同时蕴含了鼓励和抑制两方面因素。针对这一迭代方程（x_n 决定 x_{n+1}），若 a 值固定，从一个种群数量的初值出发，便可在一定程度上获知该种群的演化"归宿"。由方程的右侧是二元一次方程可知，此方程共有两个稳定不动点：$x_1^*=0$ 与 $x_2^*=1-\dfrac{1}{a}$，而不同的 a 值可以让方程整体得出不同的演化情况：第一种情况为 $0<a\leq1$ 时，因为 $a=r+1$，此时的种群增长率 r 为负数或者0，这意味着种群系统在经过若干次迭代后，

---

① a 与种群增长率相关，取值上 $a=r+1$。

必然会逐渐趋于灭亡。第二种情况为 $1<a<3$ 时，种群系统的演化将逐渐趋于 x_2^*。换言之，任取初值 x_0 进行迭代，经过一段时间的过渡，系统最终还是会回到 $x_2^*=1-\frac{1}{a}$。比如，当 a 取 2 时，设 x_0 为 0.5，将它们代入方程，可得出 $x_1=x_2^*=1-\frac{1}{2}=0.5$。再设 x_0 为 0.2，将它们代入方程，通过计算可知 $x_5=x_2^*=1-\frac{1}{2}=0.5$。虽然这两次的初始数值 x_0 不同，迭代次数也不同（前者迭代 1 次，后者迭代 5 次），但方程最终依然以 x_2^* 作为最终"归宿"。x_2^* 会随 a 不同而不同，例如取 $a=2$，终态 $x_2^*=0.5$，取 $a=2.5$，终态 $x_2^*=0.6$。这说明，随着 a 的增大，稳定平衡态 x_2^* 也会增大。

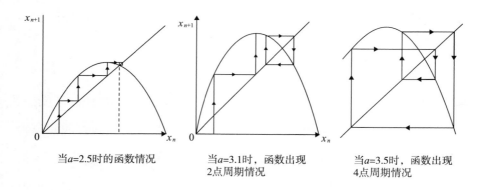

当 $a=2.5$ 时的函数情况　　　当 $a=3.1$ 时，函数出现　　　当 $a=3.5$ 时，函数出现
　　　　　　　　　　　　　　2 点周期情况　　　　　　4 点周期情况

图 4—2　a 值与函数内周期情况的关系变化 [①]

当 $3\leqslant a<3.499$ 时，稳定不动点 x_2^* 消失，方程的解不再呈现为一条曲线形态，而是有规律地在两点之间交替运动，形成了一种循环往复的周期状态，这种现象被称为"分叉"。此时的循环周期为 2，可以

---

①　参见苗东升：《系统科学精要》（第 4 版），中国人民大学出版社 2016 年版，第 193—194 页。

认为，后年的系统种群数量在经过迭代之后又回到了今年的水平。

当$3.499 \leqslant a < 3.544$时，2点周期也会失去稳定性，取而代之的是稳定的4点周期。进一步增大a的取值，种群数量的演化将会相继出现稳定的8点周期、16点周期……2^n点周期（n为任意自然数），直到$a=3.569945$……时，一切周期运动都将失稳，得到2^n点周期，即非周期运动。如图4—3所示，$[0，a_\infty]$为系统的周期区，$[a_\infty，4]$为系统的混沌区，其中的a_0、a_1、a_2、a_3……a_∞意味着方程中解的性质发生重大变化的节点，也被称作分叉点。当系统演化到达这些节点时，原来的解将不再稳定，新的稳定解出现，例如逻辑斯蒂方程中的$a_0=1$、$a_1=3$、$a_2 \approx 3.499$、$a_3 \approx 3.5441$、$a_\infty \approx 3.569945$。这种在系统运行中通向混沌的周期分叉现象被称为倍周期分叉。倍周期分叉是系统通向混沌的路径之一，并且罗伯特·梅发现，参数a的取值决定了混沌现象在系统中是否出现。当参数a的数值达到某一关键临界点（大约为3.569945）时，倍周期分叉现象将呈现崩溃之势，稳定点已无法区分并连接成一片连续区域。此时的种群数量，即逻辑斯蒂方程的解不会如之

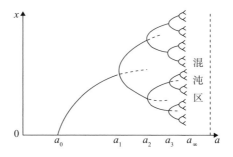

图4—3　逻辑斯蒂方程倍周期分叉示意图[①]

①　苗东升：《系统科学精要》（第4版），中国人民大学出版社2016年版，第195页。

前的周期一样收敛到任何稳定状态，而是在无数个不同的数值之间无规则地跳来跳去。这也就意味着混沌出现了，即确定性的方程也能够产生随机性的结果。

不过，参数 a 的数值增加何以能引发混沌的产生呢？若从现实经验推导，其实并不难理解：参数 a 所反映的是种群数的增长率，它的取值越大意味着种群数量增长得越快，这势必会带来整个系统中不稳定因素的增加。进而，系统整体情况将趋于复杂，对初始条件也会更加敏感，即发生混沌现象。从数学角度看，李雅普诺夫指数可对此疑惑作出回答。亚历山大·李雅普诺夫（Aleksandr Mikhailovich Lyapunov）是与庞加莱同时代的俄国数学家和物理学家，其对于运动稳定性问题有着深入研究。李雅普诺夫指数意义下解的稳定性表示为：动力系统中初始条件的误差不会随着时间增长；反之，若误差增

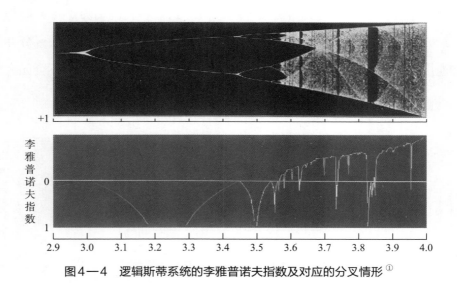

图4—4　逻辑斯蒂系统的李雅普诺夫指数及对应的分叉情形[1]

---

[1]　张天蓉：《蝴蝶效应之谜：走进分形与混沌》，清华大学出版社2013年版，第70页。

长，即为不稳定。以初始时刻解的误差为自变量、一段时间后的差别为因变量，二者之间的函数关系为指数函数，其中的指数即为李雅普诺夫指数，它反映着系统演化对初值误差的敏感程度。当李雅普诺夫指数小于0时，系统状态稳定；当它大于0时，系统状态不稳定；当它等于0时，系统正处于临界状态。回到逻辑斯蒂方程来加以理解，就是当分叉现象尚未出现时，李雅普诺夫指数小于0，系统整体趋于稳定；当分叉现象出现后，系统存在多个稳定点，虽然大多数时候李雅普诺夫指数小于0，但也有时等于0（系统运行到分叉点时）。直到 a 的数值大约大于3.569945之后，李雅普诺夫指数才开始存在大于0的情况，这也意味着系统运行将出现不稳定并进入混沌区。

仔细观察图4—4后不难发现，在系统运行进入混沌区后（横坐标的 a 值大约大于3.569945之后），李雅普诺夫指数依然会时不时地出现等于0或者小于0的情况。这是为什么呢？此外，这种情况究竟是逻辑斯蒂方程所独有的特征，还是所有产生混沌现象方程的共性呢？为了解答上述问题，我们不妨再看看刻画大气热对流非线性运动的洛伦兹方程。因为其涉及的变量更多也更为复杂，此处我们直接对其解伴随参数 r 的变化情况进行呈现，如表4—1所示。

表4—1　洛伦兹系统分叉与混沌一览表[①]

参数 r 的范围	解的性质
<1	趋向无对流定态
1—13.926	趋向三个不动点之一
13.926—24.06	存在无穷多个周期和混沌轨道

---

① 苗东升：《系统科学精要》（第4版），中国人民大学出版社2016年版，第195—196页。

参数 r 的范围	解的性质
24.06—29.74	出现一个奇异吸引子，但仍有一对稳定不动点
29.74—148.4 　　99.526—100.79 　　145.9—148.4	混沌区，其中 　　为一个内嵌的倍周期序列 　　为倍周期分叉序列
148.4—166.07	周期区
166.07—233.5 　　166.07—169 　　233.5附近	混沌区，其中 　　从周期到混沌的阵发过渡 　　与148.4附近类似的分叉序列
233.5—∞	周期区，由 $r \to \infty$ 往下的倍周期序列

由表4—1可知，当参数 r 增加到一定程度时，系统运行便出现了与逻辑斯蒂方程一样的情况：无序与有序的循环交替。其具体表现为混沌区与周期区的反复出现，二者共同构成了一种非周期运动的定态行为。无序与有序、混沌区与周期区、不稳定与稳定、非周期与定态，难以置信的是，这几对"矛盾"竟然都蕴含在混沌运动中，这是多么"奇异"的现象！

三、从分形几何看系统演化的过程特点

洛伦兹方程在出现混沌现象后，解的性质并不完全具有随机性，而是表现为混沌区与周期区之间的交替过渡。这说明，混沌运动虽然与周期运动一样有着一定的循环回归性，但其回归性并非完全重复以往状态，也不是严格按照确定的周期回归，而是一种确定性的非周期性定态。分形几何为刻画混沌运动提供了有力的数学工具，它通过图形语言来对系统的演化过程加以展现。

奇异吸引子是混沌运动最终形成的定态行为，也就是混沌运动最终呈现的某种状态形状。在解释奇异吸引子之前，我们首先需要了解一下吸引子以及其所存在的空间——相空间：一个复杂系统存在着多种可能状态，而一个可能状态又由多个状态变量所表征。为方便研究，科学家们将系统中所有可能状态的集合称为状态空间，其中的每一个点代表了系统的一种可能状态。进而，状态变量的个数也就代表了状态空间的维数。比如，洛伦兹方程中包含了三个状态变量，其状态空间便是三维的（其乘积空间为6维，所以难以被直观考察）。但由于状态变量原则上可以在（－∞，∞）的范围内任意取值，而真实系统往往存在一定的范围限制，由此，更具现实意义的"相空间"一词就在状态空间的基础上被提了出来。二者在现实研究中的作用是一致的，仅在理论的严谨性表述上有所区分。

系统状态点随时间在相空间中的运动情形反映着系统对时间的变化趋势。在相空间中，系统状态点运动最后趋向的极限图形被称为该系统的吸引子。换言之，吸引子就是一个系统的最后"归属"或称终极状态（目的态）。不是每个系统都有吸引子，只有存在"目的"的系统才有吸引子，这些系统在演化过程中均表现出"一定要把自己推导至吸引子"上的目的倾向，即从暂态向着定态运动。定态和暂态是动态系统具有的两种可能状态。暂态是指系统可以在某个时刻到达但不借助外力就不能保持或者不能回归的状态，而定态则是系统到达后若无外部作用将保持不变或可以回归的状态。[1]洛伦兹方程中的混沌运动就是三维以上连续系统所出现的复杂定态行为。

---

[1]　参见苗东升：《系统科学精要》（第4版），中国人民大学出版社2016年版，第83页。

吸引子又有经典吸引子和奇异吸引子之分。经典吸引子也称正常吸引子，共包含了三种形式：第一种是稳定点吸引子，这种系统的定态在运动轨迹上收敛于一个点；第二种叫极限环吸引子，这种系统的状态趋于振动，在相空间中以一条封闭曲线表示；第三种是极限环面吸引子，这是一种在三维以上系统出现的似稳状态，代表的是准周期运动。钟摆案例可以将这三种吸引子串联起来，方便统一理解。任何一个钟摆，如果不持续获得能量，都会因摩擦和阻力而最终停止，此时，系统的最后状态就是相空间中的一个点，即稳定点吸引子。若钟摆有稳定持续的能量来源，比如由发条或电源驱动的挂钟，那么系统的最后状态将是一种周期性运动，即极限环吸引子。设想在钟摆左右摆动的基础上添加一个上下振动的弹簧，这就形成了钟摆的耦合振荡行为。此时，系统中共有两个振动频率，且二者之间不成简单的比率关系，即比值是一个无理数。系统在相空间中的状态点绕着环面旋转，但却不会接合，呈现出准周期的形态，这便是极限环面吸引子。

吸引子具有低维性，相空间中吸引子的维数必定低于系统所在空间的维数。一维系统只能有零维吸引子（不动点），二维系统可以有零维和一维（极限环）吸引子，三维系统可以有零维、一维和二维（极限环面）吸引子。一般地，n 维系统可以有 0 到 $n-1$ 维的各种维数的吸引子。复杂系统的吸引子还可能具有分数维的点集，即相空间的分形集，也叫奇异吸引子。如图 4—5 所示，由洛伦兹方程得出的洛伦兹吸引子就是一个典型的奇异吸引子，其运动轨道具有一定随机性，并且为多层曲面。若从中截取某一部分轨道，在一定尺度上看是单层，在更精细的尺度上看则又是多层。这种不同尺度下无穷嵌套的层次结构正是分形图形的标志性特征。

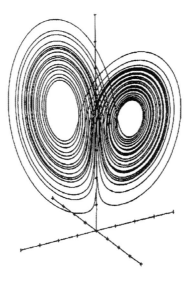

图4—5　洛伦兹吸引子 [①]

　　奇异吸引子能够在一定的空间内反复运动而不发生交叠，抽象些说，就是在有限的空间里拥有无限可能。这听起来十分惊人，也与我们的常规认知相悖。奇异吸引子的这一特性同样源于它们是相空间的分形点集，而并非传统的规则几何图形。在几何学中，分形的发现源于科学界对于几何归类的探讨。几何研究的对象是图形，根据经典归类法，维度是区别几何图形的重要分水岭，比如直线和曲线是一维，平面是二维，立体是三维等。但在1890年，意大利数学家皮亚诺（Piano）构造的一种奇怪曲线却似乎并不适用于这一归类原则。如图4—6所示，该曲线自身并不相交，但它却能够通过一个正方形内部所有的点。换句话说，这条曲线就是正方形本身，拥有着和正方

　　① 〔美〕詹姆斯·格雷克著，张淑誉译，郝柏林校：《混沌：开创新科学》，高等教育出版社2004年版，第28页。

形一样的面积。这一"怪异"的结论让当时的数学界感到疑惑：这条皮亚诺构造的奇怪曲线究竟是一维还是二维？它又该如何归类呢？创新的起点往往始于惊诧与困惑，这个难题也因此正式奏响了分形几何研究的序曲。

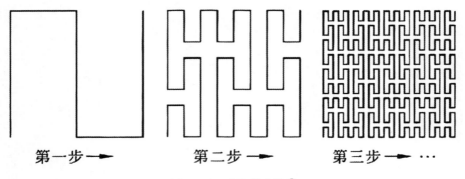

图4—6　皮亚诺曲线[①]

注：皮亚诺认为，按照以上方法最后所逼近的极限曲线，其可以通过正方形内的所有点，充满整个正方形。

与皮亚诺曲线类似，科赫曲线也是在有限面积中拥有无限长度的一例。如图4—7所示，科赫曲线可以用如下方法产生：在一段直线中间，以边长为1/3的等边三角形的两边去代替原来直线中间的1/3，得到（a）。对（a）的每条线段重复上述做法又可得到（b），而对（b）的每段又重复上述做法，以此类推，所得出的曲线即为科赫曲线。科赫曲线不同于一般的平滑曲线，它处处是尖点、处处无切线，具有无穷长度。科赫曲线无穷长度的产生来源于无穷的变换次数。假设一开始时的直线段长度为1，在图4—6的（a）中，折线总长度为

---

① 张天蓉：《蝴蝶效应之谜：走进分形与混沌》，清华大学出版社2013年版，第7页。

$\dfrac{4}{3}$，而（b）图的折线总长度为 $\dfrac{4}{3} \times \dfrac{4}{3}$，（c）图的折线总长度为 $\dfrac{4}{3} \times$

$\dfrac{4}{3} \times \dfrac{4}{3}$ ……如此，当变换次数趋向于无穷时，曲线的长度也就趋向于无穷。科赫雪花是以等边三角形三边生成的科赫曲线组成的，如图4—8所示。因为每条科赫曲线都无限大，所以由三条科赫曲线构成的科赫雪花的整个周长也是无限大的。不过，从图4-7中可以看出，科赫雪花的面积同样是有限的。

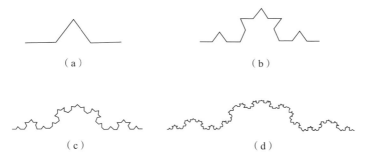

（a）　　　　　　　　　　　（b）

（c）　　　　　　　　　　　（d）

图4—7　科赫曲线的形成方法

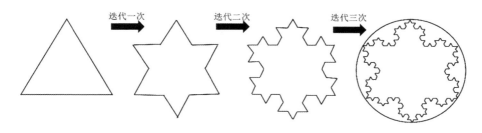

图4—8　科赫雪花

皮亚诺曲线与科赫曲线同属于分形曲线，其具有以上特性的原因在于分数维。作为拓扑学的创始人，德国数学家费利克斯·豪斯多夫（Felix Hausdorff）从物体的自相似性来定义维度，为维数的非整数化提供了理论基础。自相似性表明了几何对象是由与自身相似的若干个部分组成，把局部放大，其形状与整体相同，体现着几何对象填充或占有空间的能力。自相似性是度量图形维度的方式之一。如表4—2所示，一条线段是由两个与原线段相似、长度一半的线段组成的，一个长方形是由4个与自己相似的、大小为1/4的部分组成的；一个立方体是则由8个大小为自身1/8的小立方体组成的。

表4—2　用度量方法定义的维数表

图形1	图形2	边长比	构成比	维数 d
——————————	————	2:1	2:1	$d = \dfrac{\ln 2}{\ln 2} = 1$
▭	▭	2:1	4:1	$d = \dfrac{\ln 4}{\ln 2} = 2$
立方体	小立方体	2:1	8:1	$d = \dfrac{\ln 8}{\ln 2} = 3$
科赫曲线	科赫曲线	3:1	4:1	$d = \dfrac{\ln 4}{\ln 3} = 1.2618\ldots$

从表4-2中我们可以提取出计算规则：首先将图形按照 N：1 的比例缩小，如果原来的图形可以由 M 个缩小之后的图形拼成的话，那么这个图形的维数 d 也叫豪斯多夫维数，即为 ln(M)/ln(N)。用同样的方法来分析科赫曲线的维数，如表4—2中所示：将科赫曲线的尺寸缩小至原来的1/3，用4个这样的小科赫曲线，便能构成与原来一模一样的科赫曲线。根据豪斯多夫维数可以得出科赫曲线的维数 d ＝ ln（4）/ln（3）＝1.2618…，因而它是一个分数维。科赫雪花揭示了分形的诸多特征：具有自相似性、具有无穷多的层次和细节，

可以被无限放大且永远都有结构，同时还可以是分数维。而皮亚诺曲线以此方式进行计算，则恰好可得出结果 d=2。所以，它能够填满正方形便不足为奇。而奇异吸引子之所以能够在有限的固定区域内完成无限运动，原因也是在于分数维的特性。上述两种曲线是空间的分形，而奇异吸引子是对系统演化过程的刻画，是时间意义上的分形。

在皮亚诺曲线发现后的83年，美国数学家曼德尔布罗特（Benoit B.Mandelbrot）首次提出了分形几何的概念。他在一次公开演讲中提出问题：英国海岸线究竟有多长？如果用不同大小的度量标准来测量海岸线的长度，每次会得出完全不同的结果。随着测量精度的提高，英国海岸线的长度也会趋于无穷。英国海岸线便是一个复杂的分形曲线。分形广泛地存在与应用于现实世界之中。如图4—9所示，大自然中的分形有常见的花菜、天空中的闪电、贝壳的图案式结构、树枝等。人类大脑的表面皱纹也呈现为分形结构，为的是能够在有限的体积内拥有更大的表面积，以此获得更加复杂的思考能力。再如，中医针灸中的"子午流注"是以"人与天地相应"的自相似观点为理论基础，将人体的功能、病理变化与自然界的气候、时日变化对照起来形式的。还有诸如"一佛国在一沙中"等古代名言，均体现出了分形理论的特征。

图4—9　大自然中的分形

　　曼德勃罗创立的分形几何，既是描述奇异吸引子的数学工具，也是理解混沌运动的复杂特征的凭借，常常被称为混沌几何学。无论是在自然科学中还是在社会科学中，分形都表现为不规则的形状，展现出了并非完全一样又非完全不同的自相似性。同时，分形在不同尺度、不同层次上表现出的同样的不规则性本身就体现了一种复杂的规则性和有序性。分形具有的自相似性特征也体现着不同时间标度上相似的分形模式，它能够将事物极其复杂的内在特性直观地显示出来。混沌是时间上的分形，分形则是空间上的混沌，二者从不同侧面诠释了演化过程的复杂特性。值得一提的是，上文提及的逻辑斯蒂方程、洛伦兹方程的奇异吸引子图形，无一例外地展现出了分形结构。

四、混沌世界里的复杂有序

混沌理论犹如一场地震，瓦解了确定论影响下的科学根基。透过系统演化的混沌特性，人们发现：世界的运行是一种复杂有序，其表现为有序与无序相统一、确定性与随机性相统一。世界既不是完全无序、随机的谜团，也不是传统科学所描绘的、具有确定性的自动机器，而是一个按照辩证法变化发展的复杂系统。大千世界的演化是一个"否定之否定"的过程，它不仅会重复与肯定上一阶段的某些特征，而且也会因否定性因素的升降性最终在历史合力作用下出现螺旋式的运动轨迹。螺旋上升即为进化发展，螺旋下降即为退化衰落。在对世界演化规律的探讨过程中，混沌理论印证了唯物辩证法的重要价值。

混沌是有序与无序的统一。混沌一词给人的第一印象往往是混乱不堪、毫无规则，其实，这是一种误解。没有接触过现代混沌研究文献的人很容易从通俗文化的角度去理解这一科学概念。比如，有人就曾把混沌学翻译为混乱学、纷乱学、紊乱学、杂乱学。混沌确实有表现混乱的一面，但这并不是混沌的全貌，更不能将其完全等同于混乱。混沌在其似乎混乱的表观下存在着多样、复杂、精致的结构和规律，是一种貌似无序的复杂有序、一种与平衡运动和周期运动本质不同的有序运动。在近代科学研究中，作为一个科学概念，有序被理解为事物空间排列上的规整性和时间延续中的周期性，而无序则被理解为空间上的偶然堆砌和时间中的随机变化。混沌中既包含随机变化的无序的一面，也存在周期性的有序情况。比如，奇异吸引子的自相似层次嵌套结构展示了像混沌这样的非周期性运动也具有某种稳定的秩序性。人们通常误以为有序与无序是构成世界的两极，而实际情况却是这两方面的矛盾是统一的。有序和无序也是相对而言的，观察尺度的选择是二者相互转化的原因。从宏观尺度上看，混沌现象只能反映其无序的状态变化，而一旦将尺度缩小，人们又会发现其间精致的分形结构。海岸线从宏观尺度上看似规则有序，可一旦将尺度缩小，就又会发现其长度会随尺度缩小而无限延展，即细节增多带来的有序减少。

混沌是确定性与随机性的统一。貌似无序实则有序的混沌序兼具确定性和随机性。混沌的深刻之处就在于其揭示出了确定性系统的内在随机性，即使没有随机作用、随机系数，且初始条件也是确定性的情况下，系统自身也能在演化过程中产生出随机性。常规的随机性更多是一种外在随机性，即通过运动方程中加入随机外作用力或随机系数、随机初始条件等三种方式表现出来。而混沌则是一种具有确定性的随机性，即确定性系统内在产生的随机性。混沌系统的动力学方程是确定的，随机性完全是在系统自身演化的动力学过程中，由内在非线性机制作用而自发产生出来的。系统的迭代反馈具有正负之分，有正反馈作用的迭代对系统行为有激励、放大的作用，而有负反馈作用的迭代则会对系统行为产生减小、弱化的作用。如果系统的反馈作用机制是线性的，那么反馈则要么为正、要么为负。系统只可能保持某一稳态或者走向消亡，不会发生演化。只有反馈作用机制是非线性的，正反馈和负反馈同时存在（逻辑斯蒂方程对此有直观呈现），演化才会发生，系统也才会存在新旧结构的交替和适应。微观层面的不确定性经由非线性反馈机制的作用，会转化为宏观整体的不确定性，从而使得系统就自发地产生内在随机性。这一发现不仅具有重大科学意义，也具有重大哲学意义。确定性与随机性历来被"形而上学"视为完全对立，混沌却证明了两者是相通的，或者说是矛盾之间的对立统一，即确定性内在地包含随机性。

混沌的确定性与随机性的统一，可以帮助我们形成一定水平的预测能力。洛伦兹发现的蝴蝶效应打破了绝对精准预测的观念，他证明了人类能够获取的确定性是有限的。不过也要看到，混沌中也存在一些确定性要素，比如混沌区在复杂系统演化中出现的位置是确定的、奇异吸引子在相空间中的位置以及它的分数维是确定的等。李天岩与约克曾提出过这样一个深刻的洞见："周期三意味着混沌"。他们发现，在任何一维系统中，只要出现了有规律的周期3，那么系统必将会出现其他任意长度的规则周期以及完全混沌的循环。这为人们理解混沌确定性提供了参考。我们在演化中强调"三"这个数字，会让人联想到《道德经》中所说的"道生一，一生二，二生三，三生万物。""三"，可以被理解为系统从线性变为非线性的拐点。总之，这些确定性要素使混沌运动具有了可预见的一面。只要我们科学把握，就能够在一定范围内获取未来的确定性。

譬如，传统经济学认为，股市是随机漫步的布朗运动，其波动符合对数正态分布。由于其高度的随机性，人们无法预测股市的未来，更无法制定合理政策来维护股市的稳定。然而，经过多年的实际观测，股市的表现更多呈现出尖峰肥尾的特征，在一定程度上偏离了随机漫步的假设。1982年，美国经济学家德依（Day）引入混沌理论来研究经济学现象。随后，人们开始在各种市场上应用混沌理论来寻找其吸引子的特征。此外，在经济领域被阐释的混沌现象也愈来愈多。经济混沌的存在，虽然不能极大提高经济预测的能力，但是却可以大幅度改善政府对市场的调控水平，为经济周期的波动和股市的灾难预警提供更多的宏观政策依据。可见，混沌在促使人们发现了长期行为不可预测性的同时，也扩大了人类可预测的范围，其吸引子的特征给予了许多长期无法预测的现象以预测方法。并且，混沌也提示人们：预测必须是一个整体持续的过程，系统的非线性发展、初值敏感性都应被时刻予以考量。

演化过程是多种矛盾的交汇。系统越复杂，矛盾也就越复杂。混沌是矛盾的各个方面在"不相上下"时达成的一种运动机制。我们不能用忽略其中某一方面的传统方法来分析和处理演化问题。在探索混沌奥秘、把握演化神奇的过程中，人们发现，二元对立的两极化思维有着很大的局限。从哲学的视角看，唯物辩证法主张世界不仅是存在的而且是演化发展的，存在中包含着演化的可能性，演化中又生成了存在的规定性。混沌理论从科学视角出发，同样说明了确定性方程中蕴含着随机变化的可能性，混沌运动中存在着自相似结构的规定性。混沌区与周期区交替出现，混沌区也同时包含着周期窗口 ①。世界的演化如此，国家、个人的发展亦如此。当我们处于混沌无序期时，要坚信黎明终将到来，一切的曲折都是在为新的蜕变积蓄力量。同时，我们也要常怀远虑、居安思危，努力为新一轮的振荡跃迁做好充分准备。正如中国共产党人所看到的："历史车轮滚滚向前，时代潮流浩浩荡荡。历史只会眷顾坚定者、奋进者、搏击者，而不会

---

① 混沌区内存在许多长度有限的小区间，参数 α 在这些小区间取值时，系统会作周期运动，故称为周期窗口。

等待犹豫者、懈怠者、畏难者。"[①] 只有善于在不同时空尺度之间进行视角切换，发挥事物的肯定和否定两个方面的作用，方能把握大势、赢得主动。

---

① 习近平：《决胜全面建成小康社会　夺取新时代中国特色社会主义伟大胜利——在中国共产党第十九次全国代表大会上的报告》，人民出版社2017年版，第69页。

第五章 秩序：有序与无序的对立统一

道常无名，朴，虽小，天下莫能臣。侯王若能守之，万物将自宾。天地相合，以降甘露，民莫之令而自均。始制有名。名亦既有，夫亦将知止，知止可以不殆。譬道之在天下，犹川谷之于江海。

——《道德经》第32章

在日常生活中，人们往往将"秩序"理解为"井井有条"。是否存在秩序，一般通过直觉和经验都能识别出来。例如，到医院看病，大家能排队取号，这是有序；但若是太多人横冲直撞、加塞占位，这就是无序。在自然界中，地球公转导致的寒来暑往是有序的。屈原在《离骚》中所写下的"日月忽其不淹兮，春与秋其代序"就是很好的例证。春天到来，柳絮漫天飞舞是无序的，李白见此景感慨道："树树花如雪，纷纷乱若丝。"《释言》也讲，"秩，序也"，秩与序意思相近，常被用来描述各种事物之间有条理的排列组合状况。从复杂适应系统的角度看，"序"是指系统诸多要素之间的相互联系和这种联系在时间、空间与功能维度上的结构化涌现。有序，是系统主体塑造的结构层次以及相关要素之间有规则的联系或转化。无序，是系统主体塑造的结构层次以及相关要素之间无规则的联系和转化。依据辩证唯物主义的基本观点，万事万物是普遍联系、相互作用的，系统的秩序只有在与环境进行物质、能量或信息的持续交互过程中才能形成。所谓系统化，从一定意义上说就是事物从无序向有序、从低级有序向高级有序不断演化的过程。

一、秩序建立在规则的基础上

系统之所以能够实现"整体大于部分之和"，主要是由于秩序的生成发挥了至关重要的作用。复杂适应系统具有多样性特点：每一个层次上的主体之间以及不同层次（也称组分）之间相互联系而构成一个整体。系统的秩序性不仅体现在内部各组分之间的关联关系上，而且也体现在系统同外部环境的关联关系上。当我们考察秩序问题时，不能只着眼于系统内部组分之间的关联方式及其强弱度，还要考虑系统与外部环境之间的交互作用。秩序是一种结构性现象，说的是系统内主体以及组分架构的排布规则与运转顺序，具体可分为空间序与时间序。

空间序，即系统组分在空间上的排布规则。系统各层次上的主体在空间上都有自己确定的位置，这些位置按一定规则排布，就出现了秩序，如有机高分子空间构型、蛋白质结构、晶体点阵结构等。空间序有时能决定系统的属性：相同的元素以不同的空间序组织起来会形成不同的事物，如钻石与石墨均由碳元素构成，而碳元素不同的排列组合结构则造就了二者的不同。

时间序是系统演化过程中在时间上先后或同时运动的秩序。唯物辩证法认为，任何事物无时无刻不处于变化之中。变化是一个在确定时间进程上发生的运动过程，这种确定而有规则的进程就是时间序。晨鸡报晓、北雁南飞、花开花落、春去秋来，这些按照时间进程表现出的有规律的演化过程都是时间序的表现，因为系统的运动共时于时间和空间之中。因此，我们不能把时间序和空间序割裂开。此外，由于系统的结构性秩序在时空范围内是统一的，因此也可以将二者共同称之为"时空序"。

秩序确立下来，就意味着系统以特定结构实现着某种功能。功能是系统的通用属性，其作用的发挥需要经历一个过程。过程由不同阶段的活动构成，如果这些不同的阶段以及相关活动按照一定规则相互衔接和转换，就可以说系统在空间序与时间序两个维度上实现了功能整合，其功能是有序的。譬如，铁路运输系统的主要功能是为社会提供客运、货运等服务。若一个人乘列车出行，他需要经历购买车票、进站安检、检票上车、到站下车等环节，这些按照一定规则衔接起来的活动均由铁路运输系统独特的秩序结构来支持，这也体现了系统与环境之间的物质、能量和信息的交互关系。一般系统的结构是静态的，形成后基本不会改变，但复杂适应系统的结构是动态的，能够随环境变化而变化，例如耗散结构。从静态和动态的角度看，自然界又存在两类秩序：平衡有序和非平衡有序。

平衡有序是一种"死"的秩序，是系统处于平衡态时表现出的秩序，如金属、石头、晶体、一杯搅拌均匀的盐水等事物内部的秩序，这些事物内部的变量均保持不变。由于平衡有序的系统不需要与环境进行物质、能量和信息的交换，因此可以在孤立的环境和平衡的条件下维持，这就使它的秩序一经形成就不会随时空的变化而变化。因此，平衡有序被称为"死"的有序。任何事物都是处于绝对运动中的，因此绝对的平衡有序是不存在的，它是暂时的、相对的、有条件的。

非平衡有序是一种"活"的秩序，是在宏观层次上呈现出来的时间序与空间序的统一。例如，城市就是一个非平衡态的耗散结构，城市每时每刻都在与外界进行物质、能量和信息的交换，每天有不计其数的人、货币、物资、能源和信息等要素从城市中流进流出，这些流动的要素支持着城市的运转。再如，生物学领域关注的生命现象、化学中的化学钟、物理学中的激光和贝纳德花纹都是典型的非平衡有序。

二、秩序是有序与无序的对立统一

从 CAS 的角度来看，系统始终处于演化的过程中，所以秩序不是僵化的、一成不变的。换言之，秩序是有序与无序之间的对立统一状态，系统中既不存在绝对的有序，也不存在绝对的无序，系统是有序和无序的共生体。

首先，系统的有序和无序是相互依存的，有序中存在无序，无序中存在有序。如果一个系统绝对有序，那么系统内的主体只会得到少量的"自由度"甚至没有自由度，这就意味着系统的层次失去了多样性。缺乏创造力的系统只能是一个"死"机器。相反，如果一个系统绝对无序，那么系统内主体拥有无限的"自由度"，这就意味着不同结构层次之间联系规则的失效，所以也就称不上系统。有序与无序如同太极图之阴阳，不是非黑即白的关系，而是你中有我、我中有你的相互渗透关系，二者不能截然分开。通常我们所说的有序是指系统的有序性在内部结构中占据主导，反之则视为无序。例如，军队是秩序性很强的系统，组织严密、纪律严明、个体高度服从集体。然而，即便这样高度有序的组织也会存在一定的无序。在实战中，基层作战单位要根据复杂战场环境在一定范围内自主确定作战计划，再具体的军令也不可能对每个士兵的行动都作出指示。可见，高度有序的军队组织同时要具备灵活性，通过容许一定程度的无序来增加系统的适应性。又如，大专院校都很重视发挥教员与学员的主动性和创造性，他们在研究工作中有着比较高的自由度。同时，大专院校也会借助一些规章制度来规范教员与学员的行为，教员做研究要遵守学术道德和规范，学员要服从教学安排、完成其培养计划。

有序和无序的相互依存不是混沌不分的，它们各自体现在系统不同的尺度上。换言之，系统既可以微观无序而宏观有序，亦可以微观有序而宏观无序。我们首先来看系统微观无序而宏观有序的情况。在自然界的分子热运动过程中，微观上单个分子的运动是无序的，因为我们无法判断分子下一刻的运动方向和位置，也无法得知它的运动原因和条件。从宏观整体上看，当分子的数量足够多时，它们的运动是有序的，可以用热力学或流体力学等工具进行观察。当一阵风吹过，我们无法判断微观上空气分子的运动状态，但可以从宏观上把握气流的方向和强度，这就是系统微观无序而宏观有序的情况。再看系统微观有序而宏观无序的情况，这在经济系统中体现得很明显。在股票市场中，每个人都有目的、有计划地进行着交易活动，哪怕受非理性因素影响的人，其行为也是相对确定的。股票市场微观的有序性就体现在主体的这种有目的、有计划的活动中。然而，整个股票市场的无序度较大，没有人能够准确判断某支股票价格在下一刻的变化情况。股票市场中存在微观有序而宏观无序的现象。与股票市场的波动情况近似，马克思注意到了资本主义经济系统不同尺度上的秩序变化。他曾指出，资本主义基本矛盾在生产上表现为个别企业中生产的有组织性与整个社会生产的无政府状态的矛盾。这个矛盾体现的就是经济系统微观有序而宏观无序的情况。

其次，系统中的有序和无序可以相互转化，这种转化常常表现为系统从一种秩序转变为另一种秩序的运动。一般来说，有序和无序的转化是内因和外因共同促成的，其中内因起决定性作用。

有序的系统在一定条件下可能会越来越无序。以社会中的组织为例：一个原本有序的组织可能因自身决策失误、管理失当而造成主体之间以及组分层次之间协同性下降或关联关系减弱。一旦磨合不畅，就会导致"内耗"（如相互掣肘）发生。当"内耗"加剧而组织又无法有效遏制这种趋势时，有序的组织就会越来越混乱。此外，一个组织若陷入封闭状态，不能与环境进行足够的物质、能量和信息交流，即不能从外部获得充分的有序性，其内部产生的无序性就无法"代谢"掉，无序度就会持续增加。这里我们需要特别注意的是，环境不仅向组织输入了有序因素，同时也输入了无序因素。这就如同鸦片战争前的清政府，其覆盖全国的统治秩序是稳定而严密的。鸦片战争后，大量西方事物和思想持续输入中国，一时间，中国人民救亡图存的希冀和世界主要资本主义国家的资本输出都成为了促使大量新事物、新思潮持续涌入中国的动力，这些来自发达工业文明的因素与旧秩序是不相容的，这也导致清政府无力拒斥这种趋势，于是其统治秩序在新因素的侵蚀下越来越无法维持，直至辛亥革命后分崩离析。

在一定条件下，无序也可以向有序转化，低级秩序可以向高级秩序进化。从外部条件看，系统秩序的升级需要有一个能够不断向其提供有序因素的稳定环境，这些因素可以是先进的机器设备、科学技术、思想观念等。与此同时，系统要具备适配环境的开放度，以进行充分的物质、能量和信息的交流。从内部条件看，由于有序度较低的系统的内部规则比较宽松，因此，主体在竞争与合作中能够塑造出新的结构并选择出某种新的有序因素，如新的思想观念、新的共同价值、新的组织形态等。从 CAS 的角度看，多样性决定了系统的不同层次蕴含着不同的有序因素，并代表着不同的秩序形态。在各组分之间的竞争与合作过程中，它们所代表的"部分的秩序"对系统整体来说是一种涨落现象①，它们此起彼伏地竞争整体的主导权。一些组分所代表的"部分的秩序"，对内符合多数主体的需求，对外则不仅能够适应环境的需要，还能够不断吸纳环境中的有序因素。这种秩序在内外合力形成的正反馈机制作用下快速成长，最终在系统中占据主导地位。正反馈机制把偶然出现的涨落放大成"巨涨落"，待"部分的秩序"占据主导地位后，再将自身推向整体，从而成为新的整体秩序。原本被视为"无序因素"的那种边缘的、非正式的、不稳定的思想观念、组织形态、行为模式都因为成了占主导地位的、正式的、稳定的思想观念、组织形态、行为模式而被固定下来，崭新的有序结构和有序状态就此形成。在中国历史上第一次社会转型的"周秦之变"中，列国经过数百年的纷争，最终，秦国横扫六国，实现了"六王毕而四海一"，这也意味着秦国在天下秩序中占据了主导地位。随后，秦国在全国范围内废封建、置郡县，推行"一法度衡石丈尺，车同轨，书同文字"②的政策，将秦国代表的"部分的秩序"确立为整体的秩序。新秩序与旧秩序就这样完成了更替。

对于复杂系统来说，有序和无序这两个方向都是中性的，而且都有其存在的意义，所以系统本身并没有特殊的价值偏好。此外，秩序水平不能作为衡量一个复杂系统是否优良的尺度，系统是否具备强

---

① 涨落，汉语指某种量的上涨或下落。对一个由大量子系统组成的系统的宏观量进行测量，每一时刻的实际测量结果相对平均值来说或多或少有些偏差，这些偏差就是涨落。简言之，涨落就是系统偏离平均状态的偏差。一般来说整体的秩序代表这种平均状态，而一些"部分的秩序"会对整体秩序形成挑战，是使整体偏离平均状态的干扰。因此"部分的秩序"对整体来说是涨落，它时大时小，当它成长为足够颠覆整体秩序的巨涨落并稳定下来时，新的秩序就出现了。这种由部分的秩序发展来的、稳定的巨涨落就是新秩序。

② 参见（汉）司马迁：《史记》卷六《秦始皇本纪》，中华书局1959年版，第239页。

大的适应力才是应特别予以重视的标准。最好的秩序应当表现为一种和谐关系的确立，包括系统主体之间以及不同层次的组分之间是和谐的，系统运行以及系统与环境之间的关系也是和谐的。所谓"和而不同"的"不同"，即意味着系统的层次是多样的，它们既是相互关联的，也内含着一定的无序成分。"和"则意味着组分之间的协作关系和谐、系统同环境的关系和谐。一味强调趋同的秩序是不健康的。系统不同层次主体的趋同会使其缺乏活力。系统若与环境趋同，就会失去其自身价值延续的必要性。此外，过于强调不同的秩序也是不健康的。若系统各个层次之间互不联系，则系统将不成系统，秩序也就无从谈起。具有强大适应性的系统是"和而不同"的系统，因为和谐必定有序，而有序却未必和谐。

三、秩序不等于一成不变的稳态

对系统之有序和无序的利弊研判要依据系统所处的时空环境来展开，特别是对社会系统而言更是如此。若系统有序程度过低，其整体功能的发挥就会受到限制，甚至面临生存危机；若系统内的规制性因素过多，其灵活性和创造性则会受到限制，系统的适应力就会下降。人们在社会系统内塑造秩序的过程中，有时会陷入一种对秩序的片面理解：人们希望为系统构建趋近"完美"的结构序，因此试图通过不断加强控制来避免意料之外的变故发生。人类历史上一些乌托邦的幻灭，往往都是由于这种偏见在作怪。

我们以古典组织理论为例来做进一步的深入分析：古典组织理论起源于20世纪20年代前后，该理论试图塑造完善的组织结构并高效地实现组织职能，其代表人物有马克斯·韦伯（Max Weber）、亨利·法约尔（Henri Fayol）、弗雷德里克·泰勒（Frederick Taylor）等。这些学者试图用严密的组织设计来精确规定每个部门和每个人之间的分工协作，用严格而详尽的规章制度来规范每个人的行为，从而使整个组织表现出趋近"完美"的结构序。在这种理论的指导下，一些组织将"控制"和"有序"视为同义词，它们为实现高度有序而不断加强控制。若这种控制持续强化，那么组织最终会成为层级分明、结构严密、主体刺激—反应模式僵化的"刚性组织"。这种组织排斥内部产生的无序性变化，将"无序"视为破坏性因素。实际上，这种看似高度"有序"的组织并不一定能高效地发挥组织职能、实现组织目标。由于各组分关联僵硬，加上主体的刺激—反应过程受到限制，当环境向组织输入一定扰动因素时，它就难以作出及时有效的反应。从较长时间尺度上来看，由于这种组织系统的适应性较差，所以它同环境的互动关系是不和谐的，这将不利于组织的持存。

古典组织理论主张一个组织要尽可能地消灭任何控制之外的变数，它将无序视为绝对有害的因素。在这种观念之下，组织系统就是一个严丝合缝的"机器"，人只是机器的一个"构件"，因此需要通过他组织的方式来塑造秩序。CAS 视角下的秩序观念与古典组织理论不同：系统主体是有生命力的，其刺激—反应集合具有多样性的特点。另外，复杂适应系统内部存在一定程度的无序，且无序之中蕴含着变化的积极因素（如有助于系统进化的突变）。CAS 的秩序是一种由他组织和自组织机制共同塑造出来的"活"秩序，是它在适应环境的过程中通过自我更新逐步建构起来的。复杂适应系统具有自发实现长久的、良好的秩序的能力，这种能力的塑造主要是基于系统的"过程型结构"。具备过程型结构的系统不会将自身在某一时段的秩序状态视为终点，它能够随着时空条件的变化来调整组分结构，以完善其相对固定的功能或目标。

复杂系统之所以要建立一种过程型结构，是因为它在大环境中的生态位"相对稳定"。换言之，环境对系统的功能要求是稳固的。但相对来说，多变的环境又要求系统的结构富于弹性。我们观察一下溪流的运动过程就可以获得启发、溪流的"目标"非常明确：水因重力作用会从高处流向低处，因此百川终入海。溪流具有很强的适应性，它在流动过程中碰到任何事物都会随着能量的移动而改变自身的形态。溪流的临时性结构为其持续运动创造了条件，静流、湍流、旋涡、瀑布等形态都是溪流对环境的回应，它没有僵化的结构形态却保持了有序运动。再如，生命系统的过程型结构亦是如此。毛毛虫能够羽化成蝶，这就是同一个系统在连续演化过程中由一个临时结构过渡到另一个临时结构的现象。可见，复杂系统的秩序形态是常变常新的。

从现实生活中看，大多数人把秩序约等于稳定不变，所以大家生怕环境的扰动会破坏稳定的秩序结构，时常害怕无序、排斥变化。究其成因，可总结为如下几点：

首先，人们排斥变化是因为自我保存的本能以及对系统变革的成本考量。任何人或组织都有自我保存的本能，都将持存视为底线目标之一，在人类历史上，威胁其持存的大部分因素来自外部环境。生物进化就是一个通过不断"加固"结构来抵御外部威胁的过程。人类在刀耕火种时期抵御天灾的能力有限，环境变化对人口数量的影响比较大。而现代社会的组织化水平较高、结构稳固，局部自然灾害并不会影响人类社会的总体秩序。自然环境既是人类文明发展的基础，也是影响其持存的威胁。从被动适应环境到主动改造环境，人类在漫长的进化中抵御外部威胁、实现自我保存的能力越来越发达，即在多变的环境中维持自身稳态的能力越来越强大。以自身之"不变"应环境之"万变"是人类进化的方向，以此为基础，人类才发展出越来越高级的文明。"仓廪实而知礼节，衣食足而知荣辱"体现的正是这个道理。此外，人类文明虽然在发展中不断增强有别于自然环境的相对独立性，但它并没有以固守某一时期形态的方式将自身同环境的演变割裂开。"变"是为了"不变"，由人组成的复杂适应系统为了长期持存会随环境变迁而做出适应性变化，但该系统变革自身的成本会阻碍这种变革发生。譬如，人在变革自身的内部模型时就需要付出一定成本。复杂适应系统内部模型变革一般会经历多个环节：首先，主体需要从环境中纳入模型所需的基本素材，而后根据不同的刺激—反应状态从素材中筛选出一些"积木"来构成临时反应模式，这些临时的反应模式经过多轮验证和修正逐渐成为新的、成熟的内部模型。在这个过程中，主体从环境中纳入素材、筛选素材、搭建临时模式等环节都要付出大量时间和精力，在多轮验证和修正环节还要额外承担一定试错成本。这些都是阻碍变革发生的因素。

其次，人们排斥变化是因为对平衡有序存在认识上的误区。近代以来，古典热力学的平衡观念[1]影响十分深远。这种观念认为万事万物在朝着平衡、衰退的方向演化，变化即退化，因此，人们为了遏制退化而尽可能维持不变。热力学第一定律是能量守恒定律，它指出，

---

[1]　物理学中的平衡是指系统内所有作用力的合力为0的情形，这意味着系统会产生稳定且不再改变的状态。

能量不能被创造和消灭，只能从一种形态转化成另一种形态，宇宙中的总能量守恒。热力学第二定律是熵增定律[①]，它指出，熵总是不断增加直至最大，除非外部做功，否则它自身永远不会减少。当封闭系统内部可用的能量耗尽，就进入了平衡状态。平衡是封闭系统的最终状态，在这种状态下，系统不会有任何行动，也不能再产出任何东西，系统内部也不再发生能量交换。若将一团热空气放入一个封闭的真空盒子，气团中的空气分子会不断消耗能量向四处扩散。当这团热空气能量耗尽之时，整个盒子就均匀地散布着空气分子，盒子内部各处也就无法发生能量交换。从宏观尺度看，这个盒子处于高度有序的稳定状态，且不再发生显著变化；而从微观分子层面看，空气分子的运动则是完全随机且无序的，此时其混乱程度最大。一直到20世纪上半叶，物理学界仍认为有序就是平衡，任何偏离平衡的变化都是对有序的扰乱和破坏。这种偏好平衡态的观点不仅出现在物理学领域，也存在于经济学领域。例如，一般均衡理论将平衡态视为经济系统运行的理想状态，认为经济系统中所有生产要素、产品的价格及供求关系能够自行调节，最终达到一个特定的、彼此相适应的稳定状态。这些学说都将系统最佳的秩序视为平衡态。由于任何例外的变数都会破坏这个平衡状态，所以，人们会自然地排斥那些使系统偏离平衡态的变化。

此外，热力学中衰退的观念也扭曲了人们对"变化"一词的认知。热力学第二定律描述了一条事物发展演化的时间之箭：孤立封闭

---

① 在热力学中，熵是对系统内不能转化成功的能量的度量，熵越大则系统内总能量不变而可用能量减少；从统计学上看，熵是对系统微观态混乱程度的度量，熵增的过程就是系统自发从有序向无序演化的过程。

的系统在朝着均匀、平衡、无序的方向演化外。当人们把这条定律推向宇宙时，"热寂说"就出现了。该学说认为，随时间推移，宇宙最终会陷入静止和死亡。从热力学中推导出的世界观是一种衰退的世界观，它告诉人们这个世界在朝着衰退的方向演化，任何变化都会消耗系统内有价值的能量，因此系统在一步步走向衰败、死亡。比如，人会衰老、机器会磨损，甚至太阳也终有一天不再会发光发热。在这种世界观下，变化即衰退，保持不变才能延缓衰退。因此，人们倾向通过减少改变来对抗自然侵蚀力。对于一台汽车来说，即便不开动它，将它静置在某地，汽车的各种部件也会不断老化，这是热力学第二定律给出的必然结论。若我们开动汽车上路行驶，它的部件除了自然老化外，还会随使用时间和行驶里程的增加而产生磨损，最终报废。那么，怎样延缓汽车的报废期限呢？一方面，我们可以对它进行维修保养（即通过做功减少熵）；另一方面，我们也可以减少对它的使用来避免磨损（即通过减少变化来延缓熵增）。在二手车市场上，对于型号相同、车况相似的两台车，人们一般会认为行驶里程较少的汽车可能会具有更高的价值，因为人们往往会觉得行驶里程多的汽车磨损程度更大（即变化越多衰退越快）。

再次，人们排斥变化是因为固守着机械秩序的传统观念。这种观念同工业革命以来的生产方式变革密切相关。大工业生产要求产品标准化、生产过程规范化、生产全流程可控，这样的机械生产方式影响了人们的行为和观念。产品的标准化是机器工业的基础，正是因为标准化，手工业工场才转变为大工业生产。一个型号的螺母放在世界任何一个国家和地区都可以使用，这就是标准化的意义。产品的标准化要求生产过程的规范化，任何随机的、无序的变化都不利于生产规范的落实。工厂中的一线人员只有严格按照科学的统一规范进行生产，才能保证产品具有统一的标准和稳定的质量；若一线人员不遵守生产规范、各行其是，生产过程中的无序因素就会增加，从而导致产品的良品率下降，甚至引发生产事故。标准化和规范化需要一定控制来保障，因此，工业生产的全流程是可控的。这个过程不仅包括对机器的控制，还包括对人的控制。

20世纪初，弗雷德里克·泰勒创立的泰勒制（Taylorism）正是一套反映大工业生产方式的管理方法，主要包括企业管理的四大原则、标准操作法、差别计件工资制和企业职能管理制等四个方面，其中，四大管理原则和标准操作法契合了工业生产中的标准化、规范化、可控性要求。四大管理原则分别是：企业需要为工人工作中的每一要素制定一种科学的方法；企业需要以统一的科学方法或规范培训工人；企业需要明确管理者和工人之间的分工和责任；企业需要确保工人的各项工作按照既定的科学原则来完成。所谓标准操作法，就是选择体格健壮、技术熟练的工人，在紧张劳动的情况下，分析其完成每一道工序、每一个动作所需的时间，并据此确定最经济、最高效的标准操作方法。确定标准操作方法后，企业会以此为标准对其他工人进行规范。泰勒制所描述的管理方法将人视为机器，通过统一的操作标准、规范以及流程控制来减少生产过程中的无序性。这种抵制变化和无序的管理理念是在大工业生产模式的直接影响下产生的。

综上所述，人们对孤立的封闭系统的认识在一定程度上影响着人们的秩序观念，其中的认识偏差并不适用于复杂适应系统。没有生命的机器就是一个封闭的系统，它自身不具备对抗熵增、实现进化的能力，只能随时间推移而不断退化。在复杂适应系统中，控制不一定导

致有序，变化也并不意味着退化，就像生命系统在开放中与外界环境
进行物质、能量、信息的交换，系统能够以此遏制退化、同时实现进
化。复杂适应系统具有纳入负熵 ①、抵抗熵增的能力，基于这种能力，
系统秩序才能得以不断进化。

四、秩序在系统开放条件下可进化

在孤立而封闭的条件下，系统秩序不可避免地会越来越混乱。
那么，在多变而开放的环境中，系统的秩序能否避免衰退、实现进
化呢？

热力学第二定律指出，时间之箭的方向是衰退（平衡、无序、简
单），而生物进化论描述了一个时间之箭的相反方向：从无序到有序，
从简单到复杂，从低级到高级，从无功能到有功能再到多功能。物理
学与生物学的时间之箭指向了完全相反的两个方向——退化和进化，
似乎物理世界和包括人类社会在内的生物界被割裂为两个完全相反的
演化方向。事物的演化方向究竟是退化还是进化？这个问题困扰了人
们很长时间，最终，普利高津的耗散结构论给出了解答。

普利高津长期致力于非平衡态统计物理学研究，并于20世纪60
年代提出了耗散结构理论，这为人们认识自然界中发生的自组织现象
开辟了道路，他也因此于1977年获得诺贝尔化学奖。普利高津将那些
在开放中通过耗散能量来维持某种秩序的结构称为"耗散结构"。在

---

① 负熵即熵减少，是熵函数的负向变化量。负熵是物质系统有序化、组织化、复杂化状
态的一种量度。负熵也是一切有助于系统提高有序度的因素，例如对于人来说，食物、水、空
气、知识等都属于负熵范畴。

古典热力学看来，"耗散"意味着能量衰减，这本身就代表着系统在走向越来越混乱的无序状态，而"结构"一词意味着系统中存在某种秩序。这两个词结合看似是矛盾的，然而却能调和物理学和生物学在时间之箭方向上的矛盾。耗散结构通过能量的耗散维持其形态，封闭系统中的能量自然越消耗越少，而耗散结构可以在开放的环境中获取源源不断的能量。能量的耗散对于建立新秩序来说必不可少，它不仅不会导致系统消亡，反而还成为系统产生新秩序的必要条件。

　　生命和一些非生命的物理—化学系统具有耗散结构，这种结构是系统发生自组织现象[①]所必不可少的。我们在上文已经讨论过生命现象，在非生命的化学领域也存在着基于耗散结构的典型自组织现象——化学钟（Chemical Clock）。化学钟是指远离平衡态的化学反应体系，这类化学反应在开放条件下会使化学系统不断发生从一个稳态转向另一个稳态的有规律的运动。如此反复运动，类似于钟表的运转，故称化学钟。Belousov–Zhabotinsky 反应（B–Z 反应）是一种能够产生周期性振荡的化学反应，最早由苏联化学家别洛索夫（Belousov）在一次以金属铈离子作催化剂、让柠檬酸同溴酸进行氧化还原反应的实验中发现。这种化学反应不是朝一个方向进行的，而是交替出现两种结果：反应液在无色和黄色两种状态之间发生周期性的振荡，从而表现出时间有序。此后，苏联人扎鲍廷斯基（Zhabotinsky）发展了别洛索夫的研究，他发现：B–Z 反应不仅有周期性振荡现象，上述化学系统还能在一定条件下自发形成空间分布不均匀却有规则的浓度花纹，即该化学系统空间有序。传统的化学热力学无法解释 B–Z 反应中的时

_____

　　① 指自然界中自发形成的宏观有序现象，即第一节涉及的非平衡有序现象。

间有序和空间有序现象，因为按照传统观点，化学反应应该单向地趋向不可逆的平衡态。B-Z 反应之所以会表现出一种动态的秩序，就在于化学系统始终处于远离平衡态，而开放是使系统处于远离平衡态的前提。开放使系统能够从环境中持续获取有序因素（如加入新的化学物质、持续搅拌等），系统因此会保持一种动态的有序结构。

普利高津带动了一批科学家将研究兴趣从系统结构转移到系统动力学：他们不再简单地测量系统在某一时刻的熵是多少，而是开始关注熵是否与外部发生了交换、熵变速率如何等涉及系统动态过程的问题。普利高津及其随后的一些科学家的研究将两种时间之箭方向的矛盾统一了起来：开放系统可以利用不平衡状态形成新的秩序（耗散结构），这种动态的秩序在同环境的交互中不断更新自己，从而避免退化。这一论断表明：熵并非总是线性递增，退化也并非一种不可抵挡的趋势。具有耗散结构的系统放弃了刚性、稳定的秩序形态而建立起富于弹性、能够随环境变化而变化的秩序形态。这些系统在面对各种干扰时有很强的自我组织能力，能够自发产生秩序，因此它们也被称为自组织系统。

自组织系统何以基于耗散结构而自发产生秩序呢？这里有三个关键点：开放与耗散、远离平衡态、涨落。

首先，开放与耗散是自发秩序产生的必要条件。系统的秩序处在什么水平，一般情况下由熵来衡量：熵值越低，系统越有序，反之则越无序。通常来说，系统秩序的演化伴随着熵的变化，这也被称为总熵变。物质系统内部必然存在热运动，热运动又会产生正熵，即熵增。开放的系统能够同环境进行熵交换，即有正熵流或负熵流输入、输出系统。因此，一个系统的总熵变等于内部熵增与熵交换之和。自组织现象的产生和发展是一个"熵减少"而"序增加"的过程，由于系统自身的熵增不可避免，它就只能在同环境进行熵交换的过程中减小总熵变。开放的系统可以从环境中纳入负熵流，只有输入的负熵量大于系统内部的熵增量时，系统内才能涌现出新秩序。值得注意的是，输入系统的不仅有负熵流，正熵流也有可能进入系统，从而导致系统更加混乱。因此，开放的自组织系统不仅要有高效纳入负熵流的能力，也要具备抵制正熵流侵入的能力。

在物理学中，一个系统会从环境中吸取高品位的物质能量来组织自身，并把低品位能量排放到环境中，这个过程叫作耗散。热力学将能量耗散视为绝对消极的现象，而耗散结构论则认为，能量耗散也有积极的一面：没有物质、能量的耗散，就不会有如驻波、生命、城市等具有非平衡有序结构的系统，它们都是不断耗散物质和能量的"活"系统。耗散结构论揭示了生命和非生命领域中秩序的共同属性，其共同点在于生命系统和非生命系统都能通过对外开放和耗散物质、能量而自行组织起来。耗散能力一定程度上可以成为衡量系统高级与否的标准。生物的耗散能力高于非生物，动物的耗散能力高于植物，人类的耗散能力高于一切其他生物。对比不同形态的人类社会，农业文明的耗散能力高于采集—狩猎文明，工业文明又高于农业文明。因此，在一定程度上，系统秩序进化的过程可以被视为耗散能力不断迭代的过程。

从 CAS 的角度看，耗散还关注了系统之间基于流的协同关系。所谓"耗"，就是系统利用和耗费环境中的物质、能量、信息等资源（负熵）的过程；所谓"散"，就是系统向环境排放物质的、能量的、信息的废料（正熵）的过程。耗散意味着系统与环境不断交换物质、能量和信息，这种交互活动具体体现为流在不同系统间的运动，而系统的多样性又促进了这种运动。每个自组织系统都具有纳入负熵流、排出正熵流的功能。然而，所谓正熵流与负熵流是针对某个特定系统而言的，此系统之负熵流可能是彼系统之正熵流。比如，草场上丰富的草料对于羊来说是负熵流，但对于狼来说却是正熵流，因为狼没有将草料转化为能量的功能，摄入草料只能使其消化功能紊乱。此外，羊消化完草料会代谢出排泄物，这对羊来说是正熵流，对于草场系统来说却是负熵流。流对系统的相对意义是由系统的多样性赋予的。正因为系统是多样的，它们才不会一窝蜂地争夺某种流或不约而同地排斥某种流，各类系统才能够在各取所需的基础上建立起复杂的协同共生关系网。具有不同耗散结构的各类系统是一张复杂耗散网络中的节点，耗散结构的性质决定了该节点能够接纳何种负熵流、排出何种正熵流。各节点相互依存、相互需要，因此，整张网络中的物质、能量和信息等资源才能够循环流动起来。一种更大的、更复杂的协同共生秩序也就由此形成。

其次，自发秩序涌现于远离平衡态。要想知道什么是远离平衡态，首先要搞清楚什么是平衡态。对于某些物理量（如温度、浓度等）来说，在系统内部均匀分布且保持不变时，我们可以称系统在宏观上呈现出平衡态，反之则为非平衡态。当系统处于平衡态时，从整体上看，系统呈现相对静止状态，而系统内的熵在此时达到最大值，因此也是最混乱、最无序的状态。远离平衡态是系统内可测的物理性质极不均匀的状态。只有远离平衡态的系统才会趋于有序，而耗散结构就产生于远离平衡态。

我们可以从一类经典耗散结构——贝纳德对流（Bénard

Convection）来考察新秩序是如何出现在远离平衡态的。贝纳德对流是1900年法国物理学家贝纳德（Bénard）在进行流体实验中发现的一种宏观有序的自然对流现象。该实验系统由一个装满液体（如水）的容器和平行放于容器上下两端的平面金属板组成。首先，令上下金属板的温度一致，此时夹在两板之间的液体会趋向热力学平衡。而后，持续均匀加热底部金属板，底部的热量会通过液体向上传导，使系统开始出现热传导的结构，线性的温度梯度也由此建立起来。起初，该系统只出现了微观的热传导现象，而宏观上保持静止。然而，当温度梯度超过某临界值时，微观液体分子的无序运动就会自发地在宏观尺度上变得有序。当容器上表面无平板覆盖时，从上向下俯视液体表面时，可见若干近似六角形的格子（如图5—1所示）。当容器上表面有平板覆盖时，从六角形格子的竖剖面观察则会发现对流呈两两方向相背的旋转卷筒状（如图5—2所示）。六角形格子内的液体分子受热出现上升运动，当能量耗尽后又会受重力作用顺边沿落下，诸多微观液

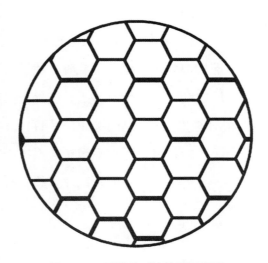

图5—1　贝纳德对流俯视示意图

体分子的这种有规则的运动轨迹构成了宏观的动态秩序，这就是贝纳德对流。贝纳德对流现象在人们日常生活中很常见，只不过不是以严格的实验条件呈现的。例如，一壶水烧开时，水面会出现多个滚动的水泡，这就是壶中水被加热到临界点时出现的宏观对流运动。

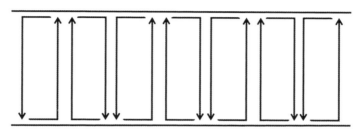

图5—2　贝纳德对流竖剖示意图

　　在贝纳德实验中，实验系统处于平衡态时，液体在宏观上比较稳定，液体分子则在微观上进行着无序运动。当底部金属板经过加热后，系统内部形成了温度梯度，即底部与顶部出现了温差，系统也就越来越偏离平衡状态。当温度梯度超过某个临界值，也就是系统达到某个程度的远离平衡态时，数量巨大的微观组分就会基于非线性机制把自己组织成特定的耗散结构。这样一来，系统的新秩序在远离平衡态的条件下便涌现了出来。虽然我们不能详尽描述系统内的非线性机制，但是组分间的非线性相互作用确实如同一种"指令信息"，它"告知"了微观组分以何种模式自发组织起耗散结构。例如，在贝纳德实验中，实验者只为实验系统提供了远离平衡态的条件，但却并未"指示"液体分子按照六角形花纹的方式组织起来，即是系统内的非线性机制决定了这种秩序结构的独特形态。简言之，系统内的非线性机制决定了耗散结构的形态与类型，这种特殊的秩序只有在系统处于远离平衡态时才能涌现出来。

　　这里我们可以以社会系统为例来加深一下理解：在中国的改革开放之初，人们对走什么样的发展道路和以何种模式实现快速发展等问题尚处于摸索中。1979年4月，中央工作会议期间，邓小平就在广东省设立经济特区的问题上发表了自己的见解：中央"可以给些政策，你们自己去搞，杀出一条血路来"[①]。这句话暗合了利用系统的远离平衡态来促使新秩序涌现的道理。所谓"给些政策"，有以中央政策促进经济特区对外开放程度提高的含义。得益于开放，外部的资金、先进设备、管理经验、科学技术、人才等负熵流逐渐输入经济特区，并在其内部形成了远离平衡态。所谓"自己去搞"，指的就是激发经济特区的非线性动力学过程（如尊重人民首创精神）。若将经济特区视为一个系统，它在开放的远离平衡态下，基于非线性机制"耗"负熵流而"散"正熵流（如淘汰旧生产方式），并逐步将这一"耗"一"散"的有序运动过程以制度体系的形式稳固下来，新的秩序形态就这样开辟了出来，这也就是人们常说的"杀出一条血路"。

　　再次，涨落是秩序之源。简言之，涨落是相对系统平均值的偏差。一个可测系统的宏观状态是各子系统平均效应的反映。系统在微观尺度上的组分存在无规运动，因此，它在每一时刻所测得的实际量并未精准地分布在平均值上，而是围绕平均值上下波动，这些波动值同平均值的偏差就是涨落。即使对一个平衡的系统进行测量，也会发

---

　　① 中共中央文献研究室编：《邓小平思想年编：1975—1997》，中央文献出版社2011年版，第236页。

现涨落的存在。按其规模划分，涨落有小涨落、大涨落、巨涨落。由于系统对于涨落来说非常大，即便偶尔有较大的涨落也会很快耗散掉，不会影响系统的宏观状态。在远离平衡态的条件下，涨落可能会由小涨落演化为大涨落，并进一步发展为巨涨落，从局部质变最终扩大为整体质变。此时的涨落已经足以在宏观上显现，即宏观涨落（宏观涨落本质上是一种巨涨落）。当宏观涨落稳定下来，系统的秩序就完成了自发更迭。因此，涨落是秩序之源。

　　一般来说，系统秩序变换大致会经历"稳定—失稳—解体—新稳态"的过程，系统秩序的变换发生在临界点。处于临界状态的系统对涨落十分敏感，哪怕十分微小的小涨落都可能颠覆系统的秩序。从一般意义上讲，临界点就是事情发生质变的关键节点。物理学中的临界点 (Critical Point) 是指物体由一种状态转变成另一种状态的条件。任何物质随着温度和压力变化却会呈现出三种相态：固态、液态、气态，不同相态发生转变之处就是临界点。当系统正好位于临界点时，就称其处于临界状态。临界点代表着选择不同状态的分岔点。普利高津将分岔点描述为系统面对不同发展方向的"犹豫不决"，一点小小的波动就能使系统进入全新的进化过程，进而彻底改变整体行为模式。例如，当水处于凝固点时，它会面临着变为固态和维持液态两种选择，此时水处于固液混合状态。处于临界点的水分子就像立于山巅的小球，它只能落到山顶两侧地势相同的山谷。此外，小球还会受到四面八方吹来的"风"影响（如水分子的随机涨落），这会决定小球最终落入哪一边。

　　涨落时时存在，而系统不可能时时处于临界状态。临界现象在自然界和人类社会中被大量发现。物理学家对这个特殊位置尤为关注，对磁体、超导体、超临界流体等物理系统的研究都绕不过临界点。地震、沙堆崩塌、森林火灾、股市暴跌甚至世界大战等事件中都能发现临界点的存在。临界点对涨落极度敏感，临界事件具有标度不变性[①]。临界点对涨落的敏感还体现在当涨落在系统处于临界状态时会发挥出超常的作用力上。我们可以通过考察超临界流体系统来理解涨落在特定条件下的影响力。超临界流体是介于气液之间的一种既非气态又非液态的物质，这种物态只能在物质的温度和压力超过临界点时才能存在。超临界流体的密度较大，与液体相仿，所以它很容易溶解其他物质。此外，超临界流体的黏度较小，接近于气体，传质速率很高，再加上其表面张力小，所以极易渗透固体颗粒。由于其物理性质特殊，超临界流体被广泛应用于环境治理以及天然产物萃取等领域。

超临界流体处于超临界状态时，对温度和压力的变化非常敏感。超临界流体内部依旧存在随机性涨落，微观组分[②]的无规运动会在某一瞬间使系统某处的密度高些或低些。当流体因逐渐冷却而出现临界相变时，密度较高的区域会先变为液体，而密度较低的区域则会变为气体。无关区域大小，两种状态都能自行保持。流体局部密度受微观组分的无规运动影响以及无规运动偶然造成的微小变化都会颠覆平衡状态，因此，处于此临界状态的系统是高度不稳定的，任何一个部分的事件都能迅速地影响到其他部分。这种影响的距离对微观组分来说是十分"遥远"的。因此，可以说，此处微观组分同受影响的彼方微观组分产生了长程关联：当系统处于临界点时，微观组分间相互作用的传递距离被"拉长"了，并且不会被混乱无序的热运动淹没，这就

---

① 即临界事件发生的规模与频率之间存在某种幂函数关系。
② 即系统在原子、分子层面的组成要素。

是涨落在临界状态下被放大的影响力。长程关联会影响微观组分在分岔时的选择，临界状态会分裂出服从两种相态的区域，这些区域可大可小，小到一个原子，大到整个系统，都是由某个偶然出现的局部失衡引发的。处于这种条件下的流体会分成若干液体和气体混合的小区域。这些区域同样大小不一，宏观上看流体会呈现奶白色，即临界乳光，这就是临界点对涨落敏感的物理学表现。处于临界状态的系统面临非此即彼的状态选择，因此，它也是高度不稳定的，哪怕原子无规运动造成的微小涨落也能发挥出很大的影响力。

五、秩序在自组织过程中连续更迭

在常规的临界现象中，系统秩序的变换发生于临界点，而临界点只能通过精准调节参数（如温度、压力）来达到。此外，系统越过临界点后，其新秩序一般仍旧是相对稳定的。如在贝纳德实验中，容器中的液体经加热达到某个临界点后才会出现有规律的对流。液体持续受热，对流也就一直存在。还有一类特殊的临界现象，它不需要精细调整任何参数，系统就会被吸引到它的临界状态（即系统以临界点为吸引子）。由于这类系统的临界状态是不断通过自组织达到的，因此我们称该系统具有自组织临界性（Self-organized Criticality），这也是某些动力系统的一种特性。物理学家巴克（Per Bak）、汤超（Chao Tang）和维森菲尔德（Kurt Wiesenfeld）在1987年以著名的"沙堆模型"（Sandpile Model）说明了动力系统自组织临界性的表现及特点。

沙堆模型模拟了一个沙堆的形成和坍塌过程。若我们把沙粒不断撒到一张空桌面上，随着时间的推移，有些沙粒会落在其他沙粒上而形成沙堆。沙粒之间存在摩擦力，这会制止新沙粒的滚落，使其停留在沙堆的坡面上。当坡度达到一定程度时，沙粒受到的向下的重力超过了摩擦力，就会随坡面向下滚动，直至沙粒运动的惯性消失，它移动到坡度足够缓、摩擦力大于重力的方位才会重新静止下来。此时，沙粒又增加了此处的坡度。沙粒在运动过程中会碰撞到其他沙粒，由此便会引发一种链式反应，导致沙粒集体向下翻滚。这种集体运动可能很快就会偃旗息鼓，也可能令沙堆的坍塌不断扩展，直至坡上几乎所有沙子都被"动员"起来，一垮到底。当桌面上的沙粒并不是很多时，沙粒翻滚会使沙堆增大体积并发生位移。只要沙粒不断落在沙堆上，就一定会形成并出现新的翻滚、造成新的坍塌，沙堆的秩序形态也会因此而不断更迭。

在不断有沙粒下落的情况下，沙堆一般处于两种状态：次临界状态和临界状态。次临界状态是系统积累量变到临界点之前的状态。在这种状态下，沙粒的下落只会增加沙堆的高度和坡度，而不会引起坍塌。临界状态是系统处于临界点时的状态，此时，一粒沙子的落下都可能引发整个沙堆的崩塌。沙堆的每一次坍塌都会使沙粒之间的"张力"得到缓解，坡度也会因此而减小，使该系统呈现出相对松弛的状态。随着沙粒的继续下落，沙堆将走向下一次坍塌的边缘。沙堆每增加一粒沙子、每发生一次崩塌，都会使下一次崩塌的规模变大。落沙会先在沙堆上引起局部塌陷，局部振荡可以被处于次临界状态的周边区域吸收。然而，随着越来越广泛的区域进入临界状态，局部的坍塌最终将使整个沙堆进入临界状态。此时，即便是一粒沙落下也会触发整体规模的大崩塌。液体和气体或液体和固体在越过临界点后，其相态会发生质变，质变后的相态不再受临界点的制约。而沙堆崩塌不会导致自身溃散，也不会发生大的质变，它的临界状态会不断从次临界状态中恢复。沙堆模型是一种处于非平衡态的动力系统，它虽然一直处于变化之中，但始终没有出现大的偏离，即沙堆始终保持着一种相对稳定的秩序形态。不断落入沙堆的沙粒是使系统避免落入平衡态的动力，它推动系统不断从次临界状态走向临界状态。从临界状态到次临界状态再到临界状态，动力系统的临界状态是自组织起来的。具有自组织临界性的系统，其秩序也是自发产生的，只不过这种秩序产生后并非固定不变，它会在自组织过程中不断更迭。

巴克等人为沙堆实验构建了数学模型，他们通过计算机分析后发现：沙崩规模的大小与其出现的概率服从幂律分布。这也正符合我们的经验判断：发生较大崩塌的概率会比较小崩塌低得多。与沙堆模型类似，人们早已发现地震强度与其出现的概率也是服从幂律分布的。这一规律虽然在20世纪40年代就被发现，但没人能充分解释这一现象。巴克等人提出，地质断层系统具有自组织临界性。地壳的运动使岩石结构中积蓄了应力，岩层之间发生滑动会释放一定应力。此后，尽管岩石结构复归稳定，但应力仍在积蓄。应力的释放通常是以小股的方式进行的，因而会出现小规模地震。当应力积蓄到必须使岩石结构发生大的变动时才能释放，此时灾难性的大地震就会发生。地质断层系统具有自组织临界性，岩层结构中的秩序也是在这种临界点的自组织过程中不断得以变换的。

第六章 循环：系统如何向更高层次进化

有物混成，先天地生。寂兮寥兮，独立而不改，周行而不殆，可以为天地母。吾不知其名，强字之曰：道，强为之名曰：大。大曰逝，逝曰远，远曰反。故道大，天大，地大，人亦大。域中有四大，而人居其一焉。人法地，地法天，天法道，道法自然。

——《道德经》第25章

第六章
循环：系统如何向更高层次进化

　　循环，因有一个"环"字，所以听起来人们一般都会联想到"绕圈"。明朝张景在《飞丸记·旅邸揣摩》中所说的"寒暑兮往来相继，兴衰兮循环道理"就是他用自然历史现象的交替揭示了事物周而复始的运动轨迹。今天，在经济社会生活中，人们对循环更是耳熟能详，中国构建国内国际"双循环"的新发展格局是一项重大国家战略。那么，到底应如何理解循环的内涵呢？恩格斯在《自然辩证法》中提出一个观点，循环即"由矛盾引起的发展或否定的否定——发展的螺旋形式"[①]，这是从时间与空间角度的形象刻画，反映了事物发展近似"螺旋"状的动力学过程。德国化学家、生物物理学家曼弗雷德·艾根（Manfred Eigen）在研究细胞起源时发现了其中的自组织运动规律，并建立了超循环理论（The Hypercycle）。简言之，循环是复杂适应系统进行自组织的一种往复运动。艾根的研究给我们最大的启示是：系统的超循环结构一旦建立，则主体聚集后形成的关联关系便会持续优化、迭代升级。超循环结构内的主体同时具备"自复制"与"自创生"两个重要特性，这样，一方面能够保持系统宏观层次的稳定性，另一方面又会根据环境变化促进多个主体联合创造出新的层次，推动复杂适应系统塑造全新的结构，让主体和系统整体"活下去"成为可能。了解循环以及超循环结构的科学原理，有助于人们在对立统一中把握事物的发展过程，在秉承传统中让创新充分涌流。

---

　　① 《马克思恩格斯文集》第9卷，人民出版社2009年版，第401页。

一、循环是系统结构的耦合方式

循环现象在自然界中普遍存在。同一事物在一定的时间间隔中反复出现，这是循环给人的最直观印象，如日升月落、春夏秋冬。另外，对于一个开放系统而言，系统内外的不同元素在一定的时间间隔内完成相互之间的转化和再生也是一种常见的循环现象，如新陈代谢和水循环、碳循环等。

作为一个运动过程，循环的主要特征可以用"一遍又一遍"的反复性来形容。例如，在计算机的程序设计语言中，循环是指一种反复执行某类代码的运算过程。其中，被反复执行的某类代码可称为"循环体"，它是否要继续循环下去，取决于终止条件如何设定。若是循环里面还有循环，即为一种循环嵌套结构，终止条件只对相关层次上的循环有效，并不会影响其他层次的循环。根据处理方式的不同，程序设计中的循环大致分为按次数循环、按条件循环两种类型。按次数循环的终止条件与某一确定次数相联系，既能多次输出同一操作，也可以从某个可迭代的对象范围内（字符串、列表、元组、字典、集合等）依次选取内容。相较而言，按条件循环通常是不确定循环次数的，程序达成某种条件即会终止，比如一些小游戏可设定一个模拟人的年龄让用户猜，然后根据用户的输入给出相应提示（猜大了或猜小了等），直到用户猜准为止。循环被广泛应用于计算机的程序设计中，依托"循环体"，大量重复性工作得以高效完成，如群发消息、在海量数据中查找包含某个搜索词的文档等。

尽管循环从直观上比较好理解，但千万不要误以为循环只是系统机械地做着如同螺旋桨般的往复运动。或许从贴近生物学的研究领域中，我们能更加容易地体会循环的复杂性，从而把握循环的非线性动力学过程：在生物系统中，循环主要涉及生物与环境（由其他生物和自然生态构成）之间的物质交互过程。以生物系统中的碳循环为例，它主要表现为大气中的二氧化碳通过绿色植物的光合作用输入生物系统，再经由生物或地质过程以及人类活动返回大气。在二氧化碳输入生物系统的环节中，绿色植物靠叶绿体吸收光能，将大气中的二氧化碳和水合成为碳水化合物并释放出氧气。大部分生物都离不开碳水化合物和氧气，它们为生物的生命活动提供了物质与能量上的支持。在二氧化碳从生物系统输出的环节中，为了便于理解，我们主要以动物为例：动物通过摄取食物获得碳水化合物，呼吸作用令其中一部分碳水化合物得以氧化分解为二氧化碳和水，而另一部分则在动物体内贮存并促进形成机体。当动物死亡后，机体中的碳水化合物在微生物的分解作用下也将转化为二氧化碳和水。这些由呼吸作用和分解作用产生的二氧化碳将从生物系统中输出、返回大气，推动着碳循环的持续运行。碳循环完成了光能、化学能等能量的相互转化，也令物质元素在生物系统中得以连续利用，这就恰好体现了 CAS 理论中流的循环效应。

与计算机程序的循环运算相比，生物领域参与循环的系统是开放的，彼此之间生成了"牵一发而动全身"的紧密联系。从生物系统中的碳循环过程可以发现，它与氧循环等其他循环存在着相辅相成的关系。任何系统都有其特定的结构，循环是不同结构层次之间的一种耦合方式。从复杂适应系统的结构特点来看，耦合是多主体聚集后生成的不同层次之间的连接关系，在此基础上，流要素在主体、介主体和介介主体之间进行着往复运动和形态转化。正是因为耦合结构的生成，系统组分之间才真正走向聚合的整体。除了循环耦合外，系统一般还有链式和分支式的耦合方式。

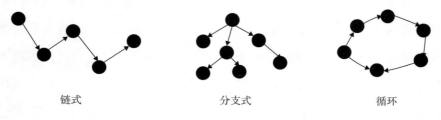

链式   分支式   循环

图6—1　系统的耦合方式

链式耦合是系统构成主体在一个方向上按一定顺序建立起来的直接联系。在链式耦合中，流要素从一个主体开始积蓄传递，途经若干主体，最后汇聚到末端的主体上。链式耦合的主要特点是耦合的各主体之间形成了"前因后果"的递进关系。如果说前一个主体是"因"，那么后一个主体即为"果"。在链式耦合的系统结构中，流要素的分布是不均衡的，很容易产生链条前端与末端"两极分化"的现象。例如古人行军打仗，在通信系统不发达的情况下，以链式耦合结构传递消息，通信前端与末端的主体之间就会出现信息不对称、反应速度差等问题，致使军队整体的机动能力变弱。

分支式耦合是一种由多个链式结构拼接而成的耦合方式，因其类似树枝的形态而称作树状结构。在分支式耦合的系统结构中，不仅每个分支内的流要素分布不均衡，不同分支间保有的流要素也存在一定差别。当位于分支顶端的主体输出"刺激"时，并非每次都会有下端的分支作出"反应"。若某个或某几个分支长期没有流要素经过时，相关节点上的主体大概率会被系统"淘汰"。此外，分支式耦合还存在稳定性差的特点：一方面，最顶端的主体在耦合结构中处于中心地位，被其他主体依赖，一旦受到冲击，则整个系统将面临溃乱。另一方面，各分支之间鲜有联系，难以发挥协同作用来应对环境的突变。

与链式和分支式不同，循环是一种非线性的系统结构耦合方式，其具备"整体大于部分之和"的复杂特性。在循环耦合的系统中，流要素动态地存在于主体之间，为系统不同生态位所共用共享，且各主体互为因果，彼此之间有着深度的"相干作用"。循环是反馈在系统结构上的表现形式，它能够让系统的输出继续返回至系统的输入端。在系统输入—输出的往复运动中，某些要素流可以在内外环境的非线性作用下不断增强或衰减，正反馈与负反馈现象也就会随之而出现。

二、生物大分子的自组织进化

循环不仅是系统在空间上的结构耦合方式，也是系统在时间上十分重要的演化机制，比如，生物种群内个体往往会经历出生、成长以及新生命诞生的全过程。从空间维度上看，系统各组分之间的相互作用让循环得以在宏观层次上形成。那么，时间维度上的循环又是从何而来的呢？是否真如"先有鸡还是先有蛋"的争论一样，循环在时间维度上的产生是一个无解的谜题呢？生物学对生命起源的追寻可以为我们理解这一问题提供有益启示。

19世纪初，法国生物学家让·巴蒂斯特·拉马克（Jean-Baptiste Lamarck）创立了比较完整的生物进化学说。他认为，生物并非由神创造，而是由低级向高级逐渐进化而来。关于生物进化的动力，拉马克肯定了环境对物种变化的影响，并提出了两条重要法则："用进废退"和"获得性遗传"。"用进废退"指的是为适应环境变化，生物的某些器官会经常使用，也就更发达，而不被使用的器官就会慢慢退化。例如，长颈鹿的祖先本来是短脖子，长脖子就是长期吃高处树叶的结果。长颈鹿在后天生成了长脖子的性状并且能遗传给后代，这便是遵循了"获得性遗传"的法则。随着生物各种适应性特征的形成与延续，生物得以逐渐进化，新的物种类型也随之出现。

在拉马克的研究基础上，英国生物学家查尔斯·罗伯特·达尔文（Charles Robert Darwin）发表了著名的《物种起源》，建构出了以自然选择为基础的进化学说。与拉马克一样，达尔文也主张生物具有从低级到高级、从简单到复杂的进化过程。他关注到生物中普遍存在的变异现象，指出自然选择是变异的重要途径，认为适应自然、利于生存的变异个体才会被保留，反之则会被淘汰。为否定"神创论"，达尔文着重强调了生物进化的过程性与连续性，否定跳跃性进化的存在。但在面对古生物资料所显示的跳跃性进化时，达尔文只好以"中间类型绝灭"和"化石记录不全"的观点来应对。生命进化的连续性与跳跃性之间的矛盾问题也由此成为生物学界争论的主要内容之一。

生物进化学说较为成功地解释了从原始单细胞生物开始的进化历程，奠定了生命起源研究的基本思路。那么，第一个活细胞来自哪里呢？包括达尔文在内的19世纪的科学家们普遍认为，活性物质可能源自地球上某种"温热的小水塘"中发生的化学反应过程。20世纪20年代，一些学者从化学视角出发，将这一猜想正式推向科学理论。苏联学者亚历山大·奥巴林（Alexander Oparin）和英国学者霍尔丹（Haldane）分别于1924年和1929年提出了生物起源的"原始汤"理论，后人将其合称为"奥巴林—霍尔丹假说"（Oparin–Haldane

Hypothesis）。他们不约而同地指出：地球早期存在着一个还原性大气圈，其中的氢气、甲烷和水蒸气等无机分子在受到高热后，会结合为简单有机物。这些有机物在原始海洋中积累，形成了富含有机物混合物的"原始汤"。经过长期的化学作用，"原始汤"中会产生一种具有自我复制能力的新分子，即原始复制体（Primordial Replicator）。奥巴林、荷尔丹都认为原始复制体的出现是生命起源的关键性事件。

自20世纪50年代分子生物学诞生以来，科学家们在实验室里模拟原始地球的条件，合成了构成细胞生命的基础有机物——蛋白质与核酸。蛋白质与核酸在活细胞中有着难分难舍的作用关系，它们共同为生命的创生与运行提供物质基础。蛋白质有建造和修复机体的功能，能够为生命活动提供能量，是塑造生物性状的基础物质；核酸则携带着遗传信息，它以信息编码的形式决定着生物的性状。那么，是先有核酸还是先有蛋白质？这不免让我们联想到一个常见的因果难题：先有鸡还是先有蛋？当时的科学界在理论上尚未能完全解释从化学进化到生物进化的具体机制。无论是奥巴林本人还是其学说的继承者都没有具体论证化学物质究竟是如何进化到原始细胞生命的。

后来，这一研究空白为德国化学家、生物物理学家艾根所填补。他在此基础上创立了著名的超循环理论。1972年，艾根在德国的《自然杂志》上发表了一篇名为《物质的自组织和生物大分子的进化》的文章，指出在化学进化和生物进化之间还存在一个生物大分子自组织进化阶段。在这一进化阶段，随机运动的大分子通过自组织方式向更高、更有序、更复杂的结构形态进化，最终导致了细胞生命的涌现。超循环理论为说明生命起源与进化问题提供了统一的解释框架，即自组织进化。艾根的超循环理论与普利高津（I.llyaprigoginem）的耗散结构理论、赫尔曼·哈肯（HermannHaken）的协同学共同构成了自组织理论体系，其中超循环理论建立于生命系统的演化之上，描述了自组织进化的基本形式。

在超循环理论中，艾根指出，"蛋白质与核酸谁先产生"本身是一个伪命题。研究发现，蛋白质与核酸的连接处在由一些反馈环路组成的复杂分子网络中，蛋白质与核酸互为因果，二者相互影响并呈现出一种循环结构。而人们之所以容易陷入到这类伪命题的争论中，是因为"还原论"作祟、习惯性地在原因与结果之间做僵化的区分。从演化的视角看，破解"生命起源之谜"应着眼于蛋白质与核酸之间循环过程的产生，而不应把时间浪费在探讨二者孰先孰后的关系上。

正如老子所说"有生于无"，艾根认为，循环生于"非循环"之中。当早期世界演化过程中有关蛋白质与核酸循环产生的条件积累达到某一临界值时，二者的循环结构将会伴随突变而自然产生。由此，艾根不仅同达尔文一样肯定"进化的连续性"，他也同样强调"进化不必是一个完全单调的过程，而可以包括一些不连续性即总观不稳定性"[①]。在演化过程中，临界点处的"不连续性"（突变性/跳跃性）使长期以来的"连续性"进入到新层次，而"连续性"也为"不稳定性"的产生提供了必要基础。辩证地看待生命起源与进化过程中连续性与不稳定性的关系，是艾根创作超循环论的主要思路，这与唯物辩证法的基本观点是一致的。结合奥巴林等科学家的研究成果，艾根认为，在化学进化阶段结束时，支撑生物大分子产生所需的基本条件已

---

① 〔德〕M. 艾根，P. 舒斯特尔著，曾国屏、沈小峰译：《超循环论》，上海译文出版社1990年版，第427页。

积累到一定程度，因而他假定：在前生物条件下，核酸和蛋白质或它们的前体已经相互独立地产生出来。为论证假定的合理性，艾根在化学实验之外还进行了一定的唯象分析。唯象（phenomenology）是物理学中解释现象的一种方法[1]，它是将经验和实验的数据以数学关系加以表达并建立相应的分析模型。在《超循环论》中，艾根运用微分方程组唯象地描述了生命的进化过程，根据实验和观测现象提出了具体的反应模型并进行了动力学探讨，说明了在没有蛋白质的催化帮助下核酸产生的原因以及没有核酸的指令作用蛋白质何以能够出现。尽管这些讨论带有一定的假说性质，但其为相关研究提供了有价值的参考。

在无生命结构的"原始汤"中分别出现核酸和蛋白质的"前体"后，这两种大分子将会不可避免地发生随机碰撞。核酸凭借自身的"互补指令"[2]具有积累信息的能力，但若没有催化作用的帮助，则无法令信息量显著增加。在这一过程中，蛋白质正提供了催化作用。由于这种天然的互补特性，二者一旦发生相互作用，就必定会形成"因果循环"。虽然这种互为因果的联系一开始会比较微弱，但只要循环产生，所谓起点与终点、原因与结果的区分就将失去明确的边界。所以，当现代人研究活细胞中核酸与蛋白质的相互作用时，便只能看到解不开的因果循环，而无法真正判明何者先产生。我们在人类社会中所发现的各种因果循环关系，原则上也可以运用类似的自组织原理来

---

[1] 唯象是物理学中一种直接从现象出发，通过概括和提炼实验事实得到物理规律来描述和预测现象的方法。唯象理论强调现象的描述和预言功能，但不深入解释现象背后的理论原理。

[2] 互补指令是指在 RNA 的复制过程中，其正、负链互为模板，通过碱基互补的原则（A→U，C→G）合成互补链的作用。互补指令使得核酸能够完成信息的自复制，其作用过程呈现为催化循环，而蛋白质作为催化剂能够为其信息量的积累提供催化耦合，因而核酸与蛋白质的循环结构为超循环结构。

加以说明。

系统循环结构的产生并不意味着主体间互动的结束，随着多主体互动持续延伸，循环会步入一个更高级的进化过程。从原始核酸与原始蛋白质的循环到现今活细胞中的核酸与蛋白质的循环，循环的"段位"也在自组织过程中不断得以进化。生命起源是一个"多步进化过程"，在这个过程的某临界点处，细胞生命是涌现的结果。在分子进化阶段，核酸和蛋白质形成了耦合起来的循环结构，这就促进生成了生命细胞持续进化的能力。在超循环理论中，艾根明确指出，只有超循环结构方能担此重任。这种"循环的循环"是生命创生的必要条件。

三、一旦建立就永远存在下去的选择

按照艾根的研究，生物化学中的循环现象可以分为不同的层次，从低到高依次为反应循环、催化循环、超循环，而生命起源则是采取超循环形式的分子自组织。反应循环是化学进化阶段中最早产生的循环，展现了系统自我再生的过程，即上一步反应的产物是下一步反应的反应物。常见的反应循环有光合作用中的卡尔文循环、呼吸过程中的三羧酸循环等。生物体内的生化反应基本是由酶或蛋白质复合物催化的，酶的催化作用也是一个典型的反应循环。如图6—2所示，S为底物，P为产物，E为酶。酶E与底物S首先结合成中间复合物ES，ES又转变为EP，EP释放出产物P和酶E，而酶E则作为反应物又参加到下一轮的循环中。反应循环系统内的组分关系相对简单，整体上发挥了催化剂的作用，其中的产物只能随着时间线性增长。

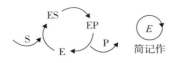

图6—2　反应循环

催化循环是一种特殊的反应循环，它以一个或多个反应循环作为中间环节，实现了循环层次的提升。在超循环理论中，常用 E 表示第一级的简单反应循环，用 I 表示第二级的催化循环。以图6—3的催化循环为例：中间产物 E1、E2⋯En 均为反应循环，E1 对 E2 的形成起到了催化作用，E2 进而又催化了 E3 的产生，以此类推，形成了催化循环。若将反应循环视为主体，那么催化循环就是主体聚集后产生的介主体，它不仅有着比反应循环更为复杂的结构，而且获得了新的功能——自我复制。与反应循环不同，催化循环在催化其他反应的同时能够进行自催化，即不断复制所包含的反应循环，促进其个数的指数级增长。催化循环是过渡到超循环的中间环节，对于生命的产生与维持有着至关重要的意义。自然界中的催化循环有 RNA 的复制机制、DNA 的自复制等。

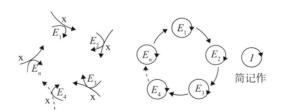

图6—3　催化循环

严格来说，催化循环这一自催化系统所呈现的关于反应循环的循环已经可以理解为形成了"循环的循环"，即超循环系统。但艾根认为，超循环系统这一概念是要被限定于"催化功能"之上的，即应该是由催化循环依靠功能耦合而成的更高级别的循环，需要有着促进二级或二级以上反应的催化剂浓度。图6—4即为以催化循环为子系统的二级超循环，这是最简单的超循环结构，其对二级超循环的进一步耦合将产生更高层次的复合超循环，以此类推直到无穷。在超循环的耦合方式下，系统中的每一个复制单元既能够指导自身复制，又可以对下一个中间物的产生提供催化帮助。与非耦合的自复制单元（催化循环）相比，超循环系统能够促进系统整体进入到一个新的层次：自复制单元与其他竞争单元不再仅仅是"非此即彼"的被选择关系，而是同时能够产生一定的协同作用。在竞争与协同的辩证统一中，这些自复制单元将促使系统找到较为"合适"的模式，并能根据外部环境变化进行动态调整，这也体现了超循环系统更高的组织水平。在下一节中，我们将对此进行更为具体的阐释。

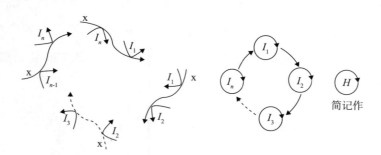

图6—4　二级超循环

综合来看，从反应循环到催化循环再到超循环，循环系统实现了主体、介主体、介介主体等无限类推的层级跃进。反应循环作为最简单的循环结构，可以自我再生，相当于一个催化剂；催化循环能够自我复制，相当于一个自催化剂；而超循环将自复制单元（催化循环）通过循环进一步连接起来，不仅能自我再生、自我复制，而且还能自我选择、自我优化，推动着系统向着更有序的状态进化。艾根由此设想，凭借超循环这种等级层次的循环组织和运作机制，就可以实现从化学分子到活细胞的多步进化过程。

为了能更直观地理解超循环结构，我们以"理论的超循环"为例来进行说明。理论的最初表现形式往往是针对某一科学问题的思考。在这一阶段，人们围绕问题并根据已有经验展开逻辑推断，在寻找问题答案的过程中又会不断产生新的追问。这体现了反应循环的结构，经验和逻辑作为催化剂推进着问题意识的自我再生，一些伪命题、假问题也在循环中被逐渐剔除。在催化循环层次，研究者将依照相对有效的科学问题提出假说、进行检验，直至最后演化为理论。这些步骤均会对下一个步骤构成影响。一些理论命题顶住了一次次的检验，依托催化循环的自我复制功能而逐步确立下来。然而，理论确立后也并非一成不变，新的研究发现与已有理论的矛盾将促使新问题不断地产生，它将推动着理论层面的迭代与耦合。在达到一定程度时，循环的层次将进一步跃迁，理论的超循环也因此得以产生并不断得到发展。

与理论建构和问题意识的关系类似，生命起源同样是分子进化到一定程度的结果。从系统动力学过程看，这反映了在非线性系统中普遍存在着的一种效应——"不可返回点"，即系统的随机运行一旦到达这种临界点后就不能返回，只能沿着已经选择的方向继续运行下去。艾根在超循环理论中将其称为"一旦建立，就永远存在下去的选择"，简称"一旦—永存"机制。他认为，从化学分子中先出现拟种，再从拟种中出现超循环，而超循环的出现就是把分子进化推进到这样的不可返回点。一个超循环一旦被系统选择而建立起来，便不容易被任何"新来者"取代。

　　同超循环一样，拟种是艾根论述其分子进化理论时提出的新概念。在超循环理论中，拟种是指"通过选择而出现的、有确定概率分布的物种的有组织的组合"①。拟种相当于超循环的"前体"，是生命系统演化过程中出现的一些不稳定的、暂时性的突变体。"拟"表示这些突变体有待选择和确认，具有不确定性，但其中又包含着新物种或新生命的特质。拟种不是某一种突变，而是一些突变体的组合。其中，隐含了艾根对生命源于"偶然性和必然性统一"的观照。其必然性体现在——最终被系统选择的突变体必然来自这些突变体之中，但具体是哪一个突变体被选择，则会受到多种因素的影响，因而具有一定的偶然性。比如，其中一个突变体碰巧被选择，在"一旦—永存"机制的影响下，它的特性就会在反复确定中被逐渐放大，成为突变体竞争中唯一的"获胜者"。相较于拟种而言，超循环是自复制元素中的一个有组织的整体。超循环意味着某一方向已经被选择，但是它仍然选择性地保留了一些有用的突变，允许系统内的所有个体能够稳定共存、相干生长，其目的是实现向更高级、更复杂、更先进系统的演进。可以说，拟种是新物种、新生命乃至新系统的雏形，而超循环则意味着新物种、新生命乃至新系统的生发与延续。

四、信息是实现超循环的前提

　　从无生命的化学分子到生物大分子，超循环在生命起源的非线性

---

　　①〔德〕M. 艾根，P. 舒斯特尔著，曾国屏、沈小峰译：《超循环论》，上海译文出版社1990年版，第29页。

动力学过程中发挥了至关重要的作用。为明确其中的自组织原理，艾根引入了信息论的理论视角，并运用信息手段将有无生命的差异直观地标识出来。他首先将目光投放到达尔文的自然选择理论上，指出其不仅说明了生物进化原理，而且为研究超循环自组织提供了帮助。自然选择本质上是物种获取信息、消除不确定性，进而抓住生存机会的过程。物种为了生存而竞争，并依据自然选择给予的信息反馈来进行适应性改变，以提升选择优势、增加生存概率。选择优势意味着物种在自然选择过程中能够展现出更高的适应环境能力以及在生存竞争中有着优于对手的性状。这种通过竞争和自然选择而形成进化的行为可被称作"达尔文行为"。艾根吸收并发展了达尔文的自然选择理论，认为达尔文行为同样存在于分子进化阶段，并指出系统若想在分子水平上产生达尔文行为，需要同时满足如下三个条件：

一是代谢作用。分子种类的形成和分解必须是互相独立并且自发进行的。这两个过程由微观可逆性互相联系起来，可以使系统中已出现的所有竞争者产生某种稳定分布。这种微观可逆性在任何平衡系统中都不可能完全实现。因此，复杂系统想要平稳地分解和生成新的结构，就必须使系统保持远离平衡态，在开放状态下不断地进行代谢作用。代谢作用指的是系统利用物质和能量的能力，在总体上可以分为同化作用（组成代谢）和异化作用（分解代谢）。代谢作用只能发生在远离平衡态的系统之中，是生命活动的基本特征之一。

二是自复制。竞争中的分子结构需有一种内在的能力以指导它们自身的合成。内在的自催化功能对于任何选择机制来说都是必要的。分子水平上的信息拷贝并不存在外力主导的他组织形式，因而对于保持系统中迄今积累起来的信息来说，自复制是必不可少的。如果系统没有足够强的自复制能力，那么已经产生和积累的信息必然会走向溃散。

三是突变性。热噪声限制了处于一定温度的自复制过程的精确度。因此，突变性在物理学上总是联系着自复制性，但是它也是进化（在逻辑上）所要求的。复制误差是新信息的主要来源，并且，突变率存在着某种阈限关系，即处于阈值时的进化是最快的，但是不能超过这个阈值，否则在进化过程中积累的所有信息可能会丢失。[①]

上述三个方面同样是生命系统进化的基础条件，也可以理解为生命系统的功能性标识。在生命系统中，代谢作用依托系统内外的各种流要素的循环维持运转，而自复制与突变性则保证了系统内流要素的存续，三者共同推动着生命活动的展开。然而，在分子进化阶段就出现的达尔文行为即代表着生命的创生吗？其实不然。因为超循环论中的主角——超循环此时尚未登场。类似 CAS 建构内部模型的搭积木，系统的达尔文行为促进了信息源源不断产生，然后系统才能结合获取的信息对各种"突变体"进行序列安排，并依据内外部环境进行选择性评价。对生命系统的创生来说，获得信息只是第一步，之后的关键是要掌握足够的信息量。众所周知，生物基因蕴含的信息量远高于物理化学系统中各基本粒子的信息量，系统若要实现从无生命层次到生命层次的跃迁，就必须要具备克服"信息不足"的强大能力。

在分子进化早期产生的这种达尔文系统尚不具备克服"信息不足"的能力。究其原因，在于它本身所具有的"竞争性"。在化学进

① 参见〔德〕M. 艾根，P. 舒斯特尔著，曾国屏、沈小峰译：《超循环论》，上海译文出版社1990年版，第22—23页。

化中，当满足一定的反应条件时，具有稳定信息量的最初的自复制体——类 tRNA 分子就会出现，并在积累信息中形成某种拟种分布。拟种中的多个自复制体之间激烈竞争会依托自然选择产生"优胜劣汰"的局面，即达尔文行为。一方面，自复制体为了选择而竞争，令系统内的信息不断产生，保证了系统的进化行为。另一方面，"竞争性"也使得在达尔文系统中稳定的野生型信息量更为有限，即被限定在某个阈值之下。野生型"往往被当作标准基因型，它代表突变体分布之中的最佳适应表现型"[①]。野生型信息量可被简单理解为自复制体相互竞争导致系统在整体上呈现出的信息量。由于竞争的持续进行，野生型信息量表现为一个动态量，其数值的多少是"积累信息"（稳定因素）与"复制误差"（不稳定因素）平衡后的结果。达尔文系统只有"竞争性"而无"协同性"，因此，长期激烈竞争的系统环境令自复制体平均复制误差率较高，导致系统整体的稳定信息量十分有限，其动态变化空间被限制在某一阈值范围内。在这样的情况下，达尔文系统中的最初自复制体无法积累出大量信息，复制精度也相对较低，因而表现为相对短的核酸链。类似地，在没有借助核酸密码而产生的类蛋白质中，非精确的复制指令也被限制于相对短的序列。此时，系统的进化只能发生在由最大信息量阈值所确定的某一复杂性水平上。

艾根认为，弥补"信息不足"需要大自然中的某种自创生活动，其能够把那些长度有限的自复制体整合到某种新的稳定序中，并促使它们的相干进化，从而完成系统信息量的急剧增长。艾根明确指出，

---

① 〔德〕M. 艾根，P. 舒斯特尔著，曾国屏、沈小峰译：《超循环论》，上海译文出版社1990年版，第29页。

"分子进化中的突破必定是由几种自复制单元整合成协同系统所带来的"①，这种整合机制正是超循环。超循环机制发生在具有达尔文行为的系统中，并且它在达尔文系统"竞争性"的基础上增加了"协同性"。相较于达尔文系统，超循环系统既保持了自复制体之间、每一自复制体中的竞争，同时也允许几种（除了竞争的）实体及其突变体共存、促进实体之间的相干作用与优势共享。可见，超循环系统是一个远离平衡态的开放系统，既竞争又协同，既隔离又整合，"是在组织的更高一级层次上的达尔文系统的类似物"②。

超循环是克服信息不足所必需的复杂程度最低的动力学结构，任何复杂程度小于超循环的系统都不能被称作生命系统。从上文对超循环结构的描述可以获知，超循环具有强大的信息整合能力，能够将有着竞争关系的自复制系统通过功能耦合组织成为更高层级的整体，这就为信息的保存与创生提供了重要支持。在超循环结构中，经过因果的多重循环、自我复制和选择，信息能够不断地积累、反馈、生成，新信息的产生路径也将得到维持，推动着统一"细胞机构"的形成。当分子进化依托超循环机制发展到一定程度时，原细胞将会诞生。原细胞中有整合的基因组、高级酶控制机制，它们的出现标志着生命在分子自组织进化中的产生。沿着生命的起源继续探索，可以发现，生物个体系统具有着比原细胞更高更复杂的情况，这便涉及了复合超循环的层次问题。

① 〔德〕M. 艾根，P. 舒斯特尔著，曾国屏、沈小峰译：《超循环论》，上海译文出版社1990年版，第58页。
② 〔德〕M. 艾根，P. 舒斯特尔著，曾国屏、沈小峰译：《超循环论》，上海译文出版社1990年版，第59页。

除了能克服"信息不足"外，超循环还为物质系统向生命进化提供了自我评价机制。自我评价对自组织系统来说至关重要，它能够指引系统找到进化方向、实现自我优化。系统的评价机制越完善，进化水平也就越高。在超循环结构下，物种的自我评价机制依托系统内部以及系统与环境的相互作用而逐步形成。在对选择优势的有效利用中，系统不仅可以沿着同一层次向复杂化方向前进，而且还能实现由低层次向更高层次的进化。这也是艾根对于达尔文自然选择原理的进一步发展。由于达尔文始终未能对自然选择的物理学起源作出说明，致使他的"适者生存"原理长期被指责为与"生存者生存"同义反复。对此，艾根进行了完善与说明，指出了深藏于自然选择原理中的价值观点，找到了其客观的物理学基础，并把价值和选择联系起来，提出了选择价值这一概念。作为一种分子动力学特性，"选择价值被定义为结构稳定性与精确复制的效率的某种最优组合"①，是能够表征系统进化的可量化参量。这一概念为定量研究与评价分子系统的进化能力与水平奠定了科学基础。在此语境下，进化意味着系统提高了选择价值和扩大利用信息的能力。进化过程中的适者是选择价值最高、能够更经济地利用信息的个体，而不是仅仅碰上好运气的幸存者。

五、中医经络与脏腑的超循环结构

艾根的超循环理论除了可以解释细胞生命的起源外，其思想也适

---

① 〔德〕M. 艾根，P. 舒斯特尔著，曾国屏、沈小峰译：《超循环论》，上海译文出版社1990年版，第180页。

用于生物系统、社会系统等复杂系统。比如，人体在系统整体上就呈现为功能耦合的超循环结构，并遵循自组织的演化过程。细胞是人体这一复杂巨系统中最基础的构成主体，形态相似、功能相关的细胞聚集产生组织，并涌现出新的功能。以专属功能为核心确立的标识机制，促进了细胞组织进一步聚集生成器官，各类器官聚集起来又形成了复杂适应系统。人体共由9个生理系统组成，包括运动、消化、呼吸、泌尿、生殖、内分泌、免疫、神经和循环系统。需要注意的是，此处的循环系统与系统科学中的循环系统不同，它专指人体中的心血管系统和淋巴系统。人体的九大生理系统彼此之间协同配合，在保证自身运转的同时，也会为其他系统提供支持，共同完成某一特定生理功能，维系着人体复杂的生命活动。

作为服务人体健康的科学，中医医学理论蕴含着对循环以及超循环结构的深切观照。中医医学依据对立统一的循环观念来把握人体系统，进而展现出独特的生命观。与强调靶向定位、切割化验的西医不同，中医遵照整体观念与辨证施诊，将气、血视为构成人体的基本要素，认为人体以经络为通道来促进气血的周身运行。中医医学的气血与西方医学体系中的"气体"与"血液"的概念存在一定差别：中医医学主要是从功能层面来加以界定，认为气与血同是维系人体生命活动的物质基础，二者相互依存、转化，具有对立统一的辩证关系：气的功能在于推动、温煦、固摄等，属阳；而血则有营养、滋润等功能，属阴。一阴一阳的和谐配合，能够保证人体各项机能的正常运转。具体来看，"血为气之母"，意味着气必须要依附于血而存在。在得到血提供的营养后，气才能充分发挥作用。例如，临床医学中常认为，大出血后往往会伴随着气的逐渐丧失，即所谓的"元气大伤"。"气为血之帅"，说的正是血的生成、运行和固摄有赖于气，即气将人体摄入的饮食逐渐转化为血液、令血被固摄于脉中，而血也是在心气的推动、肺气的敷布、肝气的疏泄下才能得以运行的。

依照中医医学理论，人体的所有组织、器官、系统之间存在着紧密不可分的联系，而保证这种联系的正是分布于全身的经络，它包括12条经脉和365条络脉。经络是人体气血运行的循环通道。正所谓"经脉者，所以行气血而营阴阳，濡筋骨，利关节者也"①。经络令营养可以遍及人体全身。经络通畅下的气血循环流动是人体健康的基础。在面对外邪（风、寒、湿、热）入侵时，经络具有调动全身气血来共同保卫机体的功能。但若此时人体正气（人体机能活动、抗病和康复能力）不足，又受到外邪入侵，经络中的气血便会运行不通畅，轻微不通即为痒，完全不通即为痛，更为严重时则会导致整个"气血交通"瘫痪，疾病也就产生了。若气血不通发生在皮肉，人体则会表征为皮肤青紫与血肿，并伴有疼痛产生；若气血不通出现在肠胃，人体则会表征为便秘便血、消化不良等。这也说明了依托气血与经络，人体的外部表现与其内部情况能够相互联系起来并且加以反映。由此，"望闻问切"也就成了中医诊疗疾病的有效手段。中医医学通过对人体的形色、气味、声音、脉象等外部表现进行考察，便可以获知人体内部不同部位的状态信息。若以信息视角分析人体系统，经络相当于人体系统中的信息通信网络，穴位则是其中的通信节点，能够调节信息流通，而沿经络运行的气血则是在系统内部、系统内外传递信息的物质载体。

---

① 张登本等译：《全注全译黄帝内经·灵枢经》，新世界出版社2008年版，第248页。

在经络所塑造的"小世界"网络 ① 作用下，五脏六腑这些人体器官之间也形成了紧密的交互关系。中医医学所谓五脏指的是心、脾、肺、肾、肝，而六腑则包括胆、胃、大肠、小肠、膀胱、三焦（包括上三焦、下三焦）。各脏腑在人体中所处位置不同，各自的结构与功能也不同，脏属阴，腑属阳，脏为里，腑为表，它们在生命运行中互相滋养与制约，如图6—5所示，它们构成了动态的非线性循环关系。

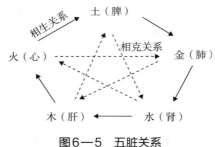

图6—5　五脏关系

气机学说是中医医学的基本理论之一，可对人体内外循环的基本形式予以直观陈述，并以"升降出入"动态展现了人体这一超循环结构的运行状态。气化作为气机理论的核心概念，在人体系统中主要是指自然之气参与下的人体各种生化活动，它反映了人体系统内部、系统内外气的运动以及由此产生的各种变化。借助现代生物学来理解，人体系统的气化实际上就是物质与能量的代谢过程。气机是气的运动，因为气是恒动的，气只有在不断运动中才能体现其存在并产生各种机能，所以气机是气化必须经历的过程和存在的状态。气机共包括升、降、出、入四种基本形式，分别体现着气在上下、内外方向的运动情况。以呼吸为例：呼气是由肺向上经喉、鼻而排出体外，它

----

① 有关这一概念的具体解释参见第十章。

既是出，又是升；吸气是气流向下经鼻、喉进入肺脏，它既是入，也是降。气机的升与降、出与入是对立统一的矛盾运动，它广泛存在于机体内部。虽然不同脏腑会侧重于不同的运动形式，比如肝、脾主升，肺、胃主降等，但在人体的宏观层面，升与降、出与入之间必须协调平衡。只有气机调畅，人体才能够展现出正常的生理功能；一旦人体内气的运动失常，人体就会发生疾病。而气机一旦停止，生命也将就此而终结。

人体的脏腑、经络、形体、官窍都是气进行"升降出入"运动的场所。如图6—6所示，以脏腑之气的运动规律为例：气在"升降出入"中完成了物质与能量的交互循环。五脏处于不同位置：心肺位置在上、宜降，肝肾位置在下、宜升，而脾胃位置居中，通连上下，是升降传输的枢纽。为方便理解，我们可将其类比为水循环加以分析。水循环也是升降循环——水受热变为水蒸气，上升遇冷变为雨，再下降至地面、储藏于地下。再看人体的升降循环：人体中被存储起来的能量物质称为肾阴，这一存储功能称为肾水。在肾阳（气的一种表现形式）的温煦作用下，肾阴向上升腾（类似于水受热变为水蒸气）。在上升的这个过程中，肝木起到了催化作用。以木助火，展现了增加速度和能量的功能。正如水蒸气遇冷化雨而下降，气到达心火后便有了下降趋势。在下降的过程中，肺金又给予了催化助力，以金助水，推动了下降的完成，最后以水入肾。之后肾阳又将继续促进着下一次的循环。由此，人体的升降循环得以完成和持续。在上升与下降的过程中，"水"先后两次滋养了"土地"，这个"土地"就是脾土。

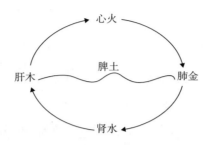

图6—6　五脏气机升降图

让我们再来看看六腑。六腑总的功能在于转化饮食物、排泄糟粕，所以要保持畅通，以通为用、以降为顺。同时，六腑在消化吸收饮食时也会参与全身代谢，总体是降，而降中寓升。以脏腑关系而言，如肺主出气、肾主纳气，肝主升发、肺主肃降，脾主升清、胃主降浊以及心肾相交等，都说明了脏与脏、脏与腑之间处于升降的统一体中。而以某一脏腑而言，其本身也是升与降的统一体，如肺之宣发肃降、小肠的分清别浊等。总之，在生理状态下，脏腑的气机升降运动体现了升已而降、降已而升、升中有降、降中有升的特点，进而在对立统一中展现出了循环的运动形式。

气机的出入也体现了中医医学对于人体与环境内外循环的关注。中医医学中常讲，人应于天地，比如"五脏应四时""六气应五行之变"① 等，还强调社会因素对人健康的影响，比如"尝贵后贱，虽不中邪，病从内生，生曰脱营；尝富后贫，名曰失精；五气留连，病有所并"② 等。与受还原论影响的西方医学体系不同，中医医学以一种开放性、整体性的观点来看待人体循环问题。面对环境变化这一输入，人

---

① 张登本等译：《全注全译黄帝内经·素问》，新世界出版社2008年版，第22、367页。
② 张登本等译：《全注全译黄帝内经·素问》，新世界出版社2008年版，第550页。

体系统的超循环结构推动着内部不同"积木块"协同应答的发生：若应答得当，人体则维持健康，若应答不当，疾病便会产生。不同于西方医学体系主张的"维修某一零件"，中医医学的治疗思路是通过调养来解决人体系统中循环耦合结构中的"不和谐""不通畅"问题，从而让人体系统与外部环境再次适配，进而达成"应"的效果。中医医学依托循环把握人体系统，认为只有人体系统中各种类型的循环以及人体与环境的循环保持通畅，人体才能维持物质代谢和能量转换的动态平衡，从而保证生命活动的正常进行，进而产生应对环境变化的强大适应力。

六、循环理论蕴含的哲学思想

无论是艾根的超循环理论还是中医医学的气机学说，它们的关注点主要是系统整体的演化规律，尤其强调过程与关系的重要性。从哲学上讲，这也反映出了一种生成论的意蕴。生成论是与构成论相对应的一个哲学概念。生成论重视时间与演化，而构成论则强调空间与还原。生成论与构成论是两种不同的世界观方法论，有关二者关系最为典型的例子当数中西医的比较：中医医学基于生成论，关注人体系统中"流"的运行状态；西方医学体系基于构成论，关注相对静止的器官组织以及由此产生的结构形态。如果从科学史的视角看，构成论与生成论受到重视的历史阶段是不同的：构成论率先并且在很长一段时间占据了科学研究中的主导地位。在构成论的影响下，西方经典科学理论得以形成发展。

构成论最早源于古希腊哲学。那时的哲人对世界本原问题展开了思考与追问，认为世间万物的运动变化是其基本构成要素分离与结合的结果，他们由此创立了元素论与原子论两种范式。在元素论中，最具代表性的是亚里士多德的四元素论。亚里士多德认为，万物是由水、火、土、气四种元素组成。后来，该论断随着一些炼金师和实用化学家的化学实践被发展为盐、汞、硫三要素。英国化学家罗伯特·波义耳（Robert Boyle）继承并发展了元素论，并创造性地给予了"元素"以科学定义，指出元素是用一般化学方法所不能继续分解的某些实物。再来看原子论：古希腊的留基伯（Leucippus）和德谟克利特（Demokritos）是该论断的代表人物，他们认为万物最基本的不可再分割的物质微粒——原子在虚空中运动，原子间的结合产生了物质，而它们的分离也令物质随之毁灭。原子论在近代物理学、化学等科学领域起到了重要作用，伽利略、牛顿、道尔顿等一众科学家都是其坚定的拥护者。从元素论与原子论的观点中我们不难发现，构成论充分体现了还原论意识，即将研究对象还原为其组成部分，并且通过了解组成部分来获知研究对象的整体面貌。

正如阿尔文·托夫勒（Alvin Toffler）所言："在当代西方文明中得到最高发展的技巧之一就是拆零，即把问题分解成尽可能小的一些部分。我们非常擅长此技，以致我们竟时常忘记把这些细部重新装到一起。"[①] 构成论的范式传统促进了近代西方经典科学的璀璨成就。但是，自20世纪以来，人们越来越发现它在解释一些复杂性问题时存在很大的不足。比如，在说明生命的创生和演化问题时，由于原子和元

---

① 〔比〕伊·普里戈金、〔法〕伊·斯唐热著，曾庆宏、沈小峰译：《从混沌到有序：人与自然的新对话》，上海译文出版社2005年版，第1页。

素都只有空间性而无时间性，构成论给出的回应总是略显单薄，容易使人陷入到"鸡生蛋还是蛋生鸡"的思维困局中。正是在这样的背景下，系统科学逐渐发展起来，并且推动着经典科学研究范式从构成论向生成论倾斜。

20世纪初，法国著名数学家、科学哲学家亨利·庞加莱（Jules Henri Poincaré）曾指出科学发展存在着两种趋势：一种是走向统一与简明，另一种是走向变化与复杂。20世纪中叶兴起的系统科学遵循的是第二种趋势，它将复杂性问题作为研究目标，着眼于复杂适应系统的演化规律。借助分形理论和混沌理论，系统科学将时间和空间联系起来，进而探讨系统生成演化的动力学特点和空间演化形态。在西方经典科学中，时间往往被当作只有大小而没有方向的标量，是影响系统的外部框架。而系统科学则充分肯定时间的作用，强调时间是系统的内部属性、具有不可逆性。时间的绵延意味着"生"，即系统演化的动力，而时间在空间中的呈现则是"成"，系统科学正是一门研究系统"生成"复杂性的科学。

与系统科学思想近似，中国古典哲学也蕴含着丰富的生成论思想，中医医学的生成论与这一文化背景关系密切。从中国古典哲学看生成论，"生"与"成"之间有着对立统一的辩证关系，分别由《周易》中的乾卦与坤卦加以对应，意指万物生成是阴阳调和的结果。乾卦中"大哉乾元，万物资始，乃统天"诠释的是"生"。"生"可以理解为阳，代表着生命的动力与信息已经具备，只待显化。此处，"始"的对象并不是构成论主张的最基础部分，而是"万物"，即系统整体。而坤卦中"至哉坤元，万物资生，乃顺承天"诠释的是"成"。"成"可以理解为阴，是生命动力与信息显化的承载物，是万物产生和演化的实际载体。由此，只有"生"与"成"以循环的形式耦合起来，系统才能生生不息地演化下去。

构成论视域下的主体是系统整体的最基础部分，而生成论视域下的主体则是时间之始的"生成元"，或称"生子"。如乾卦所言，生成元一开始代表的就是系统整体，它蕴含着系统生长的基本法则与动力的全部信息。但从演化过程来看，生成元作为逻辑起点，是"未分化的整体"，处于一种潜存而非实存的状态。只有当生成元经历了"缘有"阶段，即"潜存的阴阳互动与具体的（内在随机）环境相互作用"[①] 时，才能转化为实存。中国古典哲学所讲的太极就是一个生成元，正所谓"一阴一阳之谓道""道生一，一生二，二生三，三生万物""道化万物"的过程即为系统演化的"缘有"阶段，从"道"到"万物"，实现了系统从潜存到实存的状态转化。"气"是中国古典哲学中对生成元的另一表述。中国古人认为，万事万物都生于气，并且表现为气的不同状态，故而在"气"的联系下，所有事物在本质上都是一体的，事物之间只存在相对差异。所以，"循环"中的正反两面可以相互转化主要是体现了辩证思维。同时，"天人合一"的思想也由此得到阐发，推动形成了中医医学理论中"人应于天地"的观点。

站在复杂适应系统的角度看，生成论即为"循环"的反复出现，这被中国古典哲学称为"交替"。除了阴阳关系这一常见的二元交替，交替也存在两个以上主体按次序传递的情况。例如五行循环，金、木、水、火、土这五种物质之间发生交互作用，更替成为主导，即"金

---

① 金吾伦：《生成哲学》，河北大学出版社2000年版，第188页。

木水火土也，更贵更贱"①。结合超循环理论来看，五行可分别看作五个催化循环，它们围绕功能耦合形成超循环。以"火""土"为例："火"系统在维持自身运转、延续的同时，也对"土"系统发挥着催化作用。五行代表了"气"的五种运行状态，它们之间的相生相克作用反映了万物的形成及相互关系，并推动实现了竞争与协同的有机统一。

---

① 张登本等译：《全注全译黄帝内经·素问》，新世界出版社2008年版，第132页。

第七章

周期：系统重复出现的行为状态

反者道之动；弱者道之用。天下万物生于有，有生于无。

——《道德经》第40章

　　周期，是复杂系统演化在时间坐标上表现出来的一个显著特征。日升月落，四季轮回，人有生老病死，草木岁岁枯荣。张若虚感叹，"人生代代无穷已，江月年年望相似"。人类的生命周期是如此短暂，而江海明月却周行不殆、形貌无改。其实，"江月"岂能"年年望相似"！1755年，康德出版了《自然通史和天体论》，他认为，地球和整个太阳系都表现为某种在时间的进程中生成的东西。既然是"生成"，就会经历一个"过程"，所以任何事物都不可能一成不变。"如果地球是某种生成的东西，那么它现在的地质的、地理的和气候的状况，它的植物和动物，也一定是某种生成的东西，它不仅在空间中必然有彼此并列的历史，而且在时间上也必然有前后相继的历史。"[①] 依据唯物辩证法的否定之否定规律，万事万物的演化都是前进性与曲折性的统一，发展不是直线式而是一种螺旋式上升的状态。在一般意义上，周期指事物在运动变化发展的过程中有某类特征重复出现，而且连续两次出现所经过的时间跨度近似。当然，不同学科对周期的定义略有差别，在数学领域逐渐重复变化一次所需要的最短时间是周期；在化学领域具有相同电子层数的系列元素、按原子序数递增顺序排列的一个横行是周期；在物理学中，物体作往复运动，或物理量作周而复始的变化时重复一次所经历的时间是周期；在经济学中市场运行中所呈现出的一涨一落、扩张与收缩的交替波动是周期。从人们普遍的感受看，经济周期是大家比较熟悉且有切身体会的一种波动形态。

---

　　① 《马克思恩格斯文集》第9卷，人民出版社2009年版，第414页。

一、从经济波动看周期的系统动力学

亚当·斯密被誉为"古典经济学之父"，他较为系统地阐明了经济系统的自组织机制。在亚当·斯密生活的时代，英国已经建立了中央集权的政治体制并且确立了海上霸权。亚当·斯密认为，最大限度增加国家财富是经济发展的首要任务。那么，怎样才能民殷国富呢？当时苏格兰启蒙运动流行的一个观点是：政府不宜对经济事务采取"干预主义"，应该学习造物主的"自由放任"精神，让人们追寻自己的利益才符合自然法则。

亚当·斯密深受牛顿影响，他从牛顿的著作中学会了如何用"法则"的概念来分析在经济社会领域活动着的人——在追求自身利益的行为背后，受到"看不见的手"引导以及受到"供需法则"的制约。参照牛顿的经典力学，在市场交换过程中，有无数主体相互作用，它们之间的关系可以视为两个方向相反的"作用力"同时起作用：一个是利己的动力最大化利益对市场主体的吸引力，另一个是竞争的压力（同类商品厂商之间的排斥力）。在亚当·斯密看来，如同宇宙有自然规律一样，有一只"看不见的手"（市场竞争机制）在引导着买卖双方都能得到最符合自己目标的利益。

"看不见的手"反映的是市场具有一定的自我调控能力，因此，经济秩序能够在市场主体的自组织过程中涌现出来。这种秩序被许多经济学家视为"均衡"，即市场上的商品价格保持稳定，供需关系保持平衡。自发秩序之所以能够形成，关键在于厂商之间有竞争。市场经济中的买卖双方都在追逐利益最大化，买方若想获得物美价廉的商品就要货比三家；卖方若想把自己的商品卖出去，就不能漫天要价。结合 CAS 原理，商品价格是一种"标识"，物美价廉的商品总能吸引买方大量聚集。在自由竞争的市场中，竞争产生的各种压力会使市场上的商品始终以"实价"出售，即便某商家希望在单位商品上有更多溢价，也会在其他竞争者的排挤下无法实现。另外，买卖双方都有逐利的天性，市场上只要有买方出现新的需求，就会有卖家"抓住"获利机会，消费需求也就因此得到了满足。总之，市场不需要一个最高权力来安排特定数量的农夫、鞋匠、裁缝、商贩等，也无须统一组织生产与流通，因为市场会自发满足人们的各种需求。

当然，亚当·斯密的理论也有着那个历史发展阶段的局限。今天的我们都清楚市场的自组织不是万能的，过度的恶性竞争会导致市场失灵。当时英国的工业革命方兴未艾，还没有形成日后的大工厂主、大企业家，而仅仅停留在商贾、小店主以及工场主之间的竞争维度上。此外，全球产业链、供应链尚未形成规模，市场主体的松散特征比较明显。进入19世纪，机器大工业的生产方式从英国扩散至欧洲大陆和美国，大工业的成型推动了世界市场的扩张，使各个国家与地区之间的经济往来不断加强。人们发现，市场经济不是一直处于稳定状态，自由资本主义更易陷入周期性经济危机。

经济系统的主体是人，主体之间非线性的相互作用模式会深刻影响甚至改变经济社会形态。在亚当·斯密建构的市场理论中，经济系统的主体是商人和工场主，工人群体基本不在他的视野范围内。他认为，工人所提供的劳动力跟市场上的商品一样，工人出卖自己的时间与汗水，他们不需要多高的技艺，只要能够适应劳动分工，能够在不同工位上进行简单的体力劳作并且以此获得工资维持生计。由于市场竞争太激烈，厂商要雇佣廉价劳动力才能赚取最大利润，这就意味着劳动价值被严重低估，劳动者只能获得维持生活以及延续后代所需的最低报酬，任何更高的工资要求都会被市场拒绝。马克思、恩格斯深刻揭示了资本主义生产关系的弊端，指出资本主义社会的固有矛盾会导致经济危机的周期性爆发。

马克思、恩格斯通过简化和抽象，为机器大工业时代的资本主义社会发展建构了一个由两大阶级相互作用的动力学过程：一方是靠出卖劳动力为生的无产阶级，另一方则是靠榨取剩余价值为生的资产阶级。在自由资本主义时代，工厂的规模随着经济发展不断扩张，这就意味着市场对劳动力的需求也会随之增加，于是工人的工资水平就相应提高了。然而，这也同时拉高了生产成本，挤压了资本家的利润。延长劳动时间和提高生产率是提高资本增殖程度的两种基本的可能性。由于前者是有限度的，于是资本家往往通过后者来扩大相对剩余价值的生产。在竞争的强制命令下，资本家往往通过引进新的机器设备来提高不变资本在参与生产的总资本中的比例，从而相对降低了可变资本的比例（即资本的价值构成提高）。由于不变资本只能转移价值而不能创造价值，因此，个别企业会通过提高机器使用水平来缩减工人的必要劳动时间、增加剩余劳动时间，从而获得更多剩余价值。机器设备的普遍使用会降低企业对劳动力的需求，这不仅会进一步压低工人工资，还会在一段时期内加剧失业现象和劳动群体贫困化。但是，市场的扩张赶不上生产的扩张，在这种背景下，阶级冲突就将不可避免，资本主义生产也就造成了新的"恶性循环"。恩格斯评价说，在把资本主义生产方式炸毁以前不能使矛盾得到解决，所以"它就成为周期性的了"。①

那么，自由资本主义为什么无法避免周期性经济危机呢？在一个经济系统中，劳动者作为主体具有双重特征，他们既是必要生产要素——劳动力的载体，又是市场上商品的主要消费者。因此，无产阶级既能促进生产，又能消费产品、拉动经济增长。从经济系统的动力学过程看，资本增殖是资本家扩大生产的原动力。工业时代的资本家在扩大生产规模的同时，会以各种方式压缩可变资本比例（如降低工资支出）。当广大劳动者在分配环节中只获得勉强维持其劳动力的再生产的工资时，其消费能力将不断下降，甚至会随着失业而无法维持生计，社会消费力②也会因此而随之降低。由于社会消费力远远落后于社会生产力，无法将规模不断扩大的全部产品"转入"社会再生产的循环，以生产、分配、交换、消费为主要过程的社会化大生产就将随之陷入阻滞。这就意味着参与经济系统循环的流出现了萎缩，继而导致工人失业、生产停滞（生产环节的增强回路受阻）等现象出现。马克思在《共产党宣言》中这样描述道："在商业危机期间，总是不仅有很大一部分制成的产品被毁灭掉，而且有很大一部分已经造成的生产力被毁灭掉。在危机期间，发生一种在过去一切时代看来都好像是荒唐现象的社会瘟疫，即生产过剩的瘟疫。社会突然发现自己回到了一时的野蛮状态；仿佛是一次饥荒、一场普遍的毁灭性战争，使社

---

① 《马克思恩格斯文集》第3卷，人民出版社2009年版，第556页。

② 社会消费力既不取决于绝对的生产力，也不取决于绝对的消费力，而是取决于以对抗性的分配关系为基础的消费力；这种分配关系，使社会上大多数人的消费缩小到只能在相当狭小的范围以内变动的最低限度。

会失去了全部生活资料；仿佛是工业和商业全被毁灭了。"①

从周期的动力学过程看，周期性经济危机是一个否定之否定的演化过程。例如，在经济萧条时，政府开始出面干预市场、弥补治理赤字，经济系统开始调整生产关系并且为了扭转经济颓势而更加积极地促进技术创新。在经济繁荣时期，系统会酝酿出限制性因素，经济持续增长拉高了生产要素价格，这在一定程度上又抑制住了投资的积极性。由此看来，经济系统的演化是一个非线性的动力学过程，非均衡态决定了任何一个经济体都需要朝着建构一个进化系统的方向努力。

二、较长时间尺度上的周期形态

马克思生动刻画了资本主义的周期性经济危机，为我们认识和理解周期打开了一扇窗。不过，若是只停留在经济危机的描述上，还不足以深刻把握周期演化的本质和规律。我们还需要去捕捉周期的物理形态，否则，对周期的描摹就会显得模糊不清。比如，经济活动在什么时间尺度上表现为周期？不同时间尺度上的周期形态是否相同？原因有哪些？围绕这些问题，不同学者为刻画经济活动的周期形态进行了积极探索。

一般来讲，物理世界的周期主要表现为某类事件间歇性地出现。如果用数学语言刻画在坐标系上，那么其所呈现的是一种波浪形态。经济学对周期的描述采用的是定性与定量相结合的方式，周期形态主要表现为繁荣与衰退的轮动，但并不严格要求每个周期形态都分毫不差地重复出现。经济系统的非线性动力学过程十分明显，周期波动几

---

① 《马克思恩格斯文集》第2卷，人民出版社2009年版，第37页。

乎不可能重合于某类规整的形态上。经济学家不奢求找到一个刻画波动的完美模型，他们更多关注的是经济繁荣以及随之而来的衰退，并致力于从反复出现的繁荣与衰退中寻找周期性规律，进而希望预测和化解危机的剧烈冲击。

从较长时间尺度上看，周期形态主要会受到内部或外部两类因素的影响。外部因素包括战争、科技进步、人口变化、太阳黑子和气候变化等，其影响因子是多维度的。秉持这一视角的经济学家信奉市场的自组织能力，不接受市场天然具有不稳定性的观点，他们往往都致力于用外因来解释市场的波动。他们的代表性理论有政治周期理论、创新经济周期理论、心理自生周期理论，太阳黑子理论等。以熊彼特（Joseph Alois Schumpeter）的创新经济周期理论为例：他认为，创新就是企业家对生产要素或生产方式的更新组合，经济社会的发展进步高度依赖技术创新。由于技术革新是不均匀的连续过程，有高潮也有低潮，所以就会形成经济上升、下降的周期性特征。熊彼特的理论建构是在对各种经济周期理论进行综合后做出的，在他看来，经济领域至少存在"短、中、长"三类周期：

短周期即基钦周期（Kitchin Cycle），是平均长度为40个月的经济周期，最早由经济学家约瑟夫·基钦（Joseph Kitchin）提出。基钦认为，这是一种由心理原因所引起的有节奏的经济波动，它能够影响人们心理的因素在于农业产量与物价的波动。熊彼特认为，基钦周期会受存款投资变动和经济生活中的小微创新以及生产周期较短的设备变动影响。

中周期即朱格拉周期（Juglar Cycle），是为期9至10年一次的经济周期，最早由经济学家克里门特·朱格拉（Clèment Juglar）提出。朱格拉对较长时期的工业经济发展进行了研究，认为经济中每9至10年就有一次周期，周期内分为繁荣、危机、清偿三个阶段。经济危机不是孤立现象，而是周期性经济波动的一个阶段。他将周期性波动的原因归为银行信贷变化。① 熊彼特认为，朱格拉周期源于经济生活中的中等创新。

长周期即康德拉季耶夫长波周期（Kondratieff Cycle），也是由苏联经济学家尼古拉·康德拉季耶夫（Nikolai Kondratieff）于1925年提出。该理论认为，资本主义经济表现出为期五六十年的繁荣与萧条交替的波动：在第一次工业革命时期，从18世纪80年代末到1850年前后是一轮；19世纪中叶到19世纪90年代末是第二轮；19世纪90年代末到1920年是第三轮的上升期，1920年后是下降阶段。熊彼特认为，长周期与经济中的重大创新以及由此产生的创新浪潮相关。第一个长周期是以纺织机等创新为标志的"产业革命时期"，第二个长周期是以蒸汽机和钢铁的规模生产等创新为标志的"蒸汽和钢铁的时期"，第三个长周期是以电力、汽车、化工等创新为标志的"电气化时期"。② 熊彼特还认为，短、中、长周期是相互关联的，1个长周期中包含6个朱格拉周期，一个朱格拉周期中包含3个基钦周期。1929年的大萧条恰好是这三个周期的波谷重叠到一起，其破坏力之所以较大主要是由叠加效应导致的。

另外，从较长时间尺度上看，还有一部分经济学家认为经济周期是因经济系统内部因素的变化而引起的，这些因素可能包括货币、投资、消费、政府支出等。其代表理论有纯粹货币理论、消费不足理论、

---

① 胡代光、高鸿业主编：《西方经济学大辞典》，经济科学出版社2000年版，第154页。

② 熊彼特认为他所处的时代处于第三个长周期的阶段。参见高志文、方玲主编：《宏观经济学》，北京理工大学出版社2018年版，第230页。

投资过度理论、凯恩斯的资本边际效率崩溃理论等。比如，与熊彼特同时期的英国经济学家约翰·梅纳德·凯恩斯（John Maynard Keynes）认为，经济本身就具有波动的本性。因此，他通过对货币量流通的分析来解释资本主义出现繁荣与衰退的周期性。从复杂适应性系统看，凯恩斯实际上在"流"的视角下重新定义了繁荣和衰退的周期变化。他认为，经济周期的本质就是资本边际效率（Marginal Efficiency of Capital）的周期性变动所引起的投资周期变动。经济是否繁荣并不体现在它所容纳的财富总量上（系统存量），而是在经济过程中流通的财富多寡。财富流转得越充裕、通畅，经济发展就越有活力；相反，若经济运行中的财富流不断萎缩乃至流转不畅，经济就容易滑向萧条的深渊。

　　凯恩斯关注到经济系统中流量对存量的深刻影响，认为资本家在经济扩张时期看好经济形势，预计利润率会提高，于是增加投资、扩大生产规模，经济也由此走向繁荣。生产规模和就业规模的扩大带来两种连锁反应：资本品①的生产成本提高，资本品的增加使产品价格下降，这意味着投资带来的收益将低于预期。此外，人们都需要现金，而流动性偏好增强会导致利息率上升。资本边际效率下降和利息率上升共同作用会导致投资减少。在乘数效应作用下，收入和就业就将出现更大规模下降，导致经济开始转向衰退。在大萧条时期，社会上虽然存在着大量为生存而挣扎的失业者，同时也存在着部分掌握大量财富的人，但是富人不会再进行投资，而是将财富攥在手里。这样一来，货币流就会慢慢在经济循环中被抽出，继而导致经济增长阶梯式下行。凯恩斯认为，若想使经济再度繁荣，就要壮大经济循环中的资金流。为

---

　　① 资本品是企业用于生产的机器设备，即固定资本。

此，他提出了国家干预经济的措施：一是提高资本边际效率，千方百计鼓励资本家积极投资；二是国家直接投资，政府通过向市场大量投资来弥补私人投资的不足。当工商业完成了拓展，对劳动力的需求上升，就业率自然就会随之提高，而消费不断增长也将进一步刺激生产扩张。

三、较短时间尺度上的周期形态

法国的路易斯·巴舍利耶（Louis Bachelier）较早地关注到了经济周期在较短时间尺度上的形态问题，但他不是经济学家，而是一位对数学和物理有着浓厚兴趣的学者。他的导师是现代混沌理论的奠基人亨利·庞加莱。1900年，巴舍利耶在博士论文中运用布朗运动[①]揭示的原理研究了巴黎股市的波动，提出了一个建立在物理学基础上的经济学模型——随机漫步（Random Walk）。随机漫步模型的基本假设是：股票价格的波动在总体上是随机的、无规则的，这在一定程度上描述了经济周期中的无序现象。不过，他的理论在很长一段时间内没有引起重视，直到50多年后，才被诺贝尔经济学奖得主保罗·萨缪尔森（Paul Samuelson）发现并受到研究者的推崇。

随机漫步是较短时间尺度上一个典型的周期形态。路易斯·巴舍利耶假说是随机漫步理论[②]（Random Walk Theory）的重要思想来源。

---

① 布朗运动由英国植物学家布朗发现，指悬浮在液体或气体中的微粒所做的永不停息的无规则运动。

② 随机漫步理论认为，证券价格波动是随机的，好比在广场上行走的人一样，价格的下一步将走向哪里是没有规律的。但是，从一段时间内的价格走势图可以看出，价格的上下起伏的机会差不多是均等的。

19世纪末至20世纪初，量子论的诞生使物理学在这一时期取得了重大进展。物理学家发现，微观粒子运动是随机无规则的，其涨落变化遵循正态分布（Normal Distribution），即在二维坐标系上表现为扣钟形曲线。巴舍利耶受到粒子运动的启发，认为股票的价格波动也是服从正态分布的。基于随机漫步模型的预设，如果记录 A 股票的价格在一定时间间隔（比如一分钟、一小时或一天）中的变化，那么就会发现这些价格都落在一条扣钟形曲线上。如图7—1，若 A 股票价格波动是随机的，在单位时间内对 A 股票价格变化进行统计，则股票价格波动呈扣钟形曲线分布。曲线顶点 M 代表了 A 股票在单位时间内出现频次最高的价格，它也代表着价格波动的平均水平。曲线向顶点两侧快速下降，这表明无论价格是上涨还是下跌，大幅度的变化都不常见。

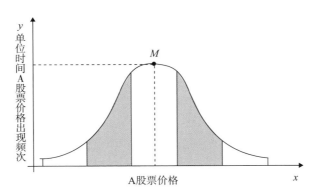

图7—1　随机漫步模型预设下 A 股票价格的波动形态

物理系统中粒子运动并非完全随机的，影响其运动的因素十分复杂，这意味着对粒子运动的涨落统计"符合正态分布"只是一种理想状态。市场中影响股票价格的因素很复杂，实际波动并非完全符合随机漫步模型拟设的正态分布。若我们将随机漫步模型预测的波动形态同市场的实际波动形态进行对比，可以发现理论模型与现实之间存在不小差距。随机漫步模型拟设的股票价格是随机变化的，其涨落统计服从正态分布（如图7—2所示），而服从正态分布的价格波动现象会收束在一个有限的范围内（如图7—2中所示，大致收束于虚线内），其最大特点是振幅有限，并且波动幅度在一段时间内不会出现较大变化。我们以5分钟级别的上证指数（如图7—3所示）为统计对象，可以发现，市场中的实际价格波动并没有收束于一个明确的范围，波动中的"涨落"不是围绕某个平均值而对称分布的，它的震荡幅度时大时小，且连续拉升和连续下跌的情况经常发生。通过图7—2与图7—3的对比，我们可以发现，随机漫步模型存在着一定的缺陷。

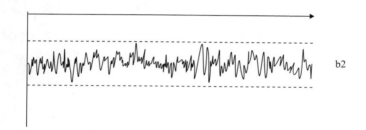

图7—2　随机漫步模型股价因随机变化导致涨落呈正态分布的对比图

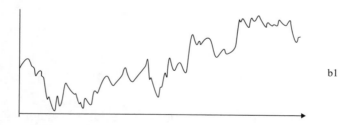

图7—3　上证指数5分钟级别（2022年5月24日13：30—5月27日13：30）的变化趋势示意图

　　既然随机漫步模型的解释力有限，那市场的实际波动形态是什么样的呢？美籍法裔数学家、分形理论之父贝诺瓦·曼德布罗特

（Benoit Mandelbrot）对芝加哥商业交易所棉花的价格涨落进行了研究，随后完善了巴舍利耶的模型。他认为，市场涨落的概率分布是"粗头壮尾"式的，即市场的小规模涨落同扣钟形曲线相符，然而曲线的"尾巴"在贴近 x 轴的过程中比钟形曲线更缓慢。从技术上说，数学家把曼德布罗特发现的统计分布模式称为"幂律分布"（如图7—4所示）。这个曲线的尾巴被称为"肥尾"，是一种概率分布，它的偏度（峰度）极大，说明如战争、自然灾害、恐怖袭击等极端事件影响的市场波动存在一定程度的发生概率。比较而言，正态分布曲线忽视了对极端事件影响波动的统计，但并不意味着极端事件影响的震荡未来不会发生。曼德布罗特认为，市场波动形态之所以是"粗头壮尾"式的，是因为遵循了法国数学家保罗·莱维（莱维是曼德布罗特的老师）在1926年提出的"莱维飞行"（Lévy Flight）规律。

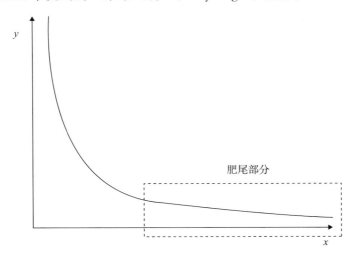

图7—4　幂律分布（曲线右侧的"尾巴"向 x 轴靠近并无限延伸）

什么是莱维飞行？假设有一大群羊在一片圆形草场上随机走动着吃草，以某只随机走动吃草的羊为对象来统计该只羊到草场圆心的距离，其结果将趋近于正态分布。但草地和草量毕竟有限，所以当那片区域没有草可以吃时，羊群就要转移到另一片草场吃草。羊在新的草场上依旧是随机走动吃草。此时，羊同原草场圆心的距离会出现大幅度变化，而大幅度震荡后，针对距离变化的统计依旧遵循正态分布。这一动态行为也被称为"莱维稳态过程"。莱维飞行同随机漫步密切相关，只不过莱维飞行模型中的数值统计会出现大幅度的变化，而后曲线形态在振幅加大的基础上仍遵循着随机漫步模型的正态分布。曼德布罗特认为，市场"粗头壮尾"式的波动形态之所以会形成，主要是因为在相对长的时间段内主体处于随机漫步的状态，只是在某个时间点上可能经历大的震荡。如图7—5所展示的两次莱维飞行，真实市场波动既有随机波动的形态，也存在大幅震荡（上证指数走势可以分为A、B、C三个区域。从A到B再到C，指数整体呈下跌态势，其中在区域过渡阶段出现大幅"跳水"，之后A、B、C三个区域内大部分时段的指数仍然遵循随机漫步形态，即涨落呈现的正态分布。因此，我们可以认为，从A到B是一次莱维飞行，从B到C又是一次莱维飞行）。

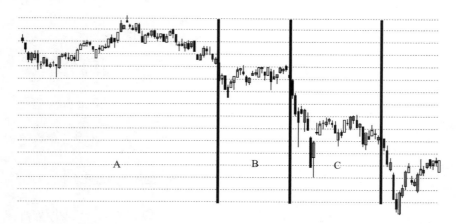

图7—5　上证指数日线级别在2021年10月26日至2022年5月19日期间的变化图

实际上，曼德布罗特建立的模型也是概述性的，仅仅刻画了市场波动的轮廓特征。为了更直观地展现随机漫步和莱维飞行同市场的实际契合程度，可以将这两类模型预测的价格波动曲线同实际发生的曲线进行比较。1995年，美国波士顿大学的物理学家吉恩·斯坦利（Gene Stanley）和罗萨里奥·曼泰尼亚（Rosario Mantegna）对100万条标准市场指数（这相当于五年的经济数据）的记录进行了统计和分析，并使用标准普尔500指数绘制出了反映市场实际涨落的统计曲线，图7—6中点线结合的曲线就是曼泰尼亚等人得到的结果。

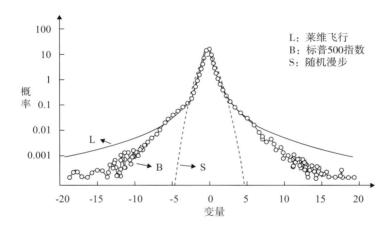

图7—6　标准普尔500指数、随机漫步模型和莱维飞行模型的对比图 [①]

市场（曲线B）较小的涨落与莱维稳态过程的概率分布（曲线L）

[①]　点和线结合的曲线B表示的标准普尔500指数涨落的概率分布函数，它被用来反映市场的真实波动形态；由点连成的虚线S是随机漫步的概率分布函数，即价格涨落呈正态分布；实线L是一次莱维飞行的概率分布函数曲线。参见〔英〕菲利普·鲍尔著，暴永宁译：《预知社会：群体行为的内在法则》，当代中国出版社2010年版，第155页。标准普尔混合指数是用来反映市场总体面貌和变化趋势的工具，常被用来研究经济的长期走势，因由美国最大的证券研究机构标准与普尔公司编订而得名。该指数系统选用若干种有代表性的上市普通股票，根据特定的计算公式得出一个随时间而变的综合代表数值，以近似反映经济变化情况。

基本相符，但大幅度的涨落还是向下偏离了这一过程，实际震荡区间大致在莱维稳态曲线和扣钟形曲线之间。如图7—6所示在变量绝对值较大的区域内，曲线 B 大体介于 L 和 S 之间。这意味着巴舍利耶对市场大幅波动发生的概率缺乏预估，而曼德布罗特的预估又偏大。巴舍利耶的随机漫步模型的最大缺陷是无法容纳股票市场的暴涨与暴跌的统计。在用随机漫步模型刻画的股票市场中，行情只会小起小落，基本上保持稳定状态。而图7—6所示中，曲线 S 仅仅大致统计了变量在 –5 到 5 之间的涨落变化，那些处于概率函数尾部的低概率事件却并没有被统计到。由于暴涨和暴跌是真实出现在市场中的，并且这部分的统计无论对投资的指导还是对经济学研究都具有很高的参考价值，因此，只有把"随机漫步"与"莱维飞行"结合起来，才能更有力地刻画市场的波动状况。

四、主体之间非线性作用生成的群动效应

从 CAS 角度来看，理解主体的性质及其行为模式有助于我们把握系统周期表现的内在机理。

传统经济学基于理性人假设，认为人的经济行为是能够预测的。但事实上，人有时理性，有时又非理性。作为主体的人是复杂经济系统的基本单元，主要受刺激—反应规则支配，所以在理性人的视角下很难对主体行为有充分的把握。由于主体行为的不确定性，经济学家在很长一段时间中没有办法通过有效的模型对其进行刻画，因此理性人假设只能算是一种权宜之计。在传统经济学的理性人假设之下，经济系统的主体有两个特点：一是每个人都目标明确且能努力谋取最大

收益，主体是高度同质化的；二是每个人在抓取市场信息、采取行动时都有确定的行为模式，主体的反应集合比较稳定。在现实生活中，我们经常会发现即便某些商品的内在价值未产生变化，买家也可能付出不同的价钱。而传统经济学假设是没有办法解释这种不符合理性的行为的。

因此，如何利用不确定、不完备的信息进行科学决策并取得最佳效果就成为了经济学关注的一个重点方向。鉴于理性人假设的局限，一些经济学家用"有限理性"来刻画经济系统中的行为主体。有限理性意味着主体要在信息不完全的情况下尽可能做出合理的决断，以期在条件允许的范围内获得最大收益。在这种预设下，主体不再一味追求做出最优决策、获取最大收益，而会选择在有限条件和能力下做出尽可能令自己满意的决策、获取合理收益。这就是1978年诺贝尔经济学奖得主赫伯特·西蒙（Herbert Alexander Simon）提出的"满意原则"，即经济决策中要用"满意原则"取代"最优化原则"。然而，市场中有不少人的行动连"有限理性"都算不上，他们靠的是经验、直觉甚至冲动。比如，企业高层在人员培训、投资方向及行业选择等方面更依赖决策者丰富的经验；有些股民可能在大环境的刺激下只凭"血气之勇"而作出超过风险承受能力的买入决策；"消费冲动"在网购便利的时代更为普遍，广告精准推送、花样百出的优惠活动都会刺激消费者的非理性行为。

市场交易者并非像传统经济理论描述的那样同质化，主体的反应集合是多样化和常变的，因此，可以说复杂经济系统的主体是介于理性和非理性之间的人。即便每个人都能掌握相同的信息，由于主体并非千人一面，自然会对同一事件产生不同的反应，继而采取不同的行动。

虽然新古典经济学派仍然认为那些掌握优势信息的交易者手中的"投资策略"会被其他主体立即跟风追随，但在现实生活中，其实有相当一部分人钟情于自己偏爱的交易理念，他们过于相信自己惯常的获利方式。

经济系统中的主体具有多样性，主体之间的相互作用很容易导致交易行为的不确定性。20世纪90年代的法国学者艾伦·基尔曼（Alan Kirman）以理性和经验为区分标准，将市场中的交易者分成两类：一类被称为"基本分析派"，他们更多依照理性主义的原则行事，认为价格反映价值，所以只需要依照价格波动情况买进卖出；另一类人被称为"动向归纳派"，他们更倾向于参照以往的经验，认为对过往的数据进行分析后能够预测出未来的价格走势。这两类人有着共同的特点：他们都形成了相对固定的交易模式，不会随波逐流。基尔曼认为，经济主体不但具有异质性，而且不同主体之间的相互影响还可能加重他们的非理性倾向。动向归纳派依照经验和直觉行动，他们认为经验不仅包含着自己的经历，还有他人的教训。因此，冲动和直觉不仅产生于个人对市场信息的反应，还会受其他交易者行为和情绪的感染。在一个复杂系统内，主体的行为选择会受到其他主体的影响，这是开放条件下多元主体非线性作用带来的必然结果。

不过，尽管经济系统中的主体多样且行为模式具有不确定性，但并不妨碍系统整体涌现出一致的群动效应（Herding Effect），即主体间行动策略相互效仿的一种趋势。理性人假设过度简化了主体丰富的反应集合。在这种预设下，人们认为，同质的主体面对同样的刺激会形成一致的行动。例如，在股票市场，价格会影响理性主体的行为：价格低会吸引人们买入，价格高会促使人们抛出。因为他们对价格信息作出同样的解读，继而会导致一致的买卖行动产生。在 CAS 视角下，复杂系统内异质主体的群动效应不是主体之间线性作用的结果，而是间接的非线性相互作用造成的。比如，股市中经常会出现交易者对某只股票跟风买进或卖出，从而影响更多人进行抢购或抛售。影响股价涨跌的可能是某则消息导致的，但不是每个主体都会在听闻消息后一致地采取行动，可能最初只有一部分人看到了消息并作出了分析判断，大部分人甚至连消息都没读懂就开始追随其他主体的行为。当部分交易者作出的选择影响了其他交易者的行为时，就会对市场中的价格产生影响。此时，价格变动又开始干扰后来者的选择。

五、主体与组群构成的互动元体模型

在统计物理学领域，科学家们对微观粒子相互作用的研究已经颇有成果。因此，经济学研究者可以用相对成熟的理论工具来观察其经济模型。第一个将相互作用概念引入微观经济学领域的学者是数学家汉斯·弗尔默（Hans Follmer），他对物理学和经济学都很了解。1974年，弗尔默借鉴磁体的伊辛模型（Ising Model）提出了"互动元体"模型。所谓伊辛模型，是指在这个模型中，所有磁体原子都规整地待在格子内并且一直处于自旋状态，但它们会面临两个相反旋转方向的选择。至于每一个磁体原子到底选择什么方向，这与其他原子的选择有关。原子的磁场会彼此施加作用力，致使每个原子的自旋取向取决于左邻右舍的选择。弗尔默将磁体原子类比为在市场中面临各种选择的主体，认为主体多样化的选择模式最终会导致市场出现多个宏观形态。这个论断为解释市场不是仅有一种平衡态提供了重要启示。

20世纪90年代，美国学者威廉·布罗克（William Brock）和史蒂文·杜尔劳夫（Steven Durlauf）将平均场理论引入互动元体模型中，拓展了弗尔默的研究视角。首先，我们来简单解释一下"场"的概念。在物理学家看来，空间是无处不在的，即使微小的原子其中99.9%都是空的；人类身体也是如此，看起来肌肉骨骼很结实，却存在大量空间。1837年，法拉第引入电场和磁场的概念，指出电和磁的周围都有场的存在，这就打破了牛顿力学"超距作用"的传统观念。法拉第认为，空间不是空的，而是充满着力线。爱因斯坦在牛顿万有引力的基础上对场进行了解释，认为场是物质存在的一种形式，其主要特征在于场弥散于整个空间；万有引力只是我们的错觉，实际上它是物体之间加速靠近的一种趋势，也就是说有质量的物体把宇宙空间给扭曲了。量子力学认为空间不是空的，空间里充满了"场"，它作为一种非物质的影响力是不可见的。从 CAS 的角度看，场是主体的能量或行动聚集后涌现出的整体特质。虽然场是看不见、摸不到的，但它却无处不在，并时刻影响着系统的演化过程。如果我们从社会系统给出一个通俗的解释，"场"就好比人们日常生活中经常说的一种"环境氛围"或"市场情绪"。威廉·布罗克和史蒂文·杜尔劳夫假设每个市场主体受到的影响不仅来自其近邻，还有其他所有主体塑造的平均场效应。现代发达的通信手段让市场主体很容易感受到一个国家乃至全球的经济形势，尤其是在股票市场，一种被渲染起来的"情绪"会借助发达的通信网络广泛传播开来。

但是，物理学的平均场理论还是不能充分匹配到经济学关注的场景，因为交易者的信息能力是有限的，谁都不可能随时掌握经济系统的整体图景。此外，尽管互动元体模型中的交易者会受到系统平均场效应的影响，但整体影响力的下沉也存在边界。每个主体进行决策时，对其产生影响的还有相关领域的其他主体。简言之，市场主体既会受到宏观平均场的影响，同时也会受到周边微观主体的影响。

　　系统的平均场效应对主体影响是有限的，主体更容易受到其附近环境的影响。因此，局部关联密切的主体会聚合成为介主体来发挥影响力。针对平均场理论的有限性，20世纪80年代，艾伦·基尔曼研究了信息在股票交易所内的传播情况。他提出，主体之间有一张信息交互网络，这种网络的结构是影响主体互动模式的关键。经济系统中主体之间的影响主要是通过信息交互网络发生的，因此，弄清楚网络的结构对于理解市场如何实现自组织来说至关重要。我们知道，人类社会中的关系网络是一个小世界，其中存在若干集群。当基尔曼将信息交互网络引入互动元体模型后也发现了类似的情况：一部分交易者会聚集成小团体，他们基本在彼此间进行交易而很少同其他人互动。这就是说，在社会关系的影响下，市场主体会聚集形成组群，组群实际上是一种介主体。由于同一组群内的主体之间联系紧密，这种强连接会引发群动效应，正如17世纪荷兰的郁金香价格暴涨事件，就是商人群体非理性的从众行为造成的。在传统经济学视角下，主体是单一的、行动是独立的，但在复杂适应系统的视角下，多元主体从单独行动变成了联动，并且在环境的扰动下会进一步演化为群动。当相互影响的主体行为趋向一致时，就会在经济系统的宏观层面引发较大波动。此时，大波动又会进一步影响后来的主体作出新选择，从而促使宏观形势涌现出来，周期的拐点也就随之成立了。

　　上文中所描述的随机漫步模型涉及的宏观现象，其实是对主体微观状态的放大，而互动元体模型能够从系统动力学的维度将宏观现象描述为涌现，即多元主体间的非线性作用能够引起周期性波动。非线性相互作用不仅存在于主体之间，还存在于介主体（组群）之间。因此，有学者从经济系统中介主体的互动角度解释了宏观现象。1998年，德国经济学家托马斯·卢克斯（Thomas Lux）和意大利物理学家米凯莱·马尔凯西（Michele Marchesi）在艾伦·基尔曼的基本分析派和动向归纳派模型的基础上，进一步研究了资产价格波动的原因。艾伦·基尔曼关注的是个体股票交易者，而他们二人关注的是介主体维度上的股票市场中的组群互动情况。

托马斯·卢克斯和米凯莱·马尔凯西首先预设了新的组群及其互动模式。基尔曼将主体分成两派：重理性的"基本分析派"和重经验的"动向归纳派"，前者是市场中的稳定因素，后者则容易造成非理性的群动效应。托马斯·卢克斯和米凯莱·马尔凯西在此基础上把动向归纳派分成两个组群：一个是乐观主义的，另一个是悲观主义的。乐观主义者看涨股价，倾向于更多地买进股票；悲观主义者总觉得股价要跌了，于是倾向于以高于股市图表预测的数量抛售。介主体间非线性相互作用的表现之一就在于不同介主体会相互渗透：首先，在动向归纳派内部，悲观主义者和乐观主义者会在交易过程中调整立场。当乐观主义者居多时，悲观主义者会更容易受到乐观情绪的影响而转变立场。其次，动向归纳派组群中的乐观主义者和悲观主义者也会审时度势地转向基本分析派。托马斯·卢克斯和米凯莱·马尔凯西的模型引入了系统动力学的视角，模型中的主体们都会随着时间的推移适应环境变化，从而选择出对自己最有利的阵营。主体就在这种互动模式下影响着宏观波动的形态。

托马斯·卢克斯和米凯莱·马尔凯西通过模拟发现，介主体层面的互动会使价格曲线在震荡和稳定之间变化。当多数交易者站在动向归纳派一方时，市场就容易出现抢购或者竞抛的现象，其稳定性就会下降，震荡也会随之变大。互动元体模型中的大震荡不会持续存在，因为模型中存在着使市场复归稳定的机制。当市场出现大幅震荡时，动向归纳派会不假思索地跟上出现的风潮，这可能使他们在震荡中承受较大风险。然而，基本分析派能够在复杂的环境中理性地分析数据，从而获得更多获利机会。对比之下，表现较好的基本分析派就会被交易者们视为更好的选择，从而使大量动向归纳派的成员改变阵营。当倾向理性决策的基本分析派成为多数，即市场中的稳定性因素增加时，群动效应造成的大幅震荡就逐渐平缓了，它会使市场复归稳定。可见，内生性因素（主体、介主体的互动）具有塑造经济系统周期性波动形态的可能性，导致系统会阶段性地发生大幅震荡而后复归稳定，如此便形成了周期。

英国经济学家奥默罗德（Paul Ormerod）也建立了一个类似的互动元体模型：他关注到产业单位的规模会对市场波动产生影响，因此，若将产业单位的规模做出调整，市场仍然表现出同样的涨落特点，只不过涨落的"山势"会有峻缓之别。当模型中的主体多为规模较大的公司时，涨落起伏会很"陡"；当主体大多是小公司时，起伏就会变"缓"。这个模型告诉我们：由于市场存在大企业吞并小企业的倾向，于是，在大企业数量增多的经济系统中就潜藏着巨大的经济危机。既有大企业又有很多小企业的多元市场才更具活力与韧性的优势。

六、应对周期波动需要科学规划

大千世界的周期是多样的，时间尺度不同，形态也不同，它们共同存在并且相互作用。多周期叠加既会带来巨大风险，其中也孕育着新的发展机遇。因此，我们要建立长周期管理思维，重视周期波动引发的震荡及其叠加效应，要善于化危为机，对系统运行进行跨周期以及逆周期的宏观调控。

一些周期的时间跨度较长，其内部可能又嵌套着多重周期。相较于时间跨度较小的周期，长周期在很大程度上代表着事物发展的总趋势。因此，我们要树立战略思维，关注长周期事件，警惕周期叠加带来的风险。例如，人口周期和技术创新周期都是跨度相对较长的周期：人的一生大致要经历孩童、青年、中年、老年等阶段，人类生命的自然过程使社会人口结构的变化具有周期性特征；技术的创新要经历研发、应用、扩散等阶段，大的技术变革甚至会持续几十年。人口周期与技术创新周期相互影响，在某些历史时段就会形成叠加效应。我们常说当今世界正处于百年未有之大变局，要积极顺应新一轮科技革命和产业革命，而21世纪初就是长周期的一个重要转折阶段。

日本是人口结构老龄化比较严重的国家，也是科技创新走在世界前列的国家。第二次世界大战后的日本曾经出现过一波婴儿潮，现在他们都已人到老年。当日本进入老龄化社会后，面临着劳动力紧张、养老负担重等问题。人口结构老龄化倒逼企业研发大量颠覆性技术，推动传统工业经济向数字经济转型。日本目前正在依靠人工智能和物联网实现自动化，这有助于减少劳动力需求、提高劳动生产率。技术创新带来的产业变革既创造了一批新岗位，也替代了一批旧岗位。当劳动者的技能不能满足新岗位要求时，失业和就业不足现象会在一段时期内同时存在。日本人口周期和技术创新周期带来的叠加效应主要表现在人口老龄化带来的问题尚未解决上，且劳动人口也同时面临着新的就业压力。

由此看来，多周期叠加在一起会对经济社会系统的协调运行构成严峻挑战，所以，从治国理政的角度看，需要通过顶层设计来加强科学规划与管理，以应对经济社会系统演化过程中的周期性波动。躲避"灰犀牛攻击"的最好方法之一就是与"灰犀牛"保持安全距离。大到经济社会系统，小到企业和工人，都要积极防范化解各种可能发生的危机并制定好应对策略。《说文解字》中说，"危，在高而惧也"。危是一种不安全的险境。机，从繁体字本义上看，其为弩上的发动机关，可引申为机巧。古人所说的"凡主发者皆谓之机"，其意就是能迅速适应变化。从系统动力学上看，危机是系统的动态平衡遭到干扰或破坏后的一种状况。面对环境的突然变化，当起主导作用的调节回路失灵以致系统面临崩溃的威胁时，危机就出现了。唯物辩证法告诉我们，矛盾双方在一定条件下可以互相转化。所以，"危"与"机"往往是并存的：一旦时空条件发生改变，"危"就变成了"机"。正所谓"察势者明，趋势者智，驭势者独步天下"。面对严峻挑战，我们更要准确识变、科学应变、主动求变，"于危机中育先机，于变局中开新局"。

那么，如何做好科学规划、防患于未然呢？

首先，要瞄准符合周期运行规律的长远价值，树立系统整体演化的战略目标。著名实业家稻盛和夫不仅创立了两家世界500强公司，还在退休后一举拯救了濒临破产的日本航空公司。稻盛和夫于1932年1月出生于日本鹿儿岛，他27岁时便创办了京都陶瓷株式会社，52岁时又创办了目前日本第二大通信公司。这两家公司都进入了世界500强公司的行列。他在谈及管理学问题时曾表示，只有从大局出发着眼未来的远期目标，才能克服危机带来的短期压力。日本航空公司一度被视为第二次世界大战后经济繁荣的象征。2010年，其因经营不当和背负巨额债务而破产。时任日本首相的鸠山由纪夫找到稻盛和夫，希望他能结束退休生活，重整日航，这样日本政府就不必再投入几百亿美元去激活日航。稻盛和夫于2010年1月表态愿意重新出山，他不带团队，不要薪资，孤身一人进入日航。稻盛和夫以果断的策略变革日航公司，比如裁员1/3，同时缩减了员工薪资和福利。从2010年2月1日出任破产重建的日航董事长，到2011年3月底，他共在国航工作了424天。仅仅一年多的时间，日本航空公司不仅扭亏为盈，而且其利润实现了日本另一家航空公司"全日空"的3倍。日航仅用一年的时间就做到了利润世界第一、准点率世界第一、服务水平世界第一。稻盛和夫使日航涅槃重生的管理哲学有很多启示，其中不能被忽视的一条就是：从价值出发，舍弃那些与长远战略目标冲突的短期目标。稻盛和夫在改革中希望尽可能地保护员工们留在公司，但按照政府的重建要求不得不裁撤一部分人。他心里清楚：不能让公司破产，否则将有更多的人失去就业机会，因此必须接受短期阵痛来实现长远目标。

其次，要科学进行统筹规划，汇聚各方面力量集中攻坚克难。对系统的长周期管理因时间跨度较长而充满着不确定性，而系统及其组分很可能会因短期的适应性调整而忽略长远规划。因此，长周期管理务必要做好科学规划，对战略目标进行分解，以吸引各个发展阶段的参与者共同聚焦长远目标。例如，稻盛和夫在担任董事长后，所做的第一件事就是明确日本航空公司的长远经营目标，并将这一目标反复向全体员工传达，使每一位员工都能理解公司要做什么、自己为目标的实现能做什么。他认为，这一做法有助于经营者与员工的心灵产生共鸣，形成上下齐心协力的局面，这样才能使企业走出困境并获得可持续发展。

　　稻盛和夫的长周期管理思想在一定程度上解释了为什么要在社会经济系统中强调部分统一于整体。系统整体所处的宏观层次决定了它能够具备宽广的视野，而系统局部很容易受较短时间尺度上的周期波动干扰，因而不具备立足长周期的科学规划能力。社会经济系统是一个由多主体共同塑造的复杂网络，因此，只有在演化过程中逐渐凝聚共识，形成独特的价值观及使命感，方能形成合力、行稳致远。

第八章

协同：
系统组分之间怎样融合

治大国，若烹小鲜。以道莅天下，其鬼不神。
非其鬼不神，其神不伤人；非其神不伤人，圣人
亦不伤人。夫两不相伤，故德交归焉。

——《道德经》第60章

协同是系统主体或组分层次之间所形成的一种高度融合状态。在日常工作生活中，协同是人们普遍关注的话题。当前，全面深化改革十分重视各项制度的协同性，协同已然成为不同业务领域组织团队建设的一个主要目标。按照《说文》的解释，协同的意思为："协，众之同和也。同，合会也"。《后汉书·桓帝纪》中也说："内外协同，漏刻之闲，桀逆枭夷。"英文里的协同（Synergetics）来自古希腊语，意为"协调合作之学"。协和、同步、和谐、协调、协作、合作都是协同的基本内涵。1971年，德国理论物理学家赫尔曼·哈肯创立了协同学，他围绕自然界和人类社会存在的各种有序、无序现象，着眼于若干子系统产生系统宏观结构和功能的过程，探究了在普遍规律支配下的系统自组织涌现。恩格斯指出："自然界中无生命的物体的相互作用既有和谐也有冲突；有生命的物体的相互作用则既有有意识的和无意识的合作，也有有意识的和无意识的斗争。"[1] 要知道，"所有的两极对立，都以对立的两极的相互作用为条件"[2]。因此，我们要善于在矛盾对立中把握统一，在事物相互作用的联结中找准方向、凝聚力量。在系统的自组织过程中，矛盾关系是普遍存在的，诸如部分和整体、差异与同一、合作与竞争、支配与服从、偶然与必然等。那么，如何把握这些矛盾关系并推动系统产生有序结构，就是协同学所关注的主要问题。哈肯认为，协同广泛体现在非生命系统、自然生态系统、经济社

---

[1] 《马克思恩格斯文集》第9卷，人民出版社2009年版，第547页。

[2] 《马克思恩格斯文集》第9卷，人民出版社2009年版，第516页。

会系统等各种类型的系统中。运用协同学，可以更好地阐明系统自组织有序的运动规律，说明系统在整体上产生新结构与新功能的原因。

一、晶体与激光：由序参量主导的协同

协同揭示了系统从无序到有序或者从一种有序状态到另一种有序状态的自发演化机制。系统内各主体之间、系统与环境之间的协同作用是决定系统有序程度的关键因素。协同导致有序。

在非生命系统中，晶体和激光是体现协同作用的典型。首先来看晶体，它呈现为静态的有序结构，是由大量微观物质单位，如原子、

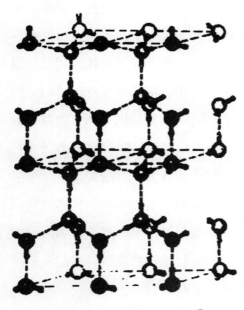

图8—1　冰晶体的规则结构 [1]

离子、分子等按一定规则排列而成的固体。除内部分子的有规则排列外，晶体还具有固定熔点、均匀性（各部分的宏观性质相同）、各向异性（不同方向上的物理性质不同）等一般特性。譬如雪花，它是一种冰晶体（固态水），还有大多数金属也都类属于晶体。如图8—1所示，在冰晶体中，水分子会周期性地排列在一个固定的点阵上，大球代表氧原子，球上突出来的"臂"代

---

[1] 〔德〕赫尔曼·哈肯著，凌复华译：《协同学：大自然构成的奥秘》，上海译文出版社2013年版，第20页。

表氢原子。

冰晶体来源于水的相变，相变是由系统中大量分子之间相互作用的势能与分子热运动的相对大小决定的。在物理学中，不同的聚集状态，比如固态、液态、气态称为相。在一定条件下，不同相之间进行的转变即为相变。在压力等其他条件不变的情况下，相变发生在一个精确的温度下，即临界温度。液态水经过减压或加热至100℃时，水沸腾便会变为气态水，即水蒸气。而液态水被加压或者冷却至0℃的低温时，就会凝结成固态的冰晶体。从分子层次看，不同相态的水分子运动方式有所不同：在水蒸气中，水分子四向纷飞、快速运动，不断相互碰撞并改变飞行方向，彼此之间的相互作用小到可以忽略不计，整体上是一种完全无序的状态。在液相中，水分子之间虽然相距很近、相互吸引，但仍能够产生相对位移，形成水的流动。而在冰晶体中，如图8—1所示，水分子的排列遵循一定的空间秩序，水分子之间的协同作用在系统中占据主导地位。如果系统温度达不到冰晶的熔点，水分子的排列位置是不会移动的。

与水蒸气、水、冰晶体的不同微观水分子状态相联系的是不同的宏观性质。以体积为例：水蒸气很容易压缩，但水却几乎不能压缩，而冰晶体作为一种固体更是难以压缩。这说明，系统组分之间相互作用的变化能够引发系统整体上产生全新的物理性质。在水的不同相态转变中，较高的温度会导致水分子发生剧烈的热运动。从水蒸气到液态水再到冰晶体，系统温度在逐渐降低，水分子的运动状态则趋向稳定，系统整体也由无序变为有序。按照耗散结构理论的主张，开放系统由无序变为有序需要远离平衡态。而在水的相变过程中，无论是处于气态、液态还是固态，系统在每个相态上都会保持温度的处处均匀，即热平衡状态。这说明了不仅远离平衡态，处于热平衡状态的系统同样可以由无序变为有序。哈肯考察了大量处于平衡态和非平衡态的系统，因而创造性地指出了一个开放系统能否从无序转变为有序，关键并不在于系统处于平衡态还是远离平衡态，而是在于系统内部是否存在主体或不同组分层次之间的协同作用。

金属作为晶体家族的主要成员，其中的超导性和铁磁现象的产生过程同样体现着协同作用。超导性是金属导体在一定温度下实现了电阻为零的状态。在说明电阻为零的超导性之前，首先需要明确电阻是如何产生的。大多数的金属为晶体点阵结构，在传输电流时，电流中的电子与金属点阵的各个原子相碰撞，导体对电流产生的阻碍作用被称为电阻。如图8—2所示，金属晶体的原子用大圆圈表示，电子用小黑点表示。在二者的碰撞过程中，电子会与金属点阵相互摩擦并释放一部分能量，这些能量会转化为点阵原子的热运动。

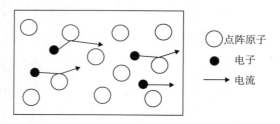

图8—2　金属传输电流时的微观面貌 [1]

通常，在电阻的影响下，电流的能量会不断损失并且转化为热能。电熨斗正是这一规律被实践应用的产物。当然，如果是在电流传输领域，电阻所导致的电能损失和发热现象就是对能源的浪费，因

---

① 〔德〕赫尔曼·哈肯著，凌复华译：《协同学：大自然构成的奥秘》，上海译文出版社2013年版，第23页。

为电力用户希望接收到发电厂所生产出的全部电能，而不是去加热输电线。1911年，荷兰物理学家卡默林·昂纳斯（Heike Kamerlingh Onnes）发现水银冷却到低于–268.98℃时就会完全失去它的电阻，他称这一现象为超导性。通过进一步的实验后，他发现，超导的实现有赖于系统降低热能所带来的一种非常特殊的微观有序状态——金属中的电子成对地穿越晶体原子。正是因为这些成对的电子遵循着严格有序的运动，才能抵抗金属晶体原子的阻挡作用。这就好比一个在灌木丛（晶体）中行进的纵队，当队员们（电子）只要按照一定组织原则有序通过时，就可以减少乃至消除灌木丛对于纵队前进的阻碍。

有关子系统间相互作用的势能与分子热运动这二者的动态"博弈"，从磁铁随温度而发生的磁性变化中就能直观地感受到：磁铁在室温下具有磁性，但被加热到一定的温度时，磁铁的磁性就突然消失了。物理学家试图在微观层次上探寻其突变原因。通过分割磁铁发现，它是由微小的"基本磁体"所构成的。这些"基本磁体"之间有着相互作用，一般按相同的方向排列。此时，磁铁是具有磁性的。那么，

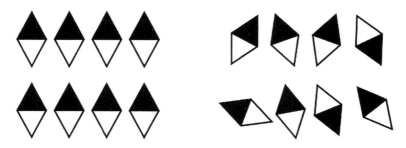

图8—3　无序磁相和有序磁相的微观样貌 [1]

---

　　[1]　参见〔德〕赫尔曼·哈肯著，凌复华译：《协同学：大自然构成的奥秘》，上海译文出版社2013年版，第25、26页。

从加热这一"刺激"到失去磁性这一"反应"之间，磁铁内部究竟发生了怎样的变化呢？正如图8—3所体现的，在磁铁未被加热或受到的热能未达到某一程度，所有"基本磁体"在相互作用的影响下会排列整齐，同时指向同一方向。此时，磁铁在整体上呈现为有序磁相。而当磁铁被加热到一定程度后，系统中的分子热运动便开始占据主导，"基本磁体"就变为了无序运动，且可以指向任一方向，磁铁的磁性也由此消失。金属晶体存在的超导性与铁磁现象说明：系统微观上是否有序决定着系统宏观上的呈现状态。

激光是20世纪以来人类的重大发明之一，这一点受到了哈肯的重视。激光器是哈肯协同学研究的基本模型系统，哈肯的协同学思想最早也是在激光研究中形成的。通过研究激光，哈肯发现，激光在远离平衡态时所发生的从无序到有序的变化与热平衡系统中的相变十分相似，这促使他进一步对其他系统展开类似研究，从而建构出了协同学原理。相较于普通光源，激光的单色性、方向性更好，亮度更高，常被应用于激光切割、光纤通信、激光矫视等方面。那么，激光系统因何具备这些特性？它与普通光源的具体区别又在哪里呢？

我们可以通过分析普通灯泡的运行机制来大致了解光电子的运动情况：充气管作为普通灯泡中的一个部分，是一种充满某种惰性气体（例如氖）的玻璃管。在充气管内，单个气体原子由带正电荷的原子核和一系列带负电荷的电子组成，这些电子环绕着原子核运动。由于电子具有波粒二象性，波的能量连续性要求电子围绕原子核运动时需要沿着"首尾相连"的环状轨道，并且每个电子所占有的某些轨道都是严格确定的。如图8—4所示，电子通常在最低轨道上运行，但当电流（由许多电子构成）通过充气管时，气体原子与电流中的电子相碰撞，气体原子的电子就会被撞击到一条能量较高的轨道上。这些受激的"光电子"最终会自发地回落到原来的轨道，并且以光波的形式释放出能量。而后，电子将在最低轨道上继续运行，重复着上述碰撞与回落的行为。

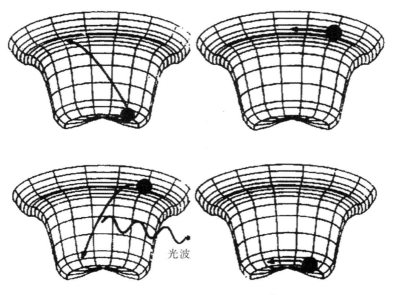

图8—4　单个电子的轨迹图[①]

　　在充气管中，许多电子都会经历这样的过程来产生光波，如同将许多石头任意扔入水池，电子回落的时刻均不可预测，这使得普通灯光中的光波是杂乱无章的。与之不同，激光是各个光波以协同作用形成的光束，各光波的振动频率一致。为了更直观地展现出二者之间的区别，我们来做一个形象的比喻。如图8—5所示，假设将此处水渠中的水比作光场，并且用站在水渠上的小人来表征电子。当小人们将

---

　　① 〔德〕赫尔曼·哈肯著，凌复华译：《协同学：大自然构成的奥秘》，上海译文出版社2013年版，第45页。

手中的木棒插入水中时，水面发生振动，水波由此产生。光波的生成原理与此类似，当电子们从能量较高的轨道回落到原有轨道时，光波得以被释放出来。在普通灯光中，电子回落的情况就像小人们步调不一地向水中插入木棒一样混乱，导致光波整体较小。而在激光器中，电子们却仿佛收到统一"指令"一般，同时将"木棒"插入"水中"，激光器中的光波出现了统一的均匀波动，整体波幅也更大。

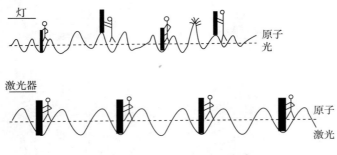

图8—5　灯与激光器的对比 [①]

统一的"指令"并非来自外部，而是产生于系统内部原子之间的协同作用，它们在自组织过程中建立起了系统整体的有序状态。与充气管相比，图8—6展现的激光器在其两端加入了两个单面镜，镜子的反射作用使得平行于轴线的光波可以较久地留存在激光器中，而不平行于轴线的光波将很快逸出，发射端镜子中间有个小孔用于输出。这些设计保证了激光器输出的光是单方向的，并且有着确定的频率。当从外部把能量泵浦 [②] 输入激光器时，激光器的中光波与电子、光波

---

① 参见〔德〕赫尔曼·哈肯著，凌复华译：《协同学：大自然构成的奥秘》，上海译文出版社2013年版，第46页。

② 激光泵浦源是指为使激光增益介质、实现并维持粒子数反转而提供能量来源的装置，包括光泵、气体放电鼓励、化学鼓励和核能鼓励四种类型。

与光波间的相互作用便由此拉开帷幕。当泵浦功率较低时，被激活的原子彼此独立、无规则地发出不相干的光波，即如普通灯光一样。而随着泵浦功率逐步增高，更多的原子开始被激活，激光器中的受激"光电子"增多，这些已有光波开始了相互竞争，以求与这些新产生的受激"光电子"发生相互作用来加强自身，从而形成更强的光波。从新产生的受激"光电子"的视角来看，它们更倾向于把自己的能量交给与其固有振动节奏最为接近的一种波。当泵浦功率达到某一阈值时，激光器中的这种相干作用将发挥得最为充分，某一光波脱颖而出建立起主导地位，它将支配每一个新受激的"光电子"，形成与其振动频率一致的统一光波。这一主导光波确定了激光器中的"序"，起到了序参量的作用。

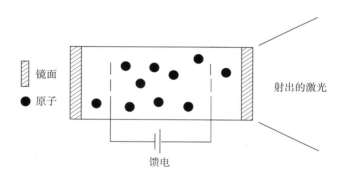

图8—6　典型激光装置 [1]

　　序参量 [2] 是协同学的重要概念，是系统从无序状态到有序状态的标识机制。在一个复杂适应系统中，可以有一个或多个序参量来描述

---

　　① 〔德〕赫尔曼·哈肯著，凌复华译：《协同学：大自然构成的奥秘》，上海译文出版社2013年版，第47页。

　　② 序参量就是在系统相变过程中，能标识从无序到有序的状态参量，它能给出相变在何时出现。

其宏观状态。序参量通过系统内各子系统之间的协同作用而形成，产生后又支配着各子系统的行为。当系统处于混乱状态时，各子系统相对独立、联系较弱，序参量的取值为0；一旦系统出现有序结构后，序参量就取非0值，以起到指示或者显示系统有序结构形成的作用。序参量的存在说明了系统产生协同作用的偶然性与必然性。起初，在激光器中，各种波完全由电子偶然地、自发地产生，后来，这些波又按照竞争规律相互制约、形成筛选。在光电子的选择中，激光器中的对称性①被打破，最终形成了序参量。序参量的产生是竞争规律下的必然结果。序参量使各个电子恰好按同一节拍振荡，"支配"着所有电子的运动。序参量的产生经历了一定过程，即出现激光需要有一定量的积累。由于激光器是一个不断与周围环境交换能量的开放系统（光波会因为散射等原因损失，且不存在能够把光波永远留在激光器中的完美镜面），所以，产生激光需要保证受激放射产生能量增益的速度与持续性，以此来补偿由镜面造成的损失，这便会涉及量变与质变的关系：当泵浦功率增加到某一阈值时，普通光将会突然转变为激光。

二、黏菌和水螅：基于信息交互的协同行为

从非生命走近生命，生命活动这一有序状态的维系离不开协同作用，这里我们以黏菌和水螅为例来展现其中的协同行为机制。黏菌的生命周期共分为3个形态不同的阶段：原质团（也称为变形虫群合体）

---

① 在某种操作下（如旋转、平移、镜像等）系统的状态不会发生改变，则称系统具有某种对称性。这一概念在本章第四节将得到具体介绍。

阶段、子实体阶段、游动孢子阶段。因为黏菌的运动与摄食方式类似于原生生物中的变形虫，而其繁殖期产生子实体、以孢子进行繁殖的行为又与真菌相似，这使得科学家们对于黏菌的分类归属一直存在着争论。此外，黏菌的独特行为机制也使它得到了较多的研究关注，因而为人们所熟知，"集体意识""高级智慧""惊人智力"这些修饰词常被用在黏菌身上。首先我们来看黏菌的原质团阶段：这个阶段的黏菌正处于生长期或营养期，表现为裸露的无细胞壁的原生质团。当食物缺乏时，黏菌通过聚集完成共同进食。某一黏菌发现食物后会首先产生和分泌一种化学物质（循环腺甙单磷盐酸 cAMP），以此作为信号来召唤周围的黏菌。受召唤而来的黏菌会继续分泌出更多的 cAMP，并借由正反馈在某一区域形成支配其他黏菌的序参量。直到许多黏菌慢慢合体成为一团"黏液"，它们才会通过吞噬作用一起完成进食。

2000 年，日本科学家中垣俊之（Toshiyuki Nakagaki）带领研究团队围绕黏菌的这一特性设置了一个有趣实验：在一个普通迷宫中培养黏菌，迷宫的起点和终点处分别放置一些燕麦，再设计 4 条长短不一的路线来连接这两处食物源。研究人员在实验中发现：黏菌首先会伸展自己的细胞质，以覆盖住几乎整个迷宫平面。只要发现了燕麦，它们就会一起集中到获取食物最短的路径之上，然后慢慢收回对其他路径覆盖的部分（如图 8—7 所示）。科研人员无论重复多少次实验，黏菌总是能够选出那条获取食物的最优路径。黏菌还可以根据所处环境发生的变化进行及时调整，如果将其中一个食物源拿掉或者换到其他位置，黏菌将会重新判定形势并再次呈现最优排布。在此实验基础上，有科学家利用黏菌模拟出了整个日本东京地区的铁路网，并将黏菌规划路线的能力用于其他领域的空间设计上。

图8—7　黏菌迷宫实验 [1]

　　黏菌的第二个阶段是子实体阶段，此时的黏菌到了繁殖期，原质团聚集形成的群合体在食物耗尽和有光线的条件下将慢慢长成蘑菇形状，并分化出茎和孢子囊。这一过程同样很有研究价值：多个相同的原质团集合黏附在一起后，为什么在集聚物的一侧形成茎，而在另一侧则形成孢子囊？是什么决定了它们之间的"职能分工"呢？虽然相关研究还有待深入，但在这个分化过程中，单个原质团似乎是借助了一种化学物质沟通来形成"共识"的。对此，我们可以从水螅的例子中得到更多认识。

　　水螅是一种体型较小的无脊椎动物，特殊的是，水螅能够无限次地再生身体。当水螅的身体被切成小块后，它们仍能再生形成健康的身体。水螅的强大生命力引起了科学界的重视，哈肯在协同学中也对水螅进行了集中讨论。为弄清水螅再生身体背后的原理，哈肯设想了如下试验：首先，把一个水螅从中间切开，变为两个小水螅，之后那个位于头部的小水螅将再生出脚，而有脚的小水螅则将再生出头。这

---

　　① 〔英〕克里斯托弗·劳埃德著，雷倩萍、刘青译：《影响地球的100种生物　跨越40亿年的生命阶梯》，中国友谊出版公司2022年版，第43页。

也表示相同的细胞可以发展成两种完全不同的器官。因此，这些细胞必然会以某种方法从细胞群中得到指令，以便得知它们需要履行的"职能"，即再长出头还是再长出脚。换句话说，细胞必须能够得到关于它在细胞群中的位置信息。

哈肯进一步推论认为：想要在一个并未分化的细胞群中产生头和脚，必须依靠两种物质：一个是促进头部形成的物质，称为生长素；另一个则是阻碍和抑制头部形成的物质，称为抑制素。起初，细胞群中的各个细胞在生成生长素和抑制素时具有同样概率，这两种要素作为"流"可以在细胞群中进行相互作用、传递相关信息。然而，当小水螅某一部分的生长素浓度达到临界点时，即生长素成为这一部分的序参量时，高浓度的生长素便能将其周围单个细胞的基因接通，这种基因会影响细胞的分化，从而产生头部。在此过程中，系统的序参量通过化学物质的相干作用而产生，产生后又控制着系统内各种主体交互反应的进行，以确保有序结构的最终形成。

以色列理工学院的研究人员加内雷特·克伦（Garnerett Karen）和他的同事们也对水螅的再生能力展开了研究，指出切割后的水螅身体是通过绳状蛋白质纤维——细胞骨架来重新排列它们的细胞进而完成再生的。当水螅身体被切割时，细胞骨架类型被保留下来变成新身体的一部分，其中存储着有关水螅身体排列的记忆信息可以指导身体再生。反之，如果水螅的细胞骨架受到干扰，也就可以避免水螅身体的再生。虽然与哈肯归结的原因不同，但是从该团队对细胞骨架储存信息的强调也可以看出原有序参量在水螅再生中的作用。科学界有关水螅再生能力的研究仍在发展，但可以确信的是，系统中各组分层次的"职能分工"过程往往遵循着协同学原理。

三、共生：竞争环境演化出的协同

不仅是某种生物本身，在不同生物之间同样也存在着协同行为。达尔文的《进化论》是生物学中描述物种间关系的经典名作，物竞天择、适者生存是其中的核心思想。达尔文认为，自然界的生物发展是一个由较不复杂到复杂的过程，生物的遗传特性能够自发地变化，即突变，进而引发性质上的改变。例如，白蝴蝶后代可能长着黑翅膀，翅膀也可能发生残缺或变形。变异的出现可能会导致生物对环境的适应性增强或减弱，比如鸟喙在经历某种突变之后，就可以吃到曾经无法啄到的食物。生物某一新形态的产生和延续一方面会受到偶然突变的影响，另一方面也受制于自然选择。各种生物为适应所处的环境，会围绕食物、领地等方面展开竞争。因此，只有适应环境、赢得竞争的适者才能生存下来。可是，自然生态系统中的生物纷繁复杂，难道它们都是最适者吗？这启发了我们应对生存问题作进一步的探讨。

首先需要认识到，适者是在一定范围内的最适者，物种们一般有着各自的专门领域，具备相应的特殊能力。不同物种之间的竞争，只有在它们共同生活在一片区域时才会发生。比如，澳大利亚受到海洋阻隔的影响，演化出了一个与其他大洲完全不同的动物圈，包括袋鼠、考拉、鸭嘴兽、鸸鹋等。而且，即便是各个物种居住点很近，它们也会倾向于创造出专属的生存环境。比如，生存地较近的鸟类会通过进化出完全不同的喙来获得不同的食物来源，开发出自己的"生态小环境"，而无须在激烈竞争中艰难求生。除了凭借专门化，生物也可以从一般化角度来谋求延续，比如野猪等动物所吃的食物很广泛，在一定程度上也就避免了因为食物竞争所带来的压力。

然而，在生存斗争中还存在着一些看似"格格不入"的现象——共生，即不同物种之间达成相互依赖的互利关系，双方甚至会因为关系破裂而无法继续生存下去。共生现象在自然界中十分普遍：蜜蜂依靠花蜜为生，同时也四处奔波传播花粉，帮助植物更加茂盛；埃及鸻帮助鳄鱼清除牙齿间残留的一些腐肉，既获得了食物，又令鳄鱼远离了口腔问题，达成了双赢；牛椋鸟栖息在常见的食草动物身上，以它们身上的虱子、苍蝇为食，同时也为这些食草动物充当警戒员和清洁工的角色；蚂蚁"饲养"蚜虫，保护蚜虫不受天敌的伤害，而蚜虫也产出蜜露给蚂蚁食用；因为小丑鱼对海葵的毒素免疫，所以海葵可以为遭到其他鱼类攻击的小丑鱼提供避难所，小丑鱼则会帮助海葵清理部分坏死组织与寄生虫。事实上，生物中的共生现象并非自然生态系统中的异类，它与竞争现象一样，是生物关系中的相互作用形式。共生强调的是"互补"，而竞争则强调"替代"。

在竞争与共生的共同影响下，生物之间结成了复杂的协同演化关系。这里，我们以自然界中最基本的关系——捕食者与猎物为例来作以说明：通过捕猎行为，捕食者逐渐演化出了尖牙利爪、致命毒液等工具以及诱饵追击、集体围捕等手段，以此提升捕猎的成功率。而猎物面对"刺激"，也会相应地输出"反应"，发展出诸如保护色、警戒色、拟态等进行积极防御、躲避捕食者的猎杀。而捕食者围绕猎物的特殊能力又将做出新的改变。以此类推，捕食者与猎物将持续地影响着对方的演化路径、共同应对环境变化。若将捕食者与猎物的关系置于不同的生态环境、物种类别等具体条件下来观察，我们可以看到多样的生态位，并且这些多样的生态位也会随着生物演化过程而有所更新，这为生物多样性提供了生成条件。

生态位塑造着生物之间不同的功能和作用，体现着一个生物在自然生态系统中的地位与角色。生态位理论区分了基础生态位与实际生态位这两个概念，基础生态位是生物在理论上所能栖息的最大空间，而实际生态位是生物在竞争者影响下所实际占有的空间。某一生物参与的竞争关系越多，它所占有的实际生态位可能就越小。竞争深刻影响着生物生态位的形成与发展：当物种之间出现生态位重叠时，激烈的竞争就在所难免，结局也往往以失败方的逐渐消亡而收场。当某一物种缺乏竞争者时，它的生态位也会随之扩散。生物生态位的变化推动着生物自身及其相关生物在性状上的改变。比如，伴随着竞争关系的调整，某种捕食鱼的喙长会随着猎物鱼的体长变化而变化。换个角度看，在不同生物之间生态位的"磨合"中，其彼此间的功能边界也在不断明确。长期的生物进化过程促使着自然生态系统中序参量的形成，支配着生物间的相互关系。生活在同一群落的各种生物间也出现了生态位分化的现象：生态位接近的物种为降低竞争的紧张度，会向着占有不同的栖息地、吃不同食物、不同的活动时间等方向发展，以期在平衡中形成共存 [①] 或共生。

---

① 共存是指两种以上的有机体稳定地生活在一起的现象；共生是两种生物或者两种中的一种由于不能独立生存而共同生活在一起，或者一种生活在另一种体内，在互相依赖中各自获益的现象。

四、涨落：酝酿协同的动力源

　　系统在出现有序状态之前，往往会经历一个由多种可能状态同时存在的阶段。就此，我们先来一起看一个有趣的例子（如图8—8）：如果将注意力放于白色部分，你或许将看到纯白的天使张开翅膀在黑暗中排布；而如果将注意力放于黑色部分，你或许将看到长角的黑色魔鬼布满亮白的天空；又或者你一下子就发现了这幅图画的秘密，同时看到了天使与魔鬼。

图8—8　天使与魔鬼[1]（这幅图画是由荷兰著名艺术家埃舍尔所作，名为《天使与魔鬼》，在他的画作中经常会出现类似的两歧图形，即在同一幅图画里，通过明亮部分与阴影部分在头脑中的交替呈现，人感知到的形象会有所不同）

————————

　　[1]　〔德〕赫尔曼·哈肯著，凌复华译：《协同学：大自然构成的奥秘》，上海译文出版社2013年版，第88页。

图8—9　花瓶与人脸的双歧图形演示①（若把中间的白色部分视为主体，人脑可以识别出花瓶这一图形；而若把两侧的黑色部分视为主体，人脑识别出的则是两张面对面的人脸）

　　围绕双歧图形所带来的神奇直觉感受，美国心理学家菲利普·津巴多（Philip George Zimbardo）在其著作《路西法效应》中写道："埃舍尔的图呈现了三个心理事实：第一，这世界充斥善与恶，从前如此，现在如此，以后也一定如此；第二，善与恶的分界可以互相渗透且模糊不清；第三，天使可以变成恶魔，令人难以置信的是，恶魔也可能变为天使。"②矛盾具有普遍性，黑与白、善与恶、天使与魔鬼等双歧图形体现着矛盾双方虽然处于对立，但在一定条件下能够相互转化的辩证观点。在《天使与魔鬼》这幅图画中，"天使"与"魔鬼"两种图形在人脑感知的地位是不相上下的。如果没有其他因素干扰，二者被感知的概率是相同的，即存在对称性、同理，在图8—9中，"花瓶"与"人脸"的关系亦是如此。

---

　　① 〔德〕赫尔曼·哈肯著，凌复华译：《协同学：大自然构成的奥秘》，上海译文出版社2013年版，第88页。

　　② 〔美〕菲利普·津巴多著，孙佩放、陈雅馨译：《路西法效应：好人是如何变成恶魔的》，生活·读书·新知三联书店2015年版，第1页。

第八章
协同：系统组分之间怎样融合

何为对称性？简单说，对称性就是对系统进行某种操作（比如旋转、平移、镜像等）后，系统的状态不会发生改变。这种状态不变性是时空上的。当一个系统的状态在空间上分布均匀且不随时间变化时，它的对称性最高。图8—8的"魔鬼"与"天使"对于看画人来说具有感知对称性，而不同的看画人之所以会产生不同的感知体验，其原因就在于在外部信息影响下的系统发生了"对称性破缺"[1]。外部信息的形式多种多样，比如提示看画人把某种颜色视作主体或看画人本身对某种颜色或者图形的偏好等。这些信息在系统内外发生的条件上的微小变化都可能成为使人脑感知天平倾斜的砝码。从系统动力学的角度讲，它们能够对系统的行为特性构成影响，是没有规则、无法被预料的各种波动因素，而这些因素的扰动促成了涨落。

涨落描述了系统偏离平均值的起伏状态。根据不同的划分标准，涨落存在着多样的类型：从形成原因来看，有内部因素引起的内涨落和外部因素引起的外涨落；从影响程度来看，有不足以改变系统结构的微涨落和足以改变系统结构的巨涨落；从涨落与系统整体演化的关系来看，有令系统结构稳定、有序的正向涨落和令系统结构失稳、无序的反向涨落等。涨落是系统中的客观存在，系统在存续运行的实际过程中都会遇到涨落，涨落也为系统演化带来了不确定性。在涨落的影响下，原本处于某种对称性的系统将完成选择。一次次的对称性破缺将使系统趋于多样化并从简单走向复杂。比如，仅从二维空间来看，一个圆具有高度对称性，基于其轴对称进行对称性破缺，我们可以得

---

[1] 对称性破缺（Symmetry reaking），又称非对称，是指事物或运动以一定的中介变换时出现的变化性，是事物多样性的源泉。从哲学上来说，对称性破缺是事物通过某种中介而变化时出现的差异性，这种差异不是绝对的差异，是包含同一的差异。

到许多种类的多边形，其中，正四边形和正三角形保留了较多的对称性，而长方形则具有特定的轴对称性。随着对称性破缺的程度越来越大，由此产生的图形种类也更为多样。

涨落是形成系统有序结构的动力。系统想要从一个稳态过渡到另一个稳态，中间需要有足够大的涨落发挥推动作用。双稳态力学模型说明了涨落与对称性破缺之间的密切联系，如图8—10所示：当一个小球被放置于A点时，由于其所处位置的不稳定性，加上其随时会受到涨落的影响，因此，小球势必会滚落至新的位置。这一新的位置或是左侧的B点，或是右侧的C点。在小球尚未落下时，它落至B点与落至C点的可能性是一样的，即呈现出对称性。一旦小球开始朝着一侧落下，便构成了对称性破缺。小球向左或是向右对应着矛盾的两面，也就是双歧图形中的两种感知体验。涨落对于系统演化的重要作用也在这一力学模型中得到体现：从小球的运动状态来看，处于A点的小球只需要相对轻微的扰动就会偏离原始状态，因而其属于不稳定态。而想要小球从B点到C点或者从C点到B点都需要相对较大的扰动才能翻越A点。若扰动不够，小球便只好原路返回。故而小球在B点与C点时属于稳定态。涨落既是有序的破坏者，也是有序的建设者。针对小球从B点运动到C点这一路线来看，涨落令处于B点的小球脱离稳态。而在落到点C时，涨落又会令小球逐渐趋于稳态。

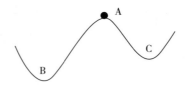

图8—10 双稳态力学模型

涨落的存在意味着系统始终保持着动态演化，其所促成的有序结构也并非一成不变。一般而言，由于构成主体的多样性，复杂系统必然存在着一定形式的涨落。例如，在20世纪初，亚得里亚海的渔民们发现他们捕获鱼的数量是有规律地涨落的。经过调查后，大家得知，此海域鱼的总数本身就呈现为周期性涨落的结果。围绕这一现象，数学家洛特卡（Lotka, Alfred James）和伏尔特拉（Volterra）建构出了一套数学模型并进行了深入探究。他们指出，海中可以大致分为两种鱼类：一为捕食鱼，二为被前者捕食的鱼。鱼的总数之所以会形成周期性涨落，是因为这两种鱼类之间存在着某种动态平衡机制：开始时，只有较少的捕食鱼。在一段时间内，被捕食的鱼可以不受阻碍地繁殖，捕食鱼也能够轻易地找到较多食物，从而迅速地繁殖起来。因此，此阶段海域中鱼的总数自然是较高的。然而，伴随着捕食鱼数量的大幅增加，被捕食的鱼的数量开始逐渐减少。与此同时，食物的短缺也导致了捕食鱼数量的减少。此阶段中，海域中鱼的总数也就变得较少了。以此类推，这两个阶段会交替出现，进而在系统整体上形成了鱼的总数周期性涨落的情况。值得注意的是，数学模型中有可能出现因捕食鱼吃光了所有被捕食鱼而导致它们自己也全部灭绝的情况。但在现实中，自然生态系统却阻止了这种可能性的发生，因为它在演化中为被捕食鱼提供了一些免遭捕食鱼袭击的有利条件，以保证从无序到有序、从有序到新的有序的系统生态平衡。

复杂系统在演化过程中出现临界分叉时，不同方向上的选择在其性质和地位上是对等的，即处于对称状态。那么，到底哪个可选状态能够最终实现呢？这不仅取决于"初值敏感"这一内在机制，也需要考虑到方向选择的问题，即重视涨落在系统演化中的作用。如果存在于各种演化分叉之间的对称状态迟迟无法被突破，那么系统的演化便会停滞不前。以图8—11所示的力学模型为例：假定小球是钢制的，而其所运行的轨道是较软材料，此时，我们仍把小球放于 A 点，那么小球在 A 点"犹豫不决地"停留的时间越久，它就将越深地陷入到轨道里，直到被困在自己造成的凹槽之中并失去选择的机会与能力。类似的情况在现实生活中也有所发生。比如，在面对两个或者多个优缺点旗鼓相当的工作选择时，如果一个人迟迟拿不定主意、犹豫不决，便会逐渐陷入到矛盾的"凹槽"之中无法自拔，直到这些工作单位都渐渐地不再有意于他。法国哲学家布里丹（Jean Buridan）就此提出了"布里丹毛驴效应"，讲的是一个理性的驴子因为在两堆具有对称性的草堆中无法做出选择而最终被饿死的故事，同样指明了选择的重要性。

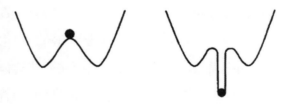

图8—11　小球的陷落 [①]

关于涨落的分析范式为人们做出选择、解决矛盾提供了协同学意义上的方法论。它首先展示出了这样一个道理：即使我们经过旷日持久的、极为充分的考虑，也无法一劳永逸地解决矛盾。时移世易，复杂系统的动态演化决定了系统主体的某一选择不可能总是有效，而将

---

① 〔德〕赫尔曼·哈肯著，凌复华译：《协同学：大自然构成的奥秘》，上海译文出版社2013年版，第92页。

大量的时间耗费到某一选择中是不必要的。主体应根据系统情况变化灵活地协同调整，而不是执着于原有结论或者追求决策的绝对完美。再者，系统中确实存在着两种或者两种以上的基本等价的选择，它们的"命运"常常是基于涨落而定，即被选择还是被淘汰。这也启示了我们，在面临选择时，确实需要一定时间的反复考虑、权衡各方，而一旦发现选择之间基本等价时，便不必再过多纠结，做出选择后也无需后悔，毕竟未被选择的答案也有其不足。

五、社会系统中的协同作用

团结就是力量，这是协同作用在社会系统中的经典表达，展现了人类社会这一复杂系统在自组织过程中形成的结构有序状态。协同作用对于人类社会的延续与进步发挥了至关重要的影响。依托集体力量，人类得以克服野兽侵扰、自然灾害、社会动荡等一系列不确定因素，并在相对稳定的环境中获得了持存，还创造出了诸如长城、金字塔等伟大的文明成就。

关系是社会系统产生协同作用的基础条件，表现为人与人之间的相互作用。相较于自然系统，社会系统中的个体具有主观能动性，其反应集合也更为复杂，可以借由语言、神态、行为等方面的交流进行相互作用。正如基本磁体协同可形成磁场一样，人类通过聚集以及由此产生的相互作用也会建构出"场"。这个"场"并不特指或显示某一具体主体的情况，而是能够反映社会系统宏观样貌的序参量。并且"场"一旦在社会系统中出现，就会反作用于系统内的各个主体，通过塑造他们的认知行为等来巩固与增强"场"在系统中的支配地位。

正如马克思所言："人的本质不是单个人所固有的抽象物，在其现实性上，它是一切社会关系的总和"[①]，主体的社会性来自于关系，同时关系也会促使着主体受到周围主体乃至整个社会"场"的影响。

相互作用并不完全等同于协同作用，协同需要系统内各个主体的相互作用达到一定程度时方可出现。协同作用中的各主体在关联的基础上能够根据系统内外的情况变化协调同步地予以反应，进而推动着系统走向有序。譬如，在日常生活中，如果留心观察，我们就会发现城市中的商店往往聚集在一处，进而形成了美食街、小吃城等功能区。从表面上看，这种选址方式不仅增加了商户之间的竞争压力，也使得其他区域的商机"闲置"，似乎阻碍了商户们扩大盈利。但实际上，集中选址是城市发展推动下各商户长期相互作用的协同结果，是商户们均衡利弊后的有益选择。当城市系统的交通尚不发达时，各商户分散选址、专注经营并服务于所在区域的客流无疑是良策。但是，伴随着城市发展以及由此带来的交通便利，这一"良策"将不再适用。商户们在相互作用的实践中得出了结论：选址靠近交通枢纽或者更具吸引力的购物中心可获得更多的客流。这将促使他们不约而同地向此趋近，进而造成了选址集中，而集体营销带来的红利也将进一步吸引更多商户。至于竞争压力，商户们在共享更大规模客流的同时，也在通过协同作用逐渐找到自身的功能特色，以明确生态位的方式维持经营。类比激光器，城市中的交通情况可以视为能量泵浦，其"功率"的大小，即交通发达的程度影响着商户的行为选择。当交通发展到一定程度时，相关的功能分区将会产生，城市系统的结构也会由此

[①] 《马克思恩格斯文集》第1卷，人民出版社2009年版，第501页。

发生改变。

协同是复杂系统主体之间竞争与合作的辩证统一，二者在系统的自组织运动中均发挥了重要作用。聚集后的商户虽然在吸引客流量方面缔结了合作，但其竞争关系仍然存在，毕竟一个顾客一次性光顾该区域所有商店的概率是极小的，有选择便有差异、有差异便有竞争，这也促使着商户在"优胜劣汰"中不断提升其经营水平。但仅仅关注竞争也是不行的，各商户如果各行其是、相互拆台，把精力都放在内耗上，"整体大于部分之和"的协同效应便不可能出现。系统整体处于无序，商户作为个体也自然无法获得长远发展。这一点在博弈论的经典模型"囚徒困境"中也有所体现："囚徒"们若只考虑自身利益而不关注集体利益，是难以形成双赢的。但是这一模型设定的前提是"囚徒"在选择时不能沟通，并且选择是一次性的，但商户们的实际交互并不存在这样的限定。因此，运用逆向思维，定期开展思想沟通，或许是推动个体间走向合作的路径之一。

协同作用不仅会促使系统整体完成"质的突破"，同时也会使系统能够根据内外环境的变化展开适应性调整、在有序结构的更迭中实现优化。有关协同的这一侧面，我们可以从人类社会的演化历程中窥见一二：从缘起上看，人类在相互作用中形成了整体上的有序结构，即人类社会的最初形态——原始公社制社会。此时的社会系统相对稳定，人类对已知的自然环境具有一定的开发能力。但这种稳定状态并不能持续保持。伴随着人类系统中生产力水平的不断提升，旧有的结构模式（生产关系）将不再适用于系统的存续发展，新的结构模式（生产关系）也在逐步壮大。在新旧力量的博弈中，系统开始进入不稳定的临界区。最终，在一个偶然的时刻，社会系统完成了组织形式的变革，而新的结构模式在得到确立后也会趋于稳定。在稳定状态与不稳定状态的辩证统一中，社会系统得以演化发展。社会系统中的形态转变与自然科学中的相变具有一定相似性，它们均是系统内各主体相互作用到一定临界点后的产物，体现着协同学原理。

系统演化中的临界区虽不稳定、涨落明显，但其同时也是决出系统未来方向的关键阶段。相较于自然科学的公式与图形，围绕社会系统刻画临界区，我们或可对其中的协同作用机制产生更为感性的认识。就中国的社会系统演化而言，近代史属于一段演化临界区。1840年鸦片战争后，中国逐步从封建社会沦为半殖民地半封建社会，直到1949年中华人民共和国成立，这种状态才得以完全结束。在此临界区，基于系统内外多主体之间的相互作用，中国社会涌现出了各种救国方案，形成了具有涨落特点的社会运动，比如太平天国运动、戊戌变法、义和团运动、辛亥革命等。经过各种社会思潮的激烈交锋和论战以及实践的反复检验，中国共产党领导下的革命方案被多主体所拥护，因为它更能适应当时的内外环境变化。新民主主义最终脱颖而出，成为了稳定社会结构的序参量，这很快又促使中国社会形成了符合自身意愿的巨涨落，从而进入到新的有序结构中来。

根据运动变化快慢以及对"相变"的影响大小，在系统演化临界区形成的中观或宏观的集体行为模式可以分为快变量和慢变量两种类型。绝大多数集体行为模式会随时间而迅速变化甚至骤起骤落，而对"相变"贡献较小的称为快变量，其主要作用在于扰动旧结构。慢变量则是指随时间变化缓慢，行为特性稳定且持久，能够综合集成各种快变量、最终发展壮大为主导系统演化方向的支配力量。不难看出，序参量是慢变量，它的大小体现着系统结构的有序程度，对系统从无序到有序的演化起着决定性作用。老子主张的"重为轻根，静为躁君"就深刻反映了快变量与慢变量的关系。所以，对于处于动荡的"群雄逐鹿"的系统演化临界区，我们应站在系统整体立场上审视其集体行为模式，并更加注重如何积蓄力量、深谋远虑，而非目光短浅、急躁冒进，如此，才有机会成为稳定大局的序参量。

在自然系统中，相变可以基于物理、化学或生物学反应的剧烈程度进行研究，那么，社会系统中的"相变"是否也可以采用类似方法呢？哈肯对此持积极态度。他围绕革命的发生机制进行了相关阐述。哈肯认为，革命发生前的社会总是不稳定的，具体表现为大量民众不再维护或不再坚决地维护现存的社会制度以及民意中对现实的否定态度持续增加。同时，现有社会制度的支持者们会彼此孤立并且缄默。这样一来，社会系统就会频繁遭遇由剧烈涨落所引发的"反常现象"，比如大规模游行示威、恐怖事件、政治分裂等。这些现象的出现一般被认为是国家秩序走向崩溃的标志。随着更多社会主体被卷入到这种无序的、由激愤情绪主导的事件中，一个微小的涨落事件也极可能会成为诱发革命的"导火索"。哈肯提出，通过建立数学模型对民意情况展开计算研究，是可以得出有关革命的概率性预测的（但精准预测十分困难）。他基于协同原理，提炼了超级大国在介入其他国家事务时的必要方法：使占统治地位的政治体系（不论民主还是专制）不稳定化；使一批坚决的革命者把处在不稳定状态中的国家推向新的方向。这些观点对于我们今天进行意识形态斗争以及平衡改革发展稳定的关系具有深刻的启示意义。

第九章

信息：在不确定性中寻找确定

吾言甚易知，甚易行。天下莫能知，莫能行。言有宗，事有君。夫唯无知，是以不我知。知我者希，则我者贵。是以圣人被褐而怀玉。

——《道德经》第70章

信息，是系统主体相互理解和认识世界的基础性资源，复杂系统的运行主要是在信息获取、传递和使用中进行的。不管是烽火传信、飞鸽传书、鱼传尺素、青鸟传音，还是"辰州更在武陵西，每望长安信息稀""烽火连三月，家书抵万金"，这些成语或诗词中都蕴含着古人对信息的理解。目前，人类历史上共出现过四次信息革命：语言令信息表达更加复杂与精准；文字突破了信息交流的时空限制；印刷术促使信息流动大众化、规模化；计算机通信全面扩展了信息的功能，并仍在继续深入。信息革命引发的生产力大变革深刻影响着经济社会的发展进步以及上层建筑的结构功能。信息作为科学研究的对象，其相关领域涵括信息科学、信息哲学、信息经济学、信息环境学等多个学科。在复杂系统科学中，美国数学家克劳德·香农（Claude Shannon）基于通信系统说明了信息的本质，并将信息与不确定性联系起来，创立了狭义信息论，在技术和理论层面有力推动了信息的基础研究。从信息论的视角看，信息具有减少系统不确定性、增加确定性的作用，需要附着于信息载体方可进行信息的获取、传递和处理。通信过程中的信息是富于变化的，这一动态特性让它成为了联通系统主体以及系统内外部环境之间的重要"流体"。信息在开放环境下的流动共享，不仅有助于推动系统的自组织，也使得系统具有复杂适应性，从而能够在宏观层次上涌现出秩序。

一、信息是对不确定性的辨析度

信息，是开展系统分析的关键性概念。世界上既不存在与系统无关的信息，也不存在没有信息的系统。只要系统各主体之间、系统与环境之间存在相互作用，便会有信息的产生、交换和应用。有关信息的概念，各国的权威词典中曾列举出一些关联词汇，比如我国的《辞海》将信息解释为"消息、音讯"；英国《牛津词典》中对信息的解释是"谈论的事情、新闻和知识"；美国的《韦氏词典》将信息界定为"在观察中得到的数据、新闻和知识"；日本的《广辞苑》提出信息是"所观察事物的知识"。信息的广泛存在也引发了自然科学与人文社会科学的丰富探索，如计算机科学、心理学、语言学、神经心理学、语义学等。那么，信息的本质究竟是什么？它与这些关联词汇之间又有着怎样的联系呢？

通信科学对信息的定义进行了集中探讨，并明确指出了信息是抽象的内容，而消息、新闻、知识、数据在实际通信中扮演的则是信息载体的角色。在通信过程中，信息载体是传输形式，它具有承载和携带信息的功能，通信的目的是获取信息。作为抽象的内容，信息是不能脱离载体而独立存在的，但信息载体却有着不包含任何信息的可能性。正所谓"话说三遍淡如水"，若将同一条消息反复多次地发送给同一个人，除第一次外，接收人在之后几次获得的信息都是十分有限的。这说明，一个人拥有多少信息载体并不等同于其了解多少信息。我们每天通过移动终端浏览大量数据，但只有对我们有意义的数据才包含信息。若打乱信息载体原本的排列顺序，比如将"收到请回复"以"复到请收回"的字符顺序发送给他人，这条消息所传达的信息内容也会随之改变。不同的信息载体有相应的特征，例如，知识是人类发挥主观能动性并对分散的信息加工整理后的产物，其所蕴含的信息也就更加系统化、具备可用性。

信息虽然在不同系统中有着不同的"面貌"，但却发挥着相同的作用。举例来看，自然界中，一些花卉的开放时间往往关联着季节更替的信息；科学家通过对地震波的研究，能够获知地球内部构造的信息；动物之间通常会凭借着鸣叫、气味、特定动作等行为来完成信息的沟通。依托信息，系统主体可以了解到其所处的外部环境（包括系统内部其他主体、系统外部）的情况，并以此作为参考来输出相应的行为。比如狗、狼、狮子、狐狸等动物，它们经常会通过撒尿来圈占领地、宣示主权、警告敌方或对手。当其他动物识别到这一信息后，便会自动作出行为选择：离开或挑战。若某一动物未能及时掌握此信息而贸然进入到敌方或是对手的领地，它将失去这次有关"是否进入"的选择机会，从而处于较为被动的境地。可见，信息为主体的持存提供了基本依据，主体可以围绕信息的获取来扩展选择空间。

信息论是针对信息的理论研究，有广义与狭义之分。广义的信息论涉猎广泛，与信息相关的理论内容都可以被纳入其中。而狭义信息论则聚焦于应用数理统计方法来研究信息处理与信息传递，主要代表人物为美国数学家克劳德·香农（Claude Elwood Shannon）。凭借对信息研究的突出贡献，香农也被誉为"信息论之父"。香农给出了信息的数学定义，他认为，信息是"对不确定性的辨析度"，即信息是对事物运动状态或存在方式的不确定性的度量，信息的作用在于消除不确定性、增加确定性。这一定义的提出与香农的研究背景息息相关，体现着香农信息论的问题意识。1941年，25岁的香农进入美国著名的贝尔实验室 ① 工作，他在这里潜心推进信息研究，并于1948年

---

① 贝尔实验室始建于1925年，总部位于美国纽约，是一个在全球享有极高声誉的研发机构，这里诞生了包括晶体管、太阳能电池、发光二极管、通信卫星、电子数字计算机等重要发明。

10月在《贝尔系统技术学报》上发表了论文《通信的数学理论》（*A Mathematical Theory of Communication*）。这篇论文也被后世看作现代信息论研究的开端，标志着信息论的诞生。与当时注重信息实用研究的大多数科学家不同，香农更为关注通信中的理论问题，比如需要拦截多少条消息才能得到解决方案、能否建立起完全无法破解的密码等。在着手开展相关的理论研究时，香农越来越意识到弄清通信内容的重要性。他认为，需要给予信息一个全新的定义。

香农对信息的定义经历了一个推演过程：他首先尝试对信息进行量化处理，让信息能够像电力、质量等实物一样可以被测量。想要实现这一目标，香农认为，必须不涉及含义的研究信息，即去除信息的语义内容①，仅从技术层面观照信息的语法问题。依照香农信息论的观点，主体在接收信息之前，并不知道信息所反映的具体情况，也就是信息对于主体而言具有不确定性，而当主体获得了信息之后，这种不确定性就可以减少或者消除。因此，信息在数学上可以被简单表示为通信前后系统中的不确定性之差，即：

$$信息 = 通信前的不确定性 - 通信后的不确定性$$

譬如，当某人掷出骰子而尚未看到结果时，掷出的数字对他而言有六种可能，即存在着不确定性。而一旦他获知了掷出数字的具体信息，这种不确定性就会被完全消除。如果他只获知了掷出数字的某一范围，比如"是奇数""大于3"等条件时，这种不确定性对他而言仅仅是减少了而已。

---

① 通信一般可以分为相互联系的三个层面：第一层面是语法，解决的是在技术上如何精确地传送通信符号；第二层面是语义，关注的是如何使传送的符号准确表达消息的含义；第三层面是效用，主要考虑信息含义对收信方的行为影响。

第九章
信息：在不确定性中寻找确定

受系统内外各种因素的影响，主体获知信息后所面对的不确定性
有时依然存在。对此，香农提出了信息量的概念，用以描述通信中信
息所消除的不确定性的多少。由于信息量度量的是抽象的不确定性，
所以香农并没有使用常规的物理方法，而是选择了数学概率的形式来
诠释信息量。基于概率论，通信系统内多个主体长期发送与接收信息
的行为，对系统整体来说是一种无法预先确定的随机事件序列，其发
生可能性的大小以概率 p 来表示。一个随机事件在系统中发生的概率
p 越大，主体获知它所消除的不确定性就越少，其信息量也就越小。
反之，一个随机事件在系统中发生的概率越小，主体获知它所消除的
不确定性就越多，其信息量也就越大。结合具体情况来看，"人得了
重病应该去医院就诊""红灯停绿灯行""周一到周五属于工作日"这
些信息对于社会中的大多数人来说是比较熟知的内容。人们在获知这
些信息后所能消除的不确定性很少，故而这些信息所包含的信息量对
社会中大多数人来说是很小的。而"莫扎特的奏鸣曲 K545 中使用了
倚音"这条信息对于社会中大多数人来说比较陌生，故而这条信息所
包含的信息量对于社会中大多数人来说是很大的。

对信息的数学转化有助于我们从中提炼出一些计算规则。将 I 记
作消息包含的信息量，p 为消息发生的概率（$0 \leq p \leq 1$），二者的关
系可记为函数 $I=f(p)$。根据上述分析可得，p 大则 I 小，p 小则 I 大。
若 A 与 B 为两个相互独立的信息，C 表示的是 A 与 B 同时发生的合
成信息，则在发生概率上可以得出 $C=AB$。那么，由此出发，是否可
以推导出有关概率 p 的函数 I，即 A、B 与 C 的信息量之间是什么关
系呢？

结合现实情景来看，假若小张受邀观看朋友小李所在合唱队的汇

演，而他想在合唱的队伍中找到小李，就需要获取相应的位置信息。已知合唱队共有5行8列，在没有具体信息的情况下，小李在合唱队中的位置对于小张而言共有40种可能。若小张分别获得两个确切信息：信息 A 是"她在第1行"，信息 B 是"她在第5列"，则合成的信息 C 便为"她在第1行第5列"。不难看出，信息 C 的信息量是信息 A 的信息量与信息 B 的信息量加和后的结果。这表明：信息量存在着可加性，即 $I(AB)=I(A)+I(B)$。这也意味着，有关信息量的运算函数需要能够把乘法（$C=AB$）转变为加法，而对数运算则刚好能够满足这一要求。

信息论的另一代表人物维纳[①]（Norbert Wiener）将信息量定义为该随机事件发生概率的对数的负数，即 $I(A)=\log_2\dfrac{1}{p}$，或者写为 $I(A)=-\log_2 p$。由公式可知，信息量具有非负性。当概率 $p=1$ 时，信息量 I 为0，也就是主体收到的是必然事件，所以不包含信息量。并且，这个公式是针对 $p\neq0$ 的情况而言的。当 $p=0$ 时，事件的发生概率为0属于不可能事件，自然不携带信息。公式中，对数函数的底数为2是为了适应计算机的二进制，原则上，它可以取任何正实数。在底数为2的情况下，信息量的单位为比特。一切需要二中选一的事件所包含的信息量均为1比特。以投掷硬币为例：若以硬币正面朝上为随机事件 A，那么随机事件 A 的概率 $P(A)=0.5$，蕴含的信息量 $I(A)=1$ 比特，反之，硬币正面朝下的情况也是如此。这样，比特就成为了度

---

① 维纳（Norbert Wiener），美国数学家，控制论创始人，同时也是信息论的创始人之一。维纳阐明了信息定量化的原则和方法，类似地用"熵"定义了连续信号的信息量，提出了度量信息量的申农—维纳公式：单位信息量就是对具有相等概念的二中择一的事物作单一选择时所传递出去的信息。

量信息的基本单位，这使不同形式的信息拥有了相同的衡量"砝码"。无论是图片、音乐还是视频，其中含有的信息都可以在计算机中用0或者1来表示。这意味着通信问题被简化为了如何将事物转换为0和1以及如何确保这些0和1能够准确传送。

二、通信过程与信息的动态属性

通信，是主体之间信息传递与交换的过程，是信息活动中的一个重要方面。与人们的常规认知不同，通信不一定依赖于某一媒体技术。生活中的小组讨论、听讲座、看演出甚至打手势、使眼色等行为也都属于通信活动。就某种意义来说，人类社会的发展与通信能力的进步密切相关。人们如果不进行通信，就无法互相理解、互相沟通、互相合作，也就不成其为社会。并且，人类的活动半径也受到通信距离的影响，通信距离的远近是衡量人类社会进步的一个重要尺度之一。人类彼此之间能够"对话"的距离越远，说明世界的联系也越紧密。从印刷术、电报、打字机、电话到无线电广播、计算机、互联网，通信工具的发明与更新增进了世界联系的紧密程度，促进了信息处理的高效。不过，也有一部分人对此质疑，认为新型通信工具的产生会不断加重人类的信息负担，是形成沟通不畅问题的主要原因。这样的担忧有一定道理，但并不全面。信息传输工具的迭代并不是产生问题的直接原因。实际上，沟通不畅是由信息的动态属性引发，只能避免而无法根本消除。

通信过程中富于变化的信息造成了通信双方的信息不对称，进而导致沟通不畅。香农将系统的通信过程以数学模型的形式直观刻画出来，为我们理解信息的动态属性提供了参考。系统的通信过程主要包括三个结构：信源与信宿，信道，编码器与译码器（如图9—1所示）。信源，即产生信息的源头，是信息的发出方；信宿，即接收信息的归宿，是信息的接收方。信源与信宿是可以被感知的实体，比如生物、机器、社会组织等。信源与信宿之间可以有多样的组合方式，比如考古学家发掘古生物化石，古生物化石为信源，考古学家为信宿；程序员在计算机上输入程序编码时，程序员为信源，计算机为信宿。此外，通信可以根据信宿数量而划分为单用户通信与多用户通信，一对一的打电话就属于单用户通信，广播、电视、报纸等大众传媒为多用户通信。若按照信息传送方向划分，通信又包括单向通信和双向通信。

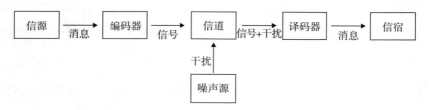

图9—1　系统通信过程的数学模型 ①

信道是传送信息的媒介通道，起到了连接信源和信宿的中介作用。信息载体是在信道中传输的具体对象，往往需要在特定的信道中传输，信息载体的多样性决定了信道的类型多样。比如，用于传输声音的声信道是地球周围的大气层；传送光信号的光信道包括天然的光场以及人造光纤；传送电信号的信道分为有线电信道（电缆）与无线电信道（电磁场）等。根据不同的特征，信道又可以分为离散信道和

----

① 图9—1中的消息与信号仅为示例，用以表示信息载体在通信过程中的形式变化，不具有普遍意义。

连续信道、有噪声信道和无噪声信道、无记忆信道和有记忆信道、无损失信道和有损失信道等。

信源和信道、信道和信宿之间并不能直接耦合，需要编码器和译码器在其中分别进行编码和译码的工作。编码器联系的是信源与信道，而译码器联系的是信道与信宿。比如，在电话通信中，话筒即为编码器，而听筒即为译码器。通话时，讲话人发出的语音消息不能直接在电话线中传送，需要经过话筒变换为可以在电线中传送的电压信号，此为编码。而后，电话线中的电压信号需经听筒转换为语音消息，这才能被听话人接收，此为译码。

信源与信宿之间的有效通信需要同时满足必要性与可行性两方面前提：一方面，信源的情况对于信宿而言要存在着一定的不确定性，信宿需通过获得信源信息来消除或者减少这种不确定性，如此的通信才是有效的。另一方面，信源与信宿双方还应具备可通信性，即具有相同的信码库，只有这样才能够从中提取出相应的信息。摩尔斯电码表就是一个典型的信码库，表现为时通时断的信号代码（包括·和—）。通过对信号代码的不同次序组合，摩尔斯电码可以表达出不同的字母、数字或标点符号。假若接收信息的信宿不知道摩尔斯电码库，自然也就无法理解信源发来的摩尔斯电码。再比如，"对牛弹琴"这一成语正体现了信源与信宿之间没有可通信性的情况：牛即便听到琴音，但由于没有和人类一样的欣赏能力，也依然无法获取琴声中的情感与雅意。

通信过程会产生一定的信息剩余并且受到噪声干扰，剩余与噪声的存在直接证明了信息的动态属性。剩余与噪声都是相对于通信中的有用信号而言的，剩余是通信系统中除所需信号外与通信任务无关的多余信号，而噪声则是在传输信号的过程中在信道中出现的干扰信号。有关剩余与有用信号之间的关系将在下节展开具体论述，此处我们先来看噪声。噪声能够对信息产生掩藏、扭曲的影响，使其残缺或者失真，甚至导致信息完全失效。噪声的常见表现形式包括语音通话时的嘶嘶响声、电视的图像抖动等。根据不同的划分标准，噪声具有多样的类型，比如以噪声来源为区分的外噪声与内噪声，以功率谱特性为区分的白噪声与有色噪声等。噪声与有用信号之间存在相对差异，同一信息对于不同系统来说或处于不同情形之时，其"角色"也会有所不同。紧张激烈的球赛总决赛转播声对于密切关注结果的球迷来说是有用信号，但对于正在潜心写作的作家而言便是噪声。但若这位作家也是一位球迷，并且在比赛结束前完成了稿子，那么此时的转播声于他而言又变为了有用信号。可见，信息与噪声在一定条件下可以相互转化，是矛盾的两个方面。噪声并非一无是处，它在某些领域能发挥关键作用。比如，在军事的加密通信领域，通信工程师可以利用噪声来掩盖真实的信息，从而实现保密通信。此外，噪声还可以用来干扰、破坏敌方的通信，这正是现代信息战的重要作战手段。

信息与信息载体的依附关系并不固定，信息能够在通信中动态地转换实体形式。同一信息可同时以不同形式存在于不同实体中，也可在不同实体之间进行传送与加工，这在通信的编译码环节便可得到印证。当学生们在教室里大声朗读课本上的诗句时，诗句信息既可以文字形式呈现于纸张之上，又能以语音形式传播于空气之中。这便是信息的共享性。只要有足够的信息载体，同一信息便可被无限复制。并且，信息还可以被跨时空传送，主体想要获取某物的信息不一定要与其直接进行接触，通过感知附着其信息的另一实体也可实现。正所谓"尤物已随清梦断，真形犹在画图中"。有时，信息原本依附的物质载体已经消亡，但信息却得到了保留，人们凭借信息内容可对其之前的实体形态进行尝试性还原。比如，文物修复师通常基于可靠的历史档案等多方面文物信息对破损文物展开修复。但是，这并不代表信息是永恒存在的。恰恰相反，信息总是处于动态变化之中，具有可生灭性。系统随时都会产生新的信息，也会不可逆地代谢掉旧的信息。

信息的动态属性要求我们应具有动态的信息处理能力，能够及时根据情况变化做出适应性调整。2010年美股突然出现闪电崩盘，导火索正是一家财富管理公司未能动态捕捉市场变化而形成的不合理交易。美股闪电崩盘前的市场处于混乱边缘，呈现出不同以往的特殊状态。这家财富管理公司因为察觉到美国股票市场可能会随时衰退，便想尽力锁定既得利润，利用电脑自动交易程序出售部分证券。其依据的算法规则为：每次投放到市场的股票数量必须小于1分钟股票整体成交量的9%。由于交易量是市场流动性的良好指标，而流动性又与稳定的价格相关，所以这一算法规则本身并没有任何问题。在理想情况下，这种算法如果只在市场上占有一小部分。当市场运转正常时，其应该会令该公司的股票保持稳定且合理的价格。但是，当时的市场已经是处于不断变化中的"一团乱麻"，而这家公司却仍然沿用这条简单的算法规则，也没有根据情况反馈做出出售调整。这不仅难以应对复杂金融市场中随时可能出现的新情况，更加剧了整体的混乱形势，无意间成为了"压死骆驼的最后一根稻草"。

三、高效可靠通信的基本方法

实现信息传输系统的最优化是香农信息论的研究目标。对此，香农主要从信源与信道入手，考量了信源输出的最可能信息量、信道上的最大可能通过能力等内容，从理论上指明了相应的信息处理方法与原则，从而得出了香农三大定理。在论述信源时，香农提出了著名的概念——信息熵（Informational Entropy）。信息、信息量与信息熵是香农信息论中的三个关键性概念，为便于理解，我们将三者的内涵结合起来对比论述。首先，这三个概念针对的主体都是信宿，即它们是对于信宿而言的信息、信息量与信息熵。其次，三者位于通信过程中的不同时间位置。信息是在通信后才被信宿获得，具有消除信宿所面对的不确定性的作用，信息量则是对信宿获取信息后消除不确定性程度的度量，同样位于通信后的语境中。而信息熵则不然，理解它的概念有两个中心词：一个是"已经"，另一个是"整体"。信息熵是信宿在通信前已经面对的整体不确定性程度。在实际通信过程中，信源可以发送多种可能情况的信息，仅仅计算单个可能情况的信息量是不够的，并且这些可能情况发生的概率也可能有所不同。因此，需要一个概念来描述信宿面对的整体不确定性（搞清楚状况所需要的信息量），这便是信息熵。

例如，一道单选题共有 A、B、C、D 四个选项，对于尚不知道正确答案的答题人来说，这道题的正确答案由四种可能情况（微观态）组成。结合信息熵的定义，这道题（宏观态）对于答题人而言具体是哪种情况的不确定性即为信息熵，而能够消除答题人对这道题（宏观态）不确定性的事物叫作信息。在数学上，概率是对某件事情（宏观态）的某个可能情况（微观态）确定性的表述。在掷硬币的例子中，出现正面和反面这两种可能情况的概率均为 50%。而信息熵则是某人对某件事情（宏观态）到底是哪种情况（微观态）的不确定性，二者之间存在一定联系。

与对信息量的探讨一样，香农继续由概率出发，将信息数字化，以探索信息熵的计算公式。在数学中，刻画一组数值整体特性的常用办法是求它们的平均值。平均值的算法包括算术平均值、统计平均值、几何平均值等。香农通过研究从中选择了统计平均值算法，他认为这是求序列中各个消息所包含信息量的最有效方法。信源发送的消息序列可以分为离散消息序列与连续消息序列，由于连续消息序列在时间上无法分立，理解起来相对困难，因此，我们在这里仅介绍离散序列的信息熵计算。假设信源共有 n 个可能消息，其中可能消息的概率分别表示为 p_1、p_2、$\ldots p_n$，且满足 $p_1+p_2+\cdots+p_n=1$，则信息熵的计算公式如下：

$$H=-(p_1\log p_1+p_2\log p_2+\cdots+p_n\log p_n)=-\sum_{i=1}^{n}p_i\log p_i$$

为便于理解，我们来分析一个现实案例：假若某商场为回馈老会员举办了一次抽奖活动，其中 A 种奖品占比为 40%，B 种奖品占比为 55%，C 种奖品占比为 5%。那么，这一活动的信息熵是多少呢？换言之，就是问在得知抽奖结果前，这次活动整体上给老会员带来的不确定性是多少。活动共有 A、B、C 三种可能消息情况，将具体数值代入信息熵公式进行计算：

$H=-(0.4\log_2 0.4+0.55\log_2 0.55+0.05\log_2 0.05)=1.22$（比特/符号）

可见，商场最少需要输出 1.22（比特/符号）的信息才能让老会员消除抽奖的不确定性。此处，我们经过计算得出了一个含有小数的信息量结果。考虑到二进制只有 0 或者 1 的表示形式，这条信息在实际的计算机通信中需要2比特才能完成传送。这也说明，信息论提出的信息熵公式能够对通信过程中的信息量进行更为精准的把握。

再举一个例子：假若张三与李四为同一单位的同事，其中张三每天正常时间下班的概率 $p=0.9$、加班晚下班的概率 $p=0.1$，而李四则是正常下班与加班晚下班的概率各一半。根据信息熵的公式可知，张三的信息熵 =0.4688（比特 / 符号），而李四的信息熵 =1（比特 / 每符号）。就现实情况分析，张三正常回家是大概率事件，加班则为小概率事件，而李四却不同，他的家人完全不好确定他每天是否能正常回家。因此，在下班回家这一事件中，李四的不确定性是大于张三的。可见，消息序列的各种可能情况在概率上分布越均匀（如李四的情况），其信息熵越大、越具有不确定性，通信后信宿获得的信息量也就越大。反之，消息序列的各种可能情况在概率上分布越不均匀，信息熵越小，甚至在最极端条件下可能情况集合中只有一个情况必然发生，其余的均为不可能，则此时的信息熵为0。

信息熵的数值实际上联系着信息消除不确定性的能力：信源"可能消息集合"的信息熵越大，其在通信后所能为信宿消除的不确定性就越大。因此，信息熵的最大值是在信宿面对的不确定性最大时取到的。不确定性最大意味着信源的每一个可能消息发生的概率是同样的，一切皆有可能，信宿无法对可能收到的消息形成一个基本的预测。信息熵的最大值记作 $H_{\max}$，熵与最大熵的比值 $\dfrac{H}{H_m}$ 为相对熵。相对熵是对"可能消息集合"概率分布的均匀程度的度量，概率分布越不均匀，相对熵越小。当相对熵等于1时，概率分布则完全均匀。$1-\dfrac{H}{H_m}$

是"可能消息集合"的剩余度。剩余度越大则说明"可能消息集合"发送的消息序列中无益成分越多，通信效率也就会越差。比如，在我们与他人交谈时，会发现有的人说话言简意赅、一语中的，而有的人说话却十分啰嗦，常常说了一大段话也说不清重点。第二种情况的通信效果明显不如第一种情况好，而产生差异的原因主要在于剩余度的不同。不过，通信系统中的剩余度不一定就完全会产生消极影响，我们应结合具体情况辩证地看待剩余度。中国传统艺术中有一种创作手法——留白，就是通过在作品中留下一定的空白而让整体效果更具张力，给予人们遐想的空间。此外，一些作家习惯在写作的段落安排以及铺陈时留有一定的剩余度，以帮助读者有足够的时间来消化不易理解、晦涩的文字，这正是剩余通信的意义所在。

想要高效可靠地完成通信目标，在信源方面提升通信效率只是一个方面，信道的性能也需要得到关注。通信速度是信道的性能指标之一，记作 R，定义为 $R=\dfrac{H}{t}$（ t 为每个消息的平均传送时间）。通信速度 R 的上限为信道容量，信道容量是信道传送信息速度的最大可能，表示信道传送信息能力的极限。在实际通信中，信息熵与信道容量在数值上应相互匹配。若信源熵大而信道容量小，则可能导致信息传输缓慢；若信源熵小而信道容量大，则可能导致信道无法被充分利用，同时这一做法也不够经济。那么，如何实现二者的合理匹配呢？对此，香农的信息论给出的答案是：编码。

香农在信息论中就"通信系统在什么情形下可以编码，在什么情形下不存在任何编码的可能"进行了理论回答，其核心理论可以归结为三大编码定理，即香农三大定理。香农第一定理关注的主体是信源，全称为可变长无失真信源编码定理。这一定理指出了提高通信系统的有效性可以通过信源编码来实现。信源编码是对信源的原始符号按一定规则进行变换，以新的编码符号代替原始信源符号，使得每个信源符号的编码位数尽可能地少，即通过压缩来降低原始信源的剩余度。其中，无损压缩码率（编码后传送信源符号所需要的比特数）的极限即为信源熵。当信源编码超过了这一极限，便不可能实现无失真的译码。换言之，当超过极限时，信宿收到的信息与信源发出的信息将会出现偏差。

香农第二定理为有噪信道编码定理。信道上噪声的存在对通信的可靠性造成了影响，会引起一定的信息错误，因此，香农第二定理围绕此情况提出：在任何信道中，信道容量是保证信息可靠传输的最大信息传输率。当信道的信息传输率不超过信道容量时，采用合适的信道编码方法可以实现任意高的传输可靠性；而一旦信息传输率超过了信道容量，就不可能实现高可靠的传输。噪声在现实通信中是必然存在的，它无法被彻底消除，但我们仍可以采取适当方法控制其负面影响、发挥其积极作用。第一个方法就是提升系统本身的抗干扰能力。在编码中，人为地加入适当形式的剩余，使得信息传输中的差错降低，甚至实现无错传输。提高信噪比（信息信号的功率与噪声信号的功率之比）来抗干扰。比如，人们在吵闹的环境中交谈时会通过提高说话声音来使对方听清。同噪声作斗争的另一个方法是从信道输出的、混杂有噪声的信号中滤掉噪声，把掩埋在噪声中的有用信号检测出来，这就需要有关信号检测、滤波的理论和技术。

在实际的信息传输过程中，受到信道资源或者经济因素的限制，往往会出现信道容量不能支持信息传输率的情况，因而传输过程中的信息失真与差错是不可避免的。并且，人们一般并不要求完全无失真地恢复消息，在一定保真度的前提下近似地再现原来的消息，便已能够满足人类社会中的大部分需求。例如，在公用电话网中选取音频带宽中的300~3400Hz即可使通话者较好地获取主要信息。一定条件下的失真度是被允许的，完全不失真的通信既无必要也不可能。围绕这一情况，香农提出了第三定理，即保真度准则下的信源编码定理，用于说明在允许一定失真存在的条件下信源信息能够压缩到的程度。香农的三大定理均属于存在性定理，虽然没有得出最佳编码的寻找方法，但是对于最佳编码的存在给出了肯定的回答，为后续学者有关通信信息的研究指明了方向、提供了基础性论述。

四、信息在系统自组织中的作用

信息是复杂系统内持续运动变化的"流"，对于构筑系统形态和推动涌现具有重要作用，这一点，从信息一词的英文拼写中可见一斑："information"（信息），即"in（在）–formation（形成）"。信息是系统演化过程中的无形参与者，它作为主体交互的结果，借由不同实物形式展现出来，推动着系统从无序到有序、从低级有序到高级有序的转化。信息的这一功能与"熵"紧密相连。熵的概念最早由德国物理学家克劳修斯（Clau-sius）在热力学领域提出，是用来描述热力学系统状态的一个状态函数。伴随着统计物理、信息论等一系列科学理论的发展，熵的概念得到进一步扩展。奥地利物理学家玻尔兹曼（Ludwig Edward Boltzmann）把熵解释为对无序的度量，围绕微观态得出了著名的玻尔兹曼熵公式[①]。奥地利物理学家薛定谔（Erwin Schrödinger）把熵应用于生物学领域，提出了著名论断——"生命是靠负熵来喂养的"，并且依托负熵说明了生物的有序性。香农定义的信息熵 H 刻画的则是系统消除不确定性的能力，当然，其也涉及了系统的秩序问题。

"麦克斯韦妖"是科学历史上有关信息熵减作用的经典设想。虽然这一设想的本意并非针对信息问题，但是由其所引起的科学争论为人们理解信息提供了助力，且其中所涉及的信息作用、信息与能量关系等问题有效促进了信息论的建立与发展。"麦克斯韦妖"的提出者是英国著名物理学家麦克斯韦（James Clerk Maxwell）。1871年，他在《论热能》一书中对此问题进行了阐述。"麦克斯韦妖"是麦克斯韦试图举出热力学第二定律的反例而设计的热力学模型。热力学第二定律又称熵增定律。该定律指出，在与外界没有能量与物质交换的孤立系统中，热传导过程是不可逆的，即热量不能自发地从低温物体转移到高温物体。如果没有外部环境对此系统做功，系统的熵会不可逆地增加直至可能的最大值，并在系统内达到热力学平衡态。基于熵增定律，生活中的很多现象都可以得到解释，比如热水变凉、电脑长时间使用而不清理会变得卡顿等。不过，也存在热量从低温物体转移到高温物体的情况，如冰箱、空调等制冷电器就是如此，但前提是有"外力"做了功，即消耗电能。可见，想要对抗熵增，需得通过系统在开放中进行熵交换以及外力做功这两种方式。

---

① 玻尔兹曼通过公式对熵的概念做出了微观的解释，把宏观态的量（熵）与微观态数量联系在一起，指出熵是对系统内分子热运动的无序性的一种量度。玻尔兹曼用关系式 $S \propto k\ln\Omega$ 来表示系统无序性的大小。

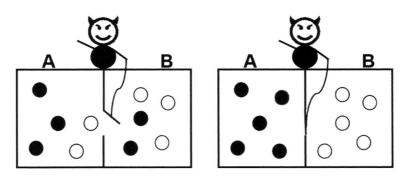

图9—2 "麦克斯韦妖"设想图示

"麦克斯韦妖"热力学模型如图9—2所示：一个密闭容器被一块板子分隔为二，板子上设有一个活门，由"麦克斯韦妖"在此把守。此活门没有质量，在滑动过程中也不受任何摩擦阻力，因此小妖开关门时所做的功可以忽略不计。容器内的空气分子作无规运动时会相互撞向，而"麦克斯韦妖"的"职责"就在于通过开关门的行为，使运动速度较快的分子位于一侧，使运动速度较慢的分子能置于另一侧。由于分子运动越快温度越高、运动越慢温度越低，原本处于无序的密闭容器中将会以中间为分界形成温度差，因而其内部整体的熵也就减少了。

麦克斯韦提出的这一违反热力学第二定律的可能性如同在平静湖面上落下的一颗石子，立即就激起了阵阵涟漪。对这一问题的争论一直持续到60年后才有突破：1929年，匈牙利物理学家西拉德（Leo Szilard）指出，小妖需要通过测量获取分子运动的快慢信息，这一测量过程需要能量，也会产生一定的熵。因为产生的熵不少于因分子变得有序而减少的熵，所以"麦克斯韦妖"的设想仍然符合热力学第二定律。他的观点将熵与信息在理论上联系起来，后续其观点又为法国物理学家布里渊（Leon Brillouin）、伽柏（Denis Gabor）等科学家所扩展和完善。香农提出的"信息熵"可以将行为中的信息量进行量化，从而明确了信息的"负熵"作用。到了20世纪80年代，美国数学家班尼特（Charles Bennett）又提出了新的解释：小妖在反复开关门中需要对上一次的信息记忆进行擦除，是这一擦除行为做了功。无论是获取信息还是擦除信息，在对"麦克斯韦妖"的探讨中，信息的作用得到了凸显，这也证明了信息的动态变化能够为系统带来有序。

热力学第二定律是以孤立系统为前提的，而现实中却并不存在绝对的封闭系统，因为任何系统都会与外界环境有一定联系。热力学第二定律中的孤立系统也只是忽略了外部影响的近似孤立，比如自给自足的小农经济、闭关自守的封建城邦等。现实中的系统一般处于开放状态，在开放系统的自组织演化过程中，信息同样扮演着极为重要的角色。在非生命系统中，化学钟是一个典型的自组织现象，表现为出现在一些化学反应中的化学振荡，即某些组分的浓度会随着时间做周期性的高低变化，并随着时间的推移达成有序。比如，在一个试管里面，按一定顺序、一定比例加入带有金属离子的几种有机酸并混合均匀后，试管中的混合液便会开始产生反应，同时会在某一时刻忽然发生规律性的颜色循环变化：交替呈现出红色和蓝色。在这一自组织过程中，混合液内的分子之间开展了某种信息沟通，并在交互中达成了同步行动，步调一致地改变着它们的化学特征，建立着新秩序。

复杂系统如果没有信息的自由流动，则几乎无法组织和塑造自身的层次形态，生命系统就是最典型的例子。"处于所有生物核心的不是火，不是热气，也不是所谓的'生命火花'，而是信息、字词以及指令"[1]，

---

① 〔美〕詹姆斯·格雷克著，高博译：《信息简史》，人民邮电出版社2013年版，第573页。

这就正如生命系统中的遗传现象一样：基因作为遗传的基本物质基础，是 DNA 或 RNA 分子上含有遗传信息的特定核苷酸序列。基因通过复制把遗传信息传递给下一代，使后代出现与亲代相似的性状，其中，遗传编码是基因传递的内在逻辑，反映着生物遗传的基本过程。

基因是 DNA 的序列片段，负责编码氨基酸，氨基酸又进一步构成了蛋白质。基因对氨基酸的编码方式即为遗传编码，它影响着生物的遗传性状。这一编码方式对于地球上的所有生物几乎都是一样的：三个碱基对应一种氨基酸，但具体内容又有所不同。例如，AAG 对应苯基丙氨酸，CAC 对应缬氨酸，这种三联体又被称为密码子。

如图 9—3 所示，基因的表达包含转录与翻译。转录是以 DNA 为模板合成 RNA 的过程，共分为三个步骤。首先，一种被称为核糖核酸聚合酶的活性蛋白会从双螺旋的一边松开一小段 DNA。当 DNA 被分成两段之后，这种酶会同时产生出信使 RNA 分子（mRNA），mRNA 再逐字复制 DNA 片段，这实际上是一种反拷贝。如果基因上为 C，mRNA 上则对应为 G，以此类推，一直持续到基因完全转录成 mRNA。mRNA 的作用相当于通信中的编码器，它能够将密码子上的信息以反密码子的形式转录下来，而反密码子又由互补碱基组成。

翻译是由 mRNA 将遗传信息表达为蛋白质氨基酸序列的过程，这一过程在细胞质中进行。新产生的 mRNA 序列从细胞核进入细胞质后，细胞质结构核糖体会将 mRNA 上的密码子逐个读出。在核糖体中，各个信使 RNA 分子（mRNA）上的密码子会与转运 RNA 分子（tRNA）上的反密码子结合。tRNA 的作用相当于通信中的译码器，如果被转录的 mRNA 密码子是 UAG，反密码子则是互补碱基 AUC。核糖体将氨基酸从 tRNA 分子上分离下来，并把它们合成为蛋白质。一旦遇到终止密码子，核糖体就会收到停止信号，然后将蛋白质释放到细胞质中，让蛋白质去执行自己的功能。

打个比方，细胞好比生命体中的一个小工厂，包含着一个生命所有遗传信息的 DNA 则好比制造产品的说明书。由于细胞核与细胞质这两个工厂"部门"所使用的"语言"不一致，所以就需要 RNA 将 DNA 所保存的信息转录、翻译出来，从而方便传达与沟通。其中，每三个碱基组成一个密码子并对应一种氨基酸，类似于一条信息里的一个字节单位。蛋白质是基因表达的产物，即按照 DNA 这一说明书制作出来的"产品"。产品又由多个零件组成，这些零件就是氨基酸。不同的蛋白质被生产出来后将在生命中发挥着不同的功能，比如重新组建工厂——构成细胞，并控制生物的性状。

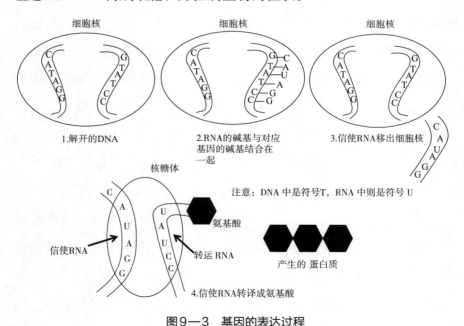

图9—3 基因的表达过程

生物的遗传编码可以抽象为一个通信过程。基因转录所对应的是通信过程中的编码，而基因的翻译过程则对应着信息通信过程中的译码。在生物的遗传编码过程中，RNA 促使我们认识到生物的延续不仅需要信息存储，还包括信息传送。DNA 需要实现两种不同的功能：首先，它要能够通过自我复制来保存信息，即便是进行数十亿次的自我复制也依然能保持数据的完整可靠。其次，DNA 还要能够将所保存的信息发送出去，用以构成生物体。存储在一维 DNA 长链中的数据必须能够指导生物体在三维空间里的展开。这种信息转移是通过遗传编码，即 DNA 转录成 RNA，再由 RNA 翻译为蛋白质来实现的。因此，复制 DNA 相当于复制信息，制造蛋白质就是转移、发送信息。美国宇宙学家乔治·伽莫夫（George Gamow）精练地总结道："一个活细胞的细胞核就是一座信息仓库。"所有生命的延续都依赖于细胞核中的这个"信息系统"，而遗传学所研究的正是"细胞的语言"。[1] 基因在进行转录和翻译的过程中控制着蛋白质的生成，蛋白质既是生物体的构成材料，又是生物体的控制系统，是人体自组织系统的根本基础。

五、信息流动是系统活力的源泉

什么是活力？从复杂系统科学角度讲，活力主要反映的是系统主体面对环境变化的适应性。作为在系统内外动态变化的流，信息依托自组织机制为系统带来活力。以人体系统为例，除了我们所熟知的饮食、呼吸等与外部环境的交互方式之外，人体各器官的细胞也会定期

---

① 参见〔美〕詹姆斯·格雷克著，高博译：《信息简史》，人民邮电出版社2013年版，第592页。

发生变化，如皮肤的表层皮每隔2到4周会自我更新一次，味蕾一般需要10天到2周自我更新一次，肺表面的细胞每隔2到3周进行自我更新。人体通过新陈代谢，每天都在排泄死掉的细胞，并从外部吸收营养而产生新的细胞。这些变化源于人体的自组织活动。人体系统内各类元素、细胞以及器官之间的"沟通"使得人体能够在没有统一的指导下自发地形成组织秩序，并且能够根据环境要求进行自我调节。

　　复杂系统若想保持活力，就必须源源不断产生新的信息。我们首先应该正确认识新信息及其对系统发展的重要价值。新信息总是伴随着"混乱"的不确定性而产生的，但是人们往往习惯于确定性，所以总是倾向于凭已有的经验快速作出决策，这便容易忽视在变化中产生的新情况。这种看似"快刀斩乱麻"的处理方式实际上是对原有模式的固守，而不是基于内外部环境的复杂变化。长此以往，系统主体就会在缺乏新信息流动的情况下走向封闭、陷入被动。所谓"流水不腐，户枢不蠹"，反映的正是这个道理。

　　信息最为特别的地方是其作为系统自我生成的资源，即通过在系统内外的流动而产生新信息。通信过程是对信息流动过程的具象化表达，其会受到单向通信与双向通信的分类启发。信息流动产生新信息的方式也可分为两种：

　　一种是信息在复制中衍生出的新信息。互联网可以被称为"世界上最大的复印机"，为了将信息从互联网的某个角落传输到另一边，通信协议需要让信息在传输过程中经历反复多次的复制。在此过程中，信息会受到信道、信宿、噪声等多种因素的影响，也会产生与之相关的新信息。目前，在各网络平台上活跃的"二创"作品便是最好的例证：不同的信宿在接收到同一信息后，会根据自身兴趣经历等来对视频展开不同的二次创作，从而形成新的信息输出。这种复制行为的完成本身也会带来信息的增加。有时，我们仅仅是浏览了某一网络信息，并没有信息输出（点赞、评论、收藏等），但其热度还是会因此增加，这是因为"浏览"这一行为意味着单次通信的完成，即信息的复制和传播。传播范围的开拓，为网络平台带来了新信息。

另一种是不同信息流在汇集交互中形成的新信息。信息在系统内产生后，会在自由流动中发现各种各样的"新伙伴"，彼此之间会相互影响并发生作用。在信息流汇聚越多、信息流多样性越丰富的地方更易形成新信息。新信息的产生，会扩展这一回路并促进正反馈。回顾历史，先秦时期的诸子百家之所以会形成思想文化的繁荣局面，其原因就在于各家在观点上的碰撞与交锋。时逢乱世，礼崩乐坏，他们不约而同对社会问题展开深刻思考，游说或者著书来推行自己的政治主张，并创立了相应的思想派别。在相互交流与驳斥中，各家的理论体系不断走向完善。同时，一些新的学派也在各家学说的交互影响中产生出来，例如诸子百家之一的杂家就是吸收各家特色的产物，有着以"兼儒墨，合名法"的特点。

开放是系统实现自组织的必要前提，它为信息提供了自由流动的条件。封闭的系统随着能量的损失必然会失去"生命力"，最终会如热力学第二定律所述的情况而陷入死寂。在信息社会，人们获取信息的方式更加多元，信息的传播媒介也不再仅仅局限于电视、广播、报纸杂志等传统媒体。互联网的兴起为人们提供了内容丰富、相对开放的信息环境。人们能够基于互联网的检索功能自主地接收与发送信息，打破时空限制与他人便利地建立关联。网络空间内的信息交流在一定程度上重塑了现实生活中的关系模式。以医患关系为例：患者在听取医生诊断建议的基础上，可以在网络上对相关信息进行收集了解，结合自身情况对后续治疗形成基本认识和初步设想。具有一定信息储备的患者，能够与医生进行更为顺畅的交流，也可以在一定程度上减少了患者因为不确定性而产生的焦虑。不过，消息不等同于信息，想要借助发达的信息处理工具来增加确定性，主体自身还要有一定的信息甄别能力。否则，不确定性非但不能减少，沟通双方还会因为"信码库"的不同而产生理解困难、沟通低效等问题。

信息社会令人们享受到了更为开放的信息环境，但开放中也同样存在着相对封闭的空间，信息茧房现象就是其中的一个例子：信息茧房描述的是人们长期习惯性地只浏览自己感兴趣的信息而忽视其他信息，以至于逐渐失去了解不同事物的能力，成为与世隔绝的孤立者。信息茧房产生的原因在于主体没有开放地获取信息。长期摄取同类型信息使得主体仅能获得有限且单一的确定性，主体对外界的适应性也会随之变差。结合对抗熵增定律的经验，"破茧"一方面强调"开放"，即个人与公共领域之间的信息要有效地流动起来，另一方面又要重视"做功"，即个人应注重拓宽信息认知范围、增强媒介素养。此外，公共领域媒体也应加强自身建设，不断提升传播影响力。

共享减少了主体之间信息流动的障碍，有利于主体在交互中达成协同，进而促进系统走向有序。在过去的信息管理中，人们习惯于对信息进行管控，并设定相应的访问权限，将信息集中于某几个主体之中。事实上，在保障信息安全的基础上，对信息的严格管控在一定程度上反而限制了信息流的价值发挥。此外，系统内不同主体之间人为造成的信息认知差异也对激发主体能动性、形成协同配合产生了消极影响。近年来，越来越多的经济单位开始将资金投入到建立灵活的信息访问和信息反馈机制上，以期在保障信息安全的同时促进信息的自由流动。比如，淘宝网的"猜你喜欢"和一些软件里的推送偏好等类似功能，是平台基于主体的浏览数据所得出的针对性反馈。从某种意义上讲，消费者通过此功能也参与到了供给一方的工作中，为个性定制方案的生成贡献了参考信息。供给方与消费者之间的信息共享令产品不再局限于单一的几种款式，促成了定制化趋势，使消费者的个性化需求得以更好满足。

信息共享实现了系统内不同主体、不同层次之间的信息交流与共用，促进了系统在整体上涌现出新特性。在数字化发展背景下，无论是企业经营还是政府治理，都在努力推进信息共享建设。从政府的数字治理角度来看，如今的政府更加重视推进数字化建设，开始利用数字技术来为政府工作赋能，这也促使了相应的业务流程与行政体系迭代重构，推动了政务系统的扁平化发展，形成了在信息共享下的业务协同。政府将原来分散于部门之间的信息加以共享集成，有助于为经济社会发展、企业、居民等主体提供更加优质的服务。

总之，系统自组织所形成的秩序是一种动态的秩序，系统需要在确定性与不确定性之间、秩序和活力之间实现发展的平衡。信息具备消除不确定性、增加确定性的作用，同时也具备动态变化的特征，是CAS实现动态平衡的"关楗"。

第十章 网络：复杂系统的典型结构

三十幅，共一毂，当其无，有车之用。埏埴以为器，当其无，有器之用。凿户牖以为室，当其无，有室之用。故有之以为利，无之以为用。

——《道德经》第11章

网络是这个时代的一张"名片"，每个人的工作和生活都离不开各种各样的网络。譬如，日常生活中，人们在网络平台消费，所购商品可以通过物流网络上的快递员送到个人手中。按照网络科学的解释，网络是由节点以及节点之间的连线构成的聚合体，它反映了系统大大小小主体之间的关联关系。如果从汉语的字面意思看，大致也近似于这种解释，如《说文》讲"网"是"庖牺所结绳以渔"，《广雅》说"络"就是"缠"等。网络科学是复杂系统科学的一个分支，跨学科特色很鲜明，它最初诞生于数学的图论，现代数学的进步孕育了网络科学。此外，社会科学领域发现的"小世界""结构洞"等网络属性也扩展了人们对网络科学的认知。今天，计算机科学技术的发展不仅为网络科学提供了强大的分析工具，而且大规模的计算机网络也为网络科学提供了重要的研究场景。从 CAS 的视角看，我们可以把网络节点视为主体，它们之间的交互关系即连接的边。复杂适应系统中嵌套着大量网络结构，CAS 的适应性变化在网络上表现为节点、连线的大量出现和快速变易。网络科学为我们理解万事万物的普遍联系提供了科学视角，有助于我们对复杂系统的非线性动力学过程形成具象化认识。

一、网络由节点及其连线构成

大千世界存在各式各样的网络，有的能直观看到，如蜘蛛网、河流水网、铁路网等；有的需要借助科技手段才能看到，如细胞网络、基因网络、代谢网络等。社会系统里的人由各种社会关系连接在一起，从而形成了一张社会网络，譬如大家族、朋友圈、兴趣组等。在社会关系网络中，节点是人，节点之间的连线可以是友谊、血缘、爱好等。按照马克思的说法："人的本质不是单个人所固有的抽象物，在其现实性上，它是一切社会关系的总和。"[①] 社会网络是人类社会的重要组成部分，影响着信息和人员的流动。网络中连接每个节点的边既支持节点的持存，同时又约束着节点的个体行为，每个节点都被嵌套在类型不同且相互交叉的网络上。从网络科学的视角看，所谓"一切社会关系的总和"正是嵌套在每个人身上的各种网络的聚合。尽管网络存在类型差异，但其基本架构还是颇为近似的。这里为了便于讨论，我们首先介绍一些关于网络的常识。

网络在数学中被称为"图"，它由节点集合以及节点之间的连线（边）组合构成。节点是网络中的基本单元，边是关联节点之间的连线。边的连接是有方向的：若节点之间的关系是对称和互指的，则无须在网络中标明边的走向。例如，双行车道构成的交通网络、相互支持的朋友圈都属于无向网络；反之，若网络中节点之间的关系不对称，节点之间表现出某种等级秩序或单向性，则属于有向网络。有向网络中的边是"单向"的，连线两端的节点有起点和终点之别。生物链是有向网络，正如野狼狩猎绵羊而不是绵羊吃掉野狼。再如，科层制下的网络也是有方向的，即下级执行上级的指令，但下级不能随意指挥上级行事。

网络中以某节点为中心进出的边，其数量被称为这个节点的度

---

① 《马克思恩格斯文集》第1卷，人民出版社2009年版，第501页。

（Degree）。同一网络中不同节点的边数不同，因此度（通常用 k 表示）是描述节点性质的重要指标。例如，在朋友圈这一社会网络中，一个人（节点）的度指的是他的朋友数量。若是在有向网络中，边从一个节点指向另一个节点，那么一个度表示的就是"入射"边的数量，另一个度则表示的是"出射"边的数量，可分别记为入度和出度。整个网络中度的概率分布被称为度分布（Degree distribution），常被用来刻画网络的特征。例如，万维网出度分布表示一个网页有 k 条连接出去的边的概率，入度分布则表示一个网页有 k 条边指向它的概率。

具有高连接度的节点是网络的中心节点，它们是网络中起关键作用的部分。在大型网络中，不同区域的连线疏密有别。如果某些区域出现了以某节点为中心的聚集，并且该区域内部节点之间联系紧密，则表明网络有了集群性。集群性可以用集群系数（又称群聚系数或集聚系数）来刻画。集群系数越大，说明该节点的聚集程度越高内部联系得就越紧密。以朋友圈为例：若一个人的朋友圈的集群系数为0，这就意味着他的朋友们彼此之间没有交集；若一个人的朋友圈的集群系数为1，这就意味着他的朋友们彼此之间互为朋友，因而是一个内部联系比较紧密的圈层。在整个网络中，所有节点的集群系数的平均值被称为平均集群系数。自然、社会和通信网络中的大部分网络都具有区域性的中心节点，这些网络具有高集群性、节点的度分布不均衡等特点。

两个节点之间的路径长度指的是从一个节点到另一个节点的边的数量。这里所讲的长度不是说长短距离，它取决于两个节点之间所需经过的中间节点的个数。在两个节点之间的所有通路中（两个节点之间的路径是通路），所经过的节点最少的一条路径被定义为最短路径。

一般来说，两个节点之间的路径长度就是指这一对节点的最短路径。

1735年，莱昂哈德·欧拉（Leonhard Euler）对"哥尼斯堡七桥问题"进行了研究，从而开创了图论。这是网络科学的缘起。18世纪初，东普鲁士的首府哥尼斯堡是一座繁荣的商业城市，有一条普雷格尔河穿过哥尼斯堡市区。政府为了交通方便，便在普雷格尔河上修建了7座桥。普雷格尔河的两条支流将一座小岛和大陆隔开，小岛和陆地通过5座桥相连，另外有两座桥分别修在河的两条支流上。如图10—1所示，7座桥将A、B、C、D四个区域连接起来。

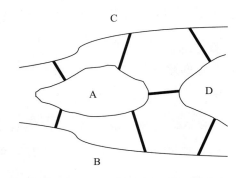

图10—1　哥尼斯堡七桥简图

当桥建好后，有人提出了这样一个问题：行人怎样才能一次性地、不重复并且不遗漏地走完7座桥，然后回到出发点？这就是著名的"哥尼斯堡七桥问题"。很长一段时间内，没人能得出完美的答案。1735年，莱昂哈德·欧拉关注到了这个问题。经过研究，他于1736年向圣彼得堡科学院递交了《哥尼斯堡的七座桥》论文，开创了数学的新分支——图论和几何拓扑。莱昂哈德·欧拉将"哥尼斯堡七桥问题"作了图形抽象：把每一块陆地看为一个节点，将连接两块陆地的桥以线表示，由此得到一张简洁的拓扑图（如图10—2所示）。A、B、

C、D 四个节点表示哥尼斯堡的四个区域。这样，该问题便转化为如何在网络中一次性经过节点之间连边的路径问题了，也可以称为"一笔画"问题。莱昂哈德·欧拉通过严格的数学证明，指出不存在一次性走过七桥的路径。因为哥尼斯堡七桥属于无向网络，所有节点既有入度，也有出度，在这种网络结构下，再聪明的人都无法找到不走回头路的单向路径。

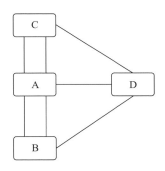

图10—2　哥尼斯堡七桥拓扑图

从欧拉开创的图论到早期的网络理论，其研究对象都是规则网络，即节点是确定的，节点之间的连接规则也是确定的，如渔网或蛛网。规则网络适用于那些简单而清晰的对象。然而，大量网络结构的度分布以及平均路径长度都是不确定的、充满随机性。例如，在移动通信网络中，不确定性主要表现为手机终端作为网络节点，呼叫者与接收者只有在连通时才会形成一条边，但它又是随机出现的，很快又会消失。再如，我们拨打电话时，有时可能只是误拨其中一个数字，就会使通话转向无法预知的节点。由于规则网络无法解释这种随机性，于是，为了描述网络中的不确定性，数学家们提出了随机网络的概念。随机网络是由随机过程产生的网络，其中一些节点和连边是经常发生变动的，而且度分布不均匀。

进入20世纪90年代，网络科学发展掀开了新篇章，科学家们建立起来了一系列有关复杂网络的理论范式。这主要是受益于互联网技术革命，许多基于真实网络的数学模型在20世纪末得以建立起来，如大规模互联网地图、蛋白质相互作用网络等。随着研究不断深入，人们发现随机网络模型也不能反映真实的网络结构。例如，在节点数与边的数量相同的情况下，真实网络的集群系数一般远大于随机网络，具有较强的集群性。各种实证数据表明，真实网络处于规则网络和随机网络之间，比随机网络更规则、更确定，但其确定性又弱于规则网络。因此，复杂网络理论自20世纪末开始，兴起并在21世纪的第一个十年中迅速发展起来，像小世界网络、无标度网络等都是复杂网络理论的经典成果。

二、大千世界比我们想象的小

现在，随着通信技术和交通工具的不断进步，国际交往日益频繁，地球的时空距离相对缩小，世界变得越来越"小"，地球仿佛变成了茫茫宇宙中的一个村落。其实，人类社会就是一个典型的"小世界"网络。这倒不是因为通信技术的渗透，因为社会学家早在20世纪60年代就已经注意到了人类社会的小世界性：网络的集群性较高，平均路径长度较短。而且，社会内部还包含各种不同类型的小世界网络，如学术圈、商业圈、娱乐圈等都，它们是比较典型的场景。

1967年，美国哈佛大学的心理学教授斯坦利·米尔格兰姆（Stanley Milgram）在社会网络结构研究领域做了著名的"小世界实验"。斯坦利·米尔格兰姆猜想：世界上所有互不认识的人，只需经过很少的中间人就能建立联系。他用实验的方法验证了自己的猜想。随后，受实验结果启发，他又创立了六度分隔理论（Six Degrees of Separation），该理论指出，你同任何一个陌生人之间所间隔的人数不会超过6个。换句话讲，哪怕远隔万里之遥的两个陌生人也能通过最多6个中间人而结识。

斯坦利·米尔格兰姆试图用"连锁信"（一封信一个接一个地传下去直到送达目的地）的方法来描绘出人际关系网络：他给美国内布拉斯加州奥马哈市的196人各送去一份邮件，让他们转寄给另外一个人，但并没有说明收信人的具体地址，只是告知收信人的姓名和身份（家住波士顿地区的股票经纪人）。寄信人是随机选取的，而后，让他们各凭本事把这封信寄给这位波士顿的股票经纪人。如何联系到一位素未谋面的陌生人呢？最初的寄信人几乎不可能直接把信寄给这位股票经纪人。于是，他们选择把信发往那些可能认识收信人的熟人，比如寄给波士顿地区的亲戚。在这个过程中，每转寄一次，都要按要求附上寄件人的信息。如此下去，整个邮寄的网络就清晰起来了。斯坦利·米尔格兰姆发现，这封信并没有辗转很多次才到达终点，平均经过5次中转，也就是经过6段路径就可以将信送到收件人手中。因此，他猜想，美国任何一个人同另一个陌生人之间，平均辗转5个相互认识的人就能取得联系。后来，他又做了类似的实验，再次证明了上述结论。当然，这个实验还有很多细节值得商榷，比如究竟是不是要辗转5次？转寄人是否寄给了合适的人？或者有一些人对此事压根没兴趣，留置了信件等。尽管六度分隔理论存在一定瑕疵，但是人们对"某个特定的世界很小"这个论断是认可的。在斯坦利·米尔格兰姆描述的网络中，存在连接度较高的中心节点（交友广泛的人），而且节点之间的路径长度比节点数量少，这正是人际关系网络体现出的小世界性。

同斯坦利·米尔格兰姆的工作类似，20世纪70年代，美国霍普金斯大学的社会科学家马克·格兰诺维特（Mark Granovetter）从个人工作和事业发展的角度对社会网络进行了研究。他发现，网络中连接不同社会群体的弱连接能发挥强作用。人们在日常生活中接触最频繁的是亲人、朋友、同学、同事等，由此形成了一些内部联系较紧密的集群，这是一种强连接（Strong Ties）。强连接使集群内部的同质性较高，成员彼此交流的信息通常是重复或近似的。此外还有一类人们彼此之间互动较少、联系较弱、亲密程度较低的人际交往纽带，被称为弱连接（Weak Ties），它是在社会网络中联系不同集群的桥梁。弱连接不如强连接稳固，但却有着迅捷的传播效率，使信息能够在不同集群之间传递。因此，所谓弱连接能发挥强作用，就在于它能够将网络中不同的集群连接起来，缩短了属于不同集群的个体之间的路径长度。在接下来的讨论中我们会看到，社会网络中的弱连接对应的是小世界网络中的长程连接，它正是使小世界性得以形成的关键结构。马克·格兰诺维特的发现给出了一个重要启示：朋友不是越多越好，而是越多元越好；"多"不是衡量人际网络强弱的标准，"多元"才是。

继斯坦利·米尔格兰姆和马克·格兰诺维特的研究后，为检验六度分隔理论的有效性，科学家们又进行了一些实验，其中一个著名的例子便是"凯文·贝肯游戏"（Game of Kevin Bacon）。凯文·贝肯（Kevin Bacon）是个演员，虽然在美国影视界不太出名，但他作为配角参演过很多电影，也同很多演员搭档过。研究人员认为，通过凯文·贝肯就能把美国整个影视圈的演员联系起来。游戏的方法是寻找目标演员的"贝肯数"：如果一个演员与凯文·贝肯合作过，那么他（她）的"贝肯数"就是1；如果一个演员没有与贝肯合作过，但与某个"贝肯数"为1的演员合作过，那么他（她）的"贝肯数"就是2，以此类推。研究发现，有43万人的"贝肯数"在4以内，所有被统计者"贝肯数"的平均值为3.164，这意味着统计范围内的每个人仅需辗转很少的中间人就能与凯文·贝肯搭上关系。由此可见，演员网络内部联系得比较紧密，这正契合了六度分隔理论对社会网络的描述。

学术圈也有一个类似于贝肯游戏的例子，即寻找"埃尔德什数"。匈牙利数学家保罗·埃尔德什是随机网络理论的开创者之一，他一生共发表了1500多篇论文（包括合作发表）。正如同凯文·贝肯在影视界如此受"瞩目"一样，埃尔德什也给人一种他是数学领域的网络中心的感觉：同埃尔德什直接合作发表论文的学者，其"埃尔德什数"是1；同埃尔德什的直接合作者共同发文的学者，其"埃尔德什数"是2，那么以此类推，这个游戏便可进行下去了。在寻找"埃尔德什数"的过程中，数学家、物理学家、社会学家们都被联系起来了。结果显示，爱因斯坦的"埃尔德什数"是2，薛定谔的"埃尔德什数"是8。这说明了在学术界中通过合作发表论文而联系起来的网络也相当紧密，因而这是一个典型的"小世界"。

三、小世界在规则网络与随机网络之间

20世纪90年代以前，人们对网络小世界性的认识比较模糊，直到史蒂夫·斯托加茨（Steve Strogatz）和他的学生邓肯·沃茨（Duncan

Watts）用数学给出了精准定义，才形成了关于小世界网络的规范理论。1998年，史蒂夫·斯托加茨和邓肯·沃茨在《自然》发表了著名的《小世界网络的集体动力学》。后来，他们又在《小小世界：有序与无序之间的网络动力学》一书中系统总结了小世界理论。

史蒂夫·斯托加茨和邓肯·沃茨把规则网络和随机网络整合到一起，在规则网络的基础上加入随机性，从而形成了小世界网络模型（WS模型）。史蒂夫·斯托加茨和邓肯·沃茨认为，在规则网络中每个节点的度是确定的、一致的，节点之间的连接关系是确定的、规则的。在随机网络中，每个节点同每个节点都是随机相接的，度分布是不均衡的。他们对这两类网络相互转化的动力学过程进行了研究，认为小世界网络存在于规则网络和随机网络之间。

既然规则网络和随机网络之间存在小世界网络，那么规则网络如何转型为随机网络？如图10—3所示，它们采用的方式是随机改接：对规则网络的每个节点的所有边以概率 p 断开①，再从网络中随机选择其他节点重新连接，这一过程中须排除自身到自身的连线以及其他重复连线。完成随机改接的边相较于原来的边变成了长程连接，这意味着原本相隔较"远"的两个节点无须一一经过它们之间的节点而取得联系，而是会直接连通。例如，铁路网络中的各节点是由不同类型的列车联系起来的，我们可以对比慢车和直达列车这两种链路：慢车在行驶过程中会依次经停多个站点，而直达列车会越过多个站点而直接连通两个铁路枢纽。因此，相较于慢车，直达列车属于长程连接。长程连接是节点之间的"捷径"，它的存在有助于降低网络的平均路径

---

① 0≤p≤1，p越大随机程度越大，当p为0时是规则网络，当p为1时是随机网络。

长度①。

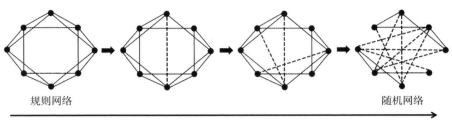

规则网络　　　　　　　　　　　　　　　随机网络

随机程度加大

图10—3　规则网络与随机网络

　　史蒂夫·斯托加茨和邓肯·沃茨发现，在对规则网络进行随机改接时，前几步的改接会使整个网络的平均路径长度快速下降。节点数量越多，小改接带来的平均路径长度降低得就越明显。若存在一个有1000节点的规则网络，它的初始平均路径长度为250，如果仅将5%的边随机重连，那么整个网络的平均路径长度就会一下降到20，即降了10多倍。按照邓肯·沃茨的研究，不管网络规模多大，前5个随机重连会将平均路径长度平均减少一半。由此，网络的小世界性就更好理解了——有少量长程连接，相对于节点数量平均路径较短。

　　所有节点的度在规则网络中却是一致的，这意味着网络不存在中心节点，因为节点之间的连接方式是规则的，所以节点之间的路径长度是确定的，即网络的平均路径长度和任意节点对之间的路径长度相同。当规则网络完成一定数量的随机改接，某些节点就会被接入更多的边，中心节点也会随之出现。与此同时，接入中心节点的长程连接

――――――――――

　　①　若一个小网络中有 a、b、c、d 四个节点，我们用"a-b"代表从节点 a 到节点 b 的路径长度，那么所有节点对应的路径长度即 a-b、a-c、a-d、b-c、b-d、c-d 的加和。然后，再除以节点对（相连的两个节点为一对）的数量，就可以得出所有节点对路径长度的平均值，即为平均路径长度。

成为连通其他节点的"捷径"，大量节点能够借道这个"捷径"缩短路径长度，从而使整个网络的平均路径长度大幅下降。即便再向网络中添加大量新的节点，其平均路径长度也不会大幅增加[①]。由此可见，小世界网络体现出了两个鲜明特点：一是网络中存在连接度较高的中心节点，二是网络具有较短的平均路径。同时符合这两个特性的网络，我们就可以判定其为小世界网络。

现实世界存在大量小世界网络，如人类社会中的人际关系网络、互联网、万维网以及自然形成的生物神经网络、血管网络等。那么，为何小世界网络分布得如此广泛？有一种观点认为，由于存在两种矛盾的选择压力，所以促成了小世界网络的独特结构，而大多数网络却是在有限的资源条件下形成的。在资源有限的情况下，网络将优先保障节点之间的连通性，并在此基础上尽可能地提高传输效率。因此，自组织形成的网络不会出现大量长程连接。另外，从性价比的角度看，网络也不需要有太多长程连接，因为长程连接对减少平均路径的作用遵循了边际效益递减规律：起初，在规则网络中建立少量长程连接就能使平均路径长度大幅下降，但随着长程连接越来越多，平均路径长度减幅将越来越小。换句话讲，建立长程连接带来的传输效率增益越来越少。小世界网络仅用少量长程连接就实现了较短的平均路径长度，这是兼顾成本与效率的一种高性价比结构。这也在一定程度上解释了为什么神经网络、电力网络、交通网络等具有小世界性。

---

① 网络规模与平均路径长度之间，不是固定的线性比例关系，而是一种次线性比例关系。

四、网络有不同结构形态且各有利弊

人们日常说的网络一般指互联网和万维网。互联网是由计算机网络互相连接而形成的网络，万维网则是无数个网络站点和网页的集合，由超链接连接而成，它构成了互联网的主要部分。互联网和万维网有时候也被视为同义词，但从技术角度看，它们是两个具有差异且彼此又有联系的实体。现在，网络已经深深融入了人们的生产和生活，像电子政务、电子商务、工业互联网、消费互联网等领域的创新变革无不是以网络技术为支撑的。网络技术的发展一方面为人类社会提供了更多的发展机遇，另一方面也给人类社会带来了如信息泄露、网络暴力、电信诈骗、网络病毒攻击等方面的新挑战。网络应用是一把"双刃剑"，理解网络的结构形态特点，有助于我们进一步拓展其创新应用并降低负面影响。

网络结构形态是人为设计的，还是自我演化的？要回答这一问题，首先我们要来回顾一下互联网和万维网的起源。互联网的雏形是美国的 ARPA 网——ARPA 是"先进研究项目局"（Advanced Research Projects Agency）英文全称的缩写。这个网络本是美国军方在20世纪60年代为保密传输电子文件而设计的，后来，人们发现它更适用于传递短消息。此后，ARPA 网受到非军方单位的关注，学术界和工业领域的科学家都致力于建立类似的网络。这样一来，通过美国国内和国际电话线传输数据代码的 USENET[①] 网便出现了。此后，许多配备小

① USENET 是 USER NETWORK 的略称，1979年美国的北卡罗来纳大学和杜克大学为了创建一个电子公告板以简化邮寄和阅读新闻消息而创立了此网，它以专题的形式给用户提供讨论场所。

型服务器的网络在多个领域出现。随着这些网络不断扩大融合，互联网的覆盖范围越来越广，最终演化成了今天的全球互联网。

如果说互联网是通信网，那么万维网就是信息库，前者简称 Net，后者简称 Web。英国电脑科学家蒂姆·伯纳斯—李（Tim·Berners-Lee）最早创立了万维网的运行模式，使万维网的概念出现在世人面前。伯纳斯—李曾在日内瓦的欧洲粒子物理研究所（CERN）从事为物理学家们存储和检索信息的服务工作。为了提高工作效率，他在1980年设计了一种个人"记忆辅助器"。这个"记忆辅助器"不仅能将小段的信息储存起来，还能实现相关信息段的连接。当人们需要某些信息时，逐条查看这些信息段即可。1989年伯纳斯—李对原来的方法进行了改进，创立了超文本和超链接。超文本电子文件中的文字混杂着各种被称为超链接的标记，这些标记可以通过很多形式出现：方框、下划线、不同颜色的文字等。点击这些标记，用户可以直接从此文件跳转到包含有其他信息的另一个文件，这样就实现了不同文件之间的互联。1989年12月，伯纳斯—李将他的发明正式定名为"World Wide Web"，即"WWW"。如今，当我们点开某个网站时，再点开某个标题浏览信息，其背后都是超文本和超链接的架构在起作用。万维网在20世纪90年代初同互联网融合，随后很多领域都建立起了信息库进行部门之间的局域互联。不久，人们就开始大胆设想并推动建立一个世界性网络，通过互联网所拥有的全球基础设施，调用全世界各计算机系统中所存储的电子文件及互联网内部所产生的文档，万维网由此走向世界。

网络自诞生后就一直引起人们的思考：什么样的网络结构才能满足高效、安全以及尽可能低的成本要求？总体来看，网络的发展大致形成过四种结构模式。

一是中心式布局。如图10—4所示，20世纪60年代的电脑网络结构是中心式的：一台主机连接着若干终端，所有终端并没有自主能力，它们将信息输送至中心服务器，再由中心服务器将信息一一送到目标节点。在个人电脑没有出现的年代，这种布局是比较常见的。然而，兰德公司一名为美国军方开发通信网络的通信工程师保罗·巴兰（Paul Baran）意识到中心式布局在冷战的背景下有致命缺陷，因为一旦美苏爆发战争，中心节点遭到打击，整张网络都将陷入瘫痪。

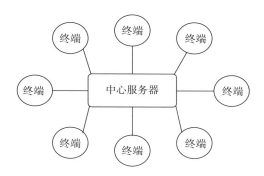

图10—4　中心式布局

二是多中心式布局。如图10—5所示，替代中心式布局的方案之一是建立有若干局部中心的组群网络，且每个组群的中心节点以长程连接打通。多中心布局的网络比单一中心布局的网络更安全，某个中心节点受到攻击不会导致整张网络瘫痪。不过，多中心式布局也存在一定缺陷：一方面，多中心式布局的建设和维护成本比中心式布局高；另一方面，网络组群对少数几条边高度依赖，这就意味着若局部组群之间的边遭到破坏，它就会脱离整体而陷入孤立的境地。

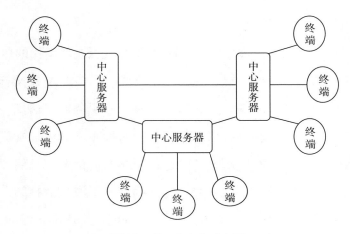

图10—5　多中心式布局

三是分布式布局。如图10—6所示，采用分布式布局的网络没有明显的中心节点，网络中的每一个节点都与若干节点连接，每一个节点到另一个节点都不止一条通路。这样一来，即便网络中几条边或节点消失，网络功能的发挥也不会受到多大破坏，因而安全性较高。根据保罗·巴兰的估算，只要保证从每个节点发出三条边，便可有效保障整张网络的韧性。但这种网络的缺点也很明显：每个节点到每个节点不止一条通路，意味着网络的冗余度比较高，建设成本比前两种布

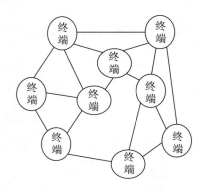

图10—6　分布式布局

局模式也要高。

四是全连接布局。保罗·巴兰分布式布局的设想一度遭到了美国官方的压制而没有得到实施。然而，在建设 ARPA 网络初期，ARPA公司尝试实践保罗·巴兰的设想，希望首先在几所大学之间实现这种分布式网络连接。为了最大程度地提高计算机资源的利用效率，公司最先预想将各网站的主机全部连接在一起，即建立实现全连接的网络。全连接布局网络的冗余度和成本是相当高的。1967 年，计算机科学家威斯利·克拉克（Wesley Clark）发觉，实现"最大程度连接"的网络会随着规模增大而迅速变得极为复杂。随着网络的扩张和节点数量的增加，边的数量会更迅速地增加。另外，由于越来越多的边接入服务器，信息处理的效率也会下降，甚至会出现信息流堵塞的现象。如图 10—7 所示，采用全连接布局的网络，其通信效率不仅没有显著优越性，建设成本还比较高昂。因此，在较大规模的网络中，全连接布局是相当罕见的。

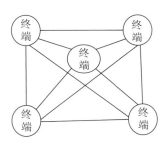

图 10—7　全连接布局

互联网经历了由小到大、由简单到复杂的发展历程，它几乎用到了所有类型的布局设计，它的拓展早已超出早期计算机科学家的设想。互联网虽然早在 20 世纪 60 年代就出现了，但由于服务器联网操作复杂、网络访问权限界限分明、网上内容单调枯燥等原因，一时间并没有得到广泛应用。万维网的出现使不同计算机储存的信息得以整合，网站服务器可以通过超文本传输协议（HTTP）转到另一台网站服务器检索信息。在超文本的支持下，网站服务器不仅能整合丰富的图文信息，还能在软件的支持下发布音频和视频信息，这也使互联网的内容和功能变得越来越丰富。然而，用户要在浩如烟海的数据中精确寻找到所需的信息并不容易，于是，方便普通人使用网络的浏览器便应运而生了。浏览器降低了个人电脑接入网络的技术门槛，使越来越多的人成为互联网用户。人们不断通过创新充实互联网的内容和功能，使互联网变得越来越复杂。如今，网络结构形态的演化已逐渐超出人为规划设计的局限，其自我演化的趋势上日渐明显。

五、无标度网络是特殊的小世界网络

有人把互联网说成虚拟世界，其实并不严谨，它有物理实体作支撑，如大型服务器、个人电脑以及光纤等，它们都相当于互联网中的节点或边。万维网相对比较抽象，它的节点是以电子文件形式储存在世界各地的网页之中，它的边则是网页之间的超链接或者由统一资源定位符（URL）给出的地址。互联网和万维网紧密融合，超链接的路径也是互联网使用的传输路径，二者结构形态基本相同。

那么，如何刻画这么复杂的网络形态呢？不少人认为，网页上的超链接数量符合正态分布，即多数网页上的超链接个数在某个平均值上。拥有超链接数目很多或很少的页面其实并不多。直到1999年，美国印第安纳州圣母大学的一个科研团队利用自动测绘软件，沿着万维网的万千条路径摹画出了万维网的大致结构。同马克·格兰诺维特做六度分隔实验时要求每位寄信人在信上注明自己的信息类似，自动测绘软件从一个网站进入万维网后，对网站内的所有超链接进行了追踪，而后，再进入另一个网站并重复上述步骤。每到一处，自动测绘软件都会记下其所在网页的超链接数，以此来勾勒万维网的真实结构形态。

　　研究者通过测量网页的度分布来刻画网络的结构形态。万维网的连接有两种形式：入连接和出连接。最初的网络排名算法只关心入连接，我们的讨论也只关注入连接，即网页的入度。研究团队发现：万维网的入度分布服从幂律分布①，这表明，在该网站上随机抽取一个网页，它的超链接数与具有该超链接数的网页之间存在某种固定的比例关系。除了少数网页上存在大量链接，其余大多数网页的超链接数目不大。每当这种链接数加倍时，具有此类链接数的网页出现概率会按某个恒定的比例减少。这意味着不同尺度坐标系下网络度分布的形态相似，这种具有自相似性的网络被称为无标度网络。

　　尽管无标度网络模型不能完全还原万维网的结构形态，但其能够大致描绘万维网的样貌。我们可以用网络的入度分布情况来刻画其形态。在图10—8中，左上第一幅图是网页入度为1000至10000的网页分布概率图，可见入度为1000的网页非常多，随着入度变大，具有相应入度的网页出现频率快速下降，入度为10000的网页出现概率几乎为0。将第一幅图的尺度放大10倍得到了右侧第二张图，网页入度为

---

① 幂律是两个变量之间的一种函数关系，其中一个量的变化将导致另一个量以相应幂次比例变化，初始值的变化不影响这种比例变化关系。例如，正方形面积与边长是一种幂律关系，无论边长的初始值是什么，如果边长扩大2倍，面积都会扩大4倍。

10000至100000的网页分布概率图。将第一幅图的尺度放大100倍得到了第三张图，网页入度为100000至1000000的网页分布概率图。三幅图虽然横坐标尺度差异极大，但它们的图形是一样的（三幅图均为示意图，不代表具体数据）。度分布在不同尺度下具有不变性，这是无标度网络的典型特征。

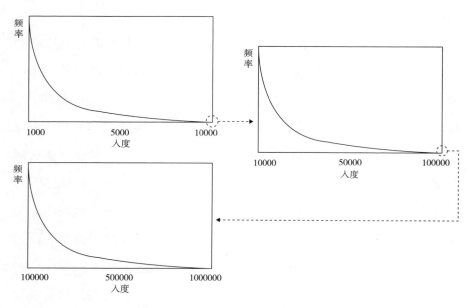

图10—8　不同入度的网页分布概率图

无标度网络的显著优势就是稳健性，其抗打击能力较强。若是在随机网络或规则网络上，我们随便删除一些节点或边，整张网络就很容易崩溃。但对无标度网络来说，即便它的某些节点或边被破坏，其仍然具有较短的平均路径、多样的度分布和较高的集群性等特征。随机打击可能使无标度网络的传输效率下降，但网络的基本功能不会丧失。因为无标度网络的绝大部分节点是低连接度的，外部的随机破坏可能只是删除了一些不重要的节点，但失掉这些节点对网络影响不大。无标度网络的提出者巴拉巴西（Albert-László Barabási）和他的同事们对包括细菌、植物和线蠕虫等43种生命体在内的代谢网络进行了研究。他们发现：所有代谢网络①都是幂律分布的，具有无标度网络的特性，这是生物漫长进化的结果。

当然，无标度网络同样也有自身的缺陷，面对精准打击十分脆弱，因为网络上有少数起关键作用的中心节点，它们一旦崩溃，则网络的功能将大幅衰退，甚至全盘瓦解。像一些电力系统的网络中往往存在着连接度比较高的节点，这就是电力网络的弱点。若某些中心节点发生故障，很可能就会导致大规模停电事故的发生。现代电力网络发生的故障往往是级联故障，即网络中某处断电会使电力沿其他线路传输。突然增大的电流超过变电站和电线的承载力，就容易导致故障进一步扩大。

网络的无标度特性是如何产生的呢？巴拉巴西及其团队发现，无标度网络具有突出的集群性，因此，他们提出了一种网络的生长机制：偏好附连（Preferential Attachment），即新产生的节点倾向于把自己连接到那些高连接度的节点上。比如，一些新创建的小网站若想打响名气，往往倾向于将自己挂靠在大网站上，借助大网站的流量来获得更多关注。在科学文献的引用方面，人们写文章时，会倾向于引用那些引用率较高的文章，而引用率高的文章又容易进一步提高其引用率。然而，若所有新出现的节点都连接到那些高连接度的节点，则整张网络将是中心式布局，度分布也将不再遵循幂律分布。所以，无标

---

① 代谢网络中的节点是化学反应物（化学反应的原料或产物），如果某种反应物参与了另一反应物的反应，就视为前者连接了后者。

度网络同时存在另外情况：新生节点虽然倾向于贴近中心节点，但这只是一种倾向，当中心聚集密度过大时，他们也可能重新确立聚集中心或选择其他的方向。

六、网络结构中的幂律关系

　　网络科学对许多领域的研究都产生了深刻影响，尤其是生物学。生命系统内部存在大量网络结构，如大脑神经网络、代谢网络、基因调控网络、血管网络等。系统内各组分（主体）以网络的形式关联起来，这使得其中某一属性的改变会引起其他属性有规律的变化[①]。实际上，19世纪的生物学家早已注意到了类似的特点，比如有学者发现，当生物体重发生变化时，其代谢速率也会变化。尽管19世纪网络科学尚未出现，但其涉及的问题同网络科学家的关切不谋而合。

　　从数学意义上分析，一个变量同另一个变量有多种关联关系。两个变量可以是线性关系。例如，我们将一根木棍的长度加倍，则木棍的重量会以同样的倍数增加，因为木棍的长度和重量是线性关系。此外，各个变量之间也可能是非线性关系，一般以幂律（Power Law）的形式体现，形如 y 正比于 x^d（x 和 y 是变量，指数 d 可以是任何常数），这也称作幂律关系或幂次法则。在普通坐标系下，幂律关系是一条曲线，只有在双对数坐标系下，幂律关系才能表达为一条直线，

---

　　① 如生物的重量与其代谢率、重量与心率、心率与寿命等，这些属性之间存在一定比例关系；例如哺乳动物，小到老鼠、大到蓝鲸，我们知道体重就能大致推测出它们身体的代谢率。

直线的斜率是指数 d①。在幂律关系中，指数 d 规定了两个变量以何种比例关系发生变化，此时一般有三种情况：

一是如果指数为1，则系统中两个变量呈线性比例关系，在坐标轴中是一条直线。

二是如果指数大于1，则称为超线性（Superlinear），它的曲线会越来越高于直线。若我们将自变量加倍，那么因变量的变化会超过两倍。正如现在热门的"规模经济"，用经济学术语来讲就是"规模收益递增"，其实质所反映的是经济系统建立起了超线性关系。

三是如果指数小于1，则称为次线性（Sublinear），它的曲线会越来越低于直线。若我们将自变量加倍，那么因变量会以小于两倍的形式改变。譬如19世纪的英国工程师伊桑巴德（Isambard Kingdom Brunel）发现，轮船越大，则运送单位载重所需的燃料就越少。轮船的燃料消耗量与载重量是一种次线性关系。

关于生物的体重和代谢率之间的关系，19世纪的生物学家们早就认识到这是一种次线性关系：相对于体重大小来说，较小动物的代谢率比较大的动物更快。1883年，德国生理学家鲁伯纳（Max Rubner）尝试从热力学和几何学的角度确定动物体重和代谢率之间的关系。鲁伯纳推测：随着生物体型增长，代谢率会比体重增长得慢。为此，他提出，代谢率和体重的比例关系可能同表面积和体积的关系一样，代谢率与体重的三分之二次幂成比例。

通过类比物体的表面积和体积的关系，我们发现，生物的代谢率

---

① 幂律关系用数学语言表达为 $y \propto x^d$，正比符号两边取对数则有 $\ln y \propto d \cdot \ln x$。设 $\ln y = y'$，$\ln x = x'$，则 $y' \propto dx'$，这正是一条斜率为 d 的直线。

和体重不可能是线性关系。代谢率是细胞将营养物质转化为能量的速率，这些能量在促进细胞生长的过程中会以同样的速率散发热量，因此，测量生物散发的热量就能大致推算出该生物的代谢率。另外，生物的表皮具有散热功能。由于所有生物表皮的散热效率不会相差太悬殊，因此，表皮面积同代谢率关系密切。由于生物的体重同其体积也密切相关，我们可以用生物的表面积和体积之间的比例关系来类比代谢率和体重之间的关系。

我们可以把老鼠与河马都看作近似的立方体形状，设河马的边长是老鼠的50倍，则河马的体积是老鼠的50^3=125000倍，即河马的体重也是老鼠的125000倍。若代谢率与体重呈线性比例关系的话，河马的发热量也是老鼠的125000倍。河马的表皮面积仅仅是老鼠的50^2=2500倍，而河马发出的热却是老鼠的125000倍，这种情况只有在河马表皮散热率是老鼠的50倍时才能实现。现实中不可能出现这样的情况，河马和老鼠的表皮散热效率不可能相差如此悬殊，因此代谢率与体重也不会是线性比例关系。尽管鲁伯纳给出的比例关系（三分之二次幂）并没有经过严格的科学验证，但它揭示了代谢率与体重之间的次线性关系。简言之，物种体型越大，其代谢的功率虽然会相应提高，但提高程度比体重慢得多。

20世纪30年代，马克斯·克莱伯（Max Kleiber）给出了比较准确的描述：代谢率同体重的3/4次幂成比例。指数是3/4而不是2/3，这同样是一种次线性标度关系，但它表明较大动物的代谢率会比人们预想的要高。动物代谢率随体重以3/4次幂改变，这意味着我们只需要两倍的能量就可以维持两倍半的体重。换言之，动物体形越大，每单位体积的能量利用效率就越高。克莱伯的发现被称为克莱伯定律

（Kleibers Law），在实践中应用比较广泛。

生命系统内相关变量的比例关系还有很多，我们可以通过一些变量来预测某些关键结果。比如，我们知道有机体的重量，就能大致推算出其代谢率、心率、寿命等变量。生物学家们在后续研究中发现，生命系统中很多变量间的幂律关系都具有分母为4的分数指数。例如，（心率或呼吸频率）与（重量$^{-1/4}$）成正比，这意味着体形越大的生物，其心率越慢、呼吸越缓。若一个既定生命体的心跳和呼吸都是固定数值，那么生物的（寿命）与（重量$^{1/4}$）成正比，即生物个体重量增长16倍，其寿命延长2倍[①]。这些关系也被称为四分幂比例律（Quarter-power Scaling Laws）。尽管克莱伯定律描述了代谢率和体重之间的幂律关系，然而，即使创立者克莱伯本人也没能解释这个定律何以成立以及生物的哪些共性能导致这个规律等问题。直到20世纪90年代，一些学者尝试从网络的视角进行分析，生命系统内的比例之谜才得到了初步揭示。

七、幂律源于网络结构的分形

20世纪90年代中期，美国新墨西哥大学的生态学教授詹姆斯·布朗（James Brown）和生物学研究生布莱恩·恩奎斯特（Brian Enquist）关注到生命系统中网络的作用，他们尝试从网络入手来攻克四分幂比例律问题。

[①] 体重与寿命之间的比例关系对大部分哺乳动物都成立，但也有例外，如人类的平均寿命远远超出这个比例关系所呈现出来的一般趋势。

詹姆斯·布朗和布莱恩·恩奎斯特认为，向细胞输送营养物质的血管网络结构可能是导致四分幂比例律出现的关键。生命是各种网络聚合后的涌现，不同规模的生命体都是由分级的网络支撑的，每一级网络都不停地运输维持生命所必需的物质、信息和能量。网络结构具有一般的物理和数学特性，因此，尽管生物进化出的体型有着丰富的多样性，但其内部网络结构的规则决定了它们同样都会受到物理和数学原理约束。生物体内存在由血管形成的树状网络，血液在其中循环流动，将营养物质运送到器官细胞。肺部的气管和支气管也是具有分支的网络结构，它将氧气输送到血管之中。詹姆斯·布朗和布莱恩·恩奎斯特认为，正是动物体内普遍存在的网络结构导致了生命系统中的幂律关系。为了揭示这种"物理和数学原理"，理论物理学家韦斯特（Geoffrey West）加入了布朗和恩奎斯特的团队，他们通过合作攻关，不仅揭示了克莱伯定律和所观察到的其他生物比例关系，还推断出生命系统中一系列新的比例关系。这种生物学与物理学的交叉研究发现被称为代谢比例理论（Metabolic Scaling Theory）。

代谢比例理论具有重大意义，它回答了长期困扰生物学界的一个问题：克莱伯定律提出了代谢率同体重的3/4次幂成比例，那么，其中的指数为何是3/4？首先，布朗团队找到了影响生物代谢率的关键点——生物循环系统。代谢率是细胞将营养物质转化为能量的速率，其主要由生物循环系统向细胞输送营养物质的效率决定。对于生物的循环系统来说，网络结构对生物功能的塑造起决定性作用，而不是生物体规模的大小。詹姆斯·布朗的研究团队提出了三个假设：一是生物的进化过程使输送营养的网络结构尽可能地填充到了身体空间，使养分可以送达所有细胞；二是这种进化出的网络结构使运送养分所花费的能量和时间最小化；三是网络的终端结构大小不受体重变化影响。就第三个假设来说，毛细血管是血管网络的终端，大多数动物的毛细血管都是一样大小的，只不过体型越大的动物毛细血管数量越多。毛细血管的大小不受体重变化的影响，这是因为构成所有生物的基本单位——细胞，其大小都是相差无几的。老鼠与河马的细胞差不多大，毛细血管也差不多大，只不过河马需要更多毛细血管网络来填充体内空间。

詹姆斯·布朗的研究团队将生物的代谢循环系统视为分形的网络结构。分形意味着网络结构在所有尺度上（形态）是自相似的，这保证了身体空间在所有尺度上都能被同等填充。研究人员以上述三个假设为基础，将循环系统视为填充空间的分形（Fractal）[①]，并由此建立了数学模型。他们的计算结果证实了代谢率与体重呈现指数为四分之三的幂律关系。

分形是有层次的，每一层级的几何图形都由若干个上一层级几何图形的拷贝构成，分形维（Fractal Dimension）规定了需要多少个这样的拷贝，即决定了随着层次（缩放倍数）的变化。物体总的大小（如面积、体积）会如何改变决定了分形图形的形态。幂律分布具有分形结构，幂律的指数就是分形的维数，它决定了幂律分布的形态（即何种幂函数关系）。生物体内血管网络是分形几何体，它有相对固定的分形维数[②]，这表明了生物体内的某些变量遵循幂律分布。代谢比例理

---

① "分形"是法国数学家曼德布罗特（Benoit B. Mandelbrot）提出的，他发现世界上很多事物都具有分形特点。具有分形结构的几何对象是自相似的，它在任意尺度上被分成多个部分时，每个部分都会呈现与整体相同（至少相近）的形状。参见本书第四章。

② 分形维在数学意义上是确定的，现实世界没有完美的分形结构，在类分形结构中分形维只是相对固定。

论揭示的是各种生物代谢率与体重的幂律比例关系，布朗团队以及越来越多的研究者将此理论推向更广的范围，他们尝试解释如心率、生命周期、妊娠期、睡眠时间等幂律关系。由于植物输送水和营养物质的管道网络具有类似分形结构的特征，他们认为，树干的周长、植物生长速度等幂律特性也可以用代谢比例理论解释。

詹姆斯·布朗团队还从网络入手，运用物理学和生物学来解释复杂系统中变量间的幂律关系。虽然他们的代谢比例理论遭到了一些质疑，但这种跨学科创新研究的方法值得借鉴。他们的研究让人们看到了幂次法则广泛存在于自然界和人类社会各领域，如语言体系、股市波动、财富分配、森林火灾等。鉴于世界的这种复杂变化特点，我们要善于捕捉各种变量之间的幂律关系，以非线性思维理解万事万物，科学规划人类社会的生产生活空间。

譬如城市就是一个有着多种幂律关系的复杂巨系统，这与城市的分形结构有一定关联。从街区到城区，城市系统的所有基础设施都可以抽象为具有自相似性的网络集群，其在进化过程中形成了专属功能并且不断优化；在城里生活的人会收到各种信息、获取食品供应或看病就医，这就要求通信或物流网络应尽可能用最少的能量消耗以及尽量短的时间来完成配送。在城市系统中，主体是人，他们工作和生活在各自的区域，但城市的自然与公共资源是有限的，所以这就驱动了城市中各网络集群演化出分形结构，以便让人才、信息、货币、商品等资源在城市系统中的流动形成循环效应，从而促进人与人之间和谐关系的建立。具体来说，城市的各种生产生活指标与城市规模之间都存在一定的幂律关系，比如汽油的人均消耗与道路交通是一种次线性关系。在最理想的状态下，城市规模越大、某类资源的人均消耗就越低。大城市单位面积内的人口密度通常大于小城市，城市空间布局往往倾向于紧凑而非扩张。因此，由公共基础设施聚合而成的网络就要遵循幂次法则，否则很难满足高密度人口的多样性需求。另外一种情况则是城市空间的经济产出、疾病传播、犯罪率等项指标的增长是超线性的。例如，在经济发展方面，若一座城市规模是另一座城市规模的2倍，前者的社会经济指标将是后者的2.22倍，人均增加10%；若一座城市规模是另一座城市规模的3倍，前者的社会经济指标将是后者的3.53倍，人均增加17%。[①] 总而言之，城市规模越大，人均拥有的资源、经济产出或创新成果就越多，人口也越密集，个体互动有越频繁。

总之，网络的小世界性及其幂律关系要求我们应认识到：系统的输入与输出之间不成固定的比例，任何一个输入都可能因为网络的循环效应而被放大或者缩小。在一个复杂适应系统内，幂律鲜明反映出主体以及系统不同层次之间的非线性关系，网络的幂次法则让我们对系统各组分之间的普遍联系形成了更加具象化的理解。人类社会正是由于客观存在各种幂律关系，才使得不同经济社会网络的系统动力学过程形成了显著差别，所以，各民族国家的经济发展过程和规模都有其特殊性。

---

① 周东东：《城市面具》，中国城市出版社2019年版，第209页。

参考文献

［1］《马克思恩格斯文集》第1、3、10卷，人民出版社2009年版。

［2］中共中央文献研究室编：《邓小平思想年编：1975—1997》，中央文献出版社2011年版。

［3］常秉义：《易纬》，新疆人民出版社2000年版。

［4］王充著，邵毅平解读：《中华传统文化百部经典·论衡》，国家图书馆出版社2019年版。

［5］张文忠主编：《唐宋八大家文观止》，陕西人民教育出版社2019年版。

［6］吴承恩著，程宏注评：《西游记》，译林出版社2019年版。

［7］吕思勉：《秦汉史》，北京理工大学出版社2018年版。

［8］王蒙：《老子的帮助》，北京联合出版有限公司2017年版。

［9］张登本等译：《全注全译黄帝内经·素问》，新世界出版社2008年版。

［10］张凤娟主编：《大学·礼记·中庸》，内蒙古人民出版社2007年版。

［11］郑玄注：《易纬·乾凿度》，中华书局1985年版。

［12］钱学森：《钱学森讲谈录：哲学、科学、艺术》（增订本），九州出版社2013年版。

［13］钱学森：《钱学森系统科学文选》，中国宇航出版社2011年版。

［14］钱学森：《论系统工程》，上海交通大学出版社2007年版。

［15］苗东升：《复杂性研究的中国路径》，人民出版社2022年版。

［16］苗东升：《系统科学概览》，中国书籍出版社2020年版。

［17］苗东升：《系统科学辩证法》，中国书籍出版社2020年版。

［18］苗东升：《复杂性管窥》，中国书籍出版社2020年版。

［19］苗东升：《系统科学精要》（第4版），中国人民大学出版社2016年版。

［20］苗东升：《钱学森系统科学思想研究》，科学出版社2012年版。

［21］〔美〕乔治·伽莫夫著，刘小君、岳夏译：《从一到无穷大：科学中的事实与猜想》，文化发展出版社2022年版。

［22］〔美〕德内拉·梅多斯、乔根·兰德斯、丹尼斯·梅多斯著，李涛、王智勇译：《增长的极限》，机械工业出版社2022年版。

［23］〔美〕约翰·米勒、斯科特·佩奇著，隆云滔译：《复杂适应系统——社会生活计算模型导论》，上海人民出版社2020年版。

［24］〔美〕艾伯特—拉斯洛·巴拉巴西著，沈华伟、黄俊铭译：《巴拉巴西网络科学》，河南科学技术出版社2020年版。

［25］〔美〕马克E.J.纽曼著，郭世泽、陈哲译：《网络科学引论》，电子工业出版社2020年版。

［26］〔美〕诺伯特·维纳著，王文浩译：《控制论——或动物与机器的控制和通信的科学》，商务印书馆2020年版。

［27］〔美〕萨拉·罗斯·卡瓦纳，蒋宗强译：《蜂巢思维：群体意识如何影响你》，中信出版社2020年版。

［28］〔美〕纳西姆·尼古拉斯·塔勒布著，雨珂译：《反脆弱》，中信

出版社 2020 年版。

［29］〔美〕纳西姆·尼古拉斯·塔勒布著，万丹、刘宁译：《黑天鹅：
如何应对不可预知的未来》，中信出版社 2019 年版。

［30］〔美〕纳西姆·尼古拉斯·塔勒布著，盛逢时译：《随机漫步的
傻瓜：发现市场和人生中的隐藏机遇》，中信出版社 2019 年版。

［31］〔美〕斯科特·佩奇著，贾拥民译：《模型思维》，浙江人民出版
社 2019 年版。

［32］〔美〕托马斯·西利著，刘国伟译：《蜜蜂的民主：群体如何做
出决策》，中信出版社 2019 年版。

［33］〔美〕约翰·H.霍兰著，周晓牧、韩晖译：《隐秩序：适应性造
就复杂性》，上海科技教育出版社 2019 年版。

［34］〔美〕马克·格兰诺维特著，罗家德、王水雄译：《社会与经济：
信任、权力与制度》，中信出版社 2019 年版。

［35］〔美〕斯蒂芬·斯托加茨著，张羿译，《同步：秩序如何从混沌
中涌现》，四川人民出版社 2018 年版。

［36］〔美〕安德烈亚斯·瓦格纳著，祝锦杰译：《适者降临》，浙江人
民出版社 2018 年版。

［37］〔美〕布鲁斯·罗森布罗姆、〔美〕弗雷德·库特纳：《量子之
谜》，湖南科技出版社 2018 年版。

［38］〔美〕彼得·圣吉著，张成林译：《第五项修炼：学习型组织的
艺术与实践》，中信出版社 2018 年版。

［39］〔美〕凯文·凯利著，周峰、董理、金阳译：《必然》，电子工业
出版社 2018 年版。

［40］〔美〕凯文·凯利著，张行舟、陈新武、王钦等译：《失控》，电

子工业出版社2018年版。

［41］〔美〕布莱恩·阿瑟著，贾拥民译：《复杂经济学：经济思想的新框》，浙江人民出版社2018年版。

［42］〔美〕约瑟夫·熊彼特著，王永胜译：《经济发展理论》，立信会计出版社2017年版。

［43］〔美〕约瑟夫·熊彼特著，贾拥民译：《十位伟大的经济学家：从马克思到凯恩斯》，中国人民大学出版社2017年版。

［44］〔美〕史蒂芬·H.斯托加茨著，孙梅、汪小帆译：《非线性动力学与混沌》，机械工业出版社2017年版。

［45］〔美〕米歇尔·渥克著，王丽云译：《灰犀牛：如何应对大概率危机》，中信出版社2017年版。

［46］〔美〕玛格丽特·惠特利著，简学译：《领导力与新科学》（经典版），浙江人民出版社2016年版。

［47］〔美〕菲利普·津巴多著，孙佩放、陈雅馨译：《路西法效应：好人是如何变成恶魔的》，生活·读书·新知三联书店2015年版。

［48］〔美〕洛克哈特著，王凌云译：《度量：一首献给数学的情歌》，人民邮电出版社2015年版。

［49］〔美〕丹尼斯·舍伍德著，邱昭良、刘昕译：《系统思考》（白金版），机械工业出版社2014年版。

［50］〔美〕詹姆斯·格雷克著，高博译：《信息简史》，人民邮电出版社2013版。

［51］〔美〕德内拉·梅多斯著，邱昭良译：《系统之美：决策者的系统思考》，浙江人民出版社2012年版。

［52］〔美〕小罗伯特·E.卢卡斯著，朱善利、雷明、王异虹等译：

《经济周期理论研究》，商务印书馆2012年版。

［53］〔美〕梅拉妮·米歇尔著，唐璐译：《复杂》，湖南科学技术出版社2011年版。

［54］〔美〕W.理查德·斯科特、杰拉尔德·F.戴维斯著，高俊山译：《组织理论：理性、自然与开放系统的视角》，中国人民大学出版社2011年版。

［55］〔美〕彼得·圣吉等著，张兴译：《第五项修炼·实践篇：创建学习型组织的战略和方法》，中信出版社2011年版。

［56］〔美〕欧文·拉兹著，钱兆华等译：《系统哲学引论：一种当代思想的新范式》，商务印书馆2010年版本。

［57］〔美〕托马斯·M.科沃著，阮吉寿、张华译：《信息论基础》，机械工业出版社2008年版。

［58］〔美〕邓肯·J.瓦茨著，陈禹等译：《小小世界：有序与无序之间的网络动力学》，人民大学出版社2006年版。

［59］〔美〕詹姆斯·格雷克著，张淑誉译，郝柏林校：《混沌：开创新科学》，高等教育出版社2004年版。

［60］〔美〕米歇尔·沃尔德罗普：《复杂：诞生于秩序与混沌边缘的科学》，生活·读书·新知三联书店1997年版。

［61］〔美〕杰里米·里夫金、〔美〕特德·霍华德著，吕明、袁舟译：《熵：一种新的世界观》，上海译文出版社1987年版。

［62］〔英〕伊恩·斯图尔特著，何生译：《谁在掷骰子？不确定的数学》，人民邮电出版社2022年版。

［63］〔英〕查尔斯·达尔文著，韩安、韩乐理译：《物种起源》，新星出版社2020年版。

［64］〔英〕杰弗里·韦斯特著，张培译：《规模：复杂世界的简单法则》，中信出版社2018年版。

［65］〔英〕戴瑞克·希金斯著，朱一凡等译：《系统工程：21世纪的系统方法论》，电子工业出版社2017年版。

［66］〔英〕艾瑞克·霍布斯鲍姆著，贾士蘅译：《帝国的年代：1875—1914》，中信出版社2017年版。

［67］〔英〕菲利普·鲍尔著，暴永宁译：《预知社会：群体行为的内在法则》，当代中国出版社2010年版。

［68］〔英〕克里斯蒂森、〔英〕莫洛尼著：《复杂性和临界状态》，复旦大学出版社2006年版。

［69］〔英〕P. 切克兰德著，左晓斯等译：《系统论的思想与实践》，华夏出版社1990年版。

［70］〔英〕亚当·斯密著，郭大力、王亚南译：《国民财富的性质和原因的研究》（上、下卷），商务印书馆1974年版。

［71］〔德〕乌尔里希·温伯格著，雷蕾译：《网络思维：引领网络社会时代的工作与思维方式》，机械工业出版社2017年版。

［72］〔德〕赫尔曼·哈肯著，凌复华译：《协同学：大自然构成的奥秘》，上海译文出版社2013年版。

［73］〔德〕克劳斯·迈因策尔著，曾国屏、苏俊斌译：《复杂性思维：物质、精神和人类的计算动力学》，上海辞书出版社2013年版。

［74］〔德〕哈肯著，郭治安译：《信息与自组织》，四川教育出版社2010年版。

［75］〔德〕弗里德里希·克拉默著，柯志阳、吴彤译：《混沌与秩序：生物系统的复杂结构》，上海世纪出版集团2010年版。

［76］〔德〕H.G.舒斯特著，朱铉雄、林圭年译：《混沌学引论》，四川
　　　教育出版社2010年版。

［77］〔德〕哈肯著，郭治安译：《高等协同学》，科学出版社1989
　　　年版。

［78］〔德〕M.艾根，P.舒斯特尔著，曾国屏、沈小峰译：《超循环
　　　论》，上海译文出版社1990年版。

［79］〔德〕赫尔曼·哈肯著，宁存政、李应刚译：《协同学讲座》，陕
　　　西科学技术出版社1987年版。

［80］〔比利时〕普里戈金著，沈小峰等译：《从存在到演化》，北京大
　　　学出版社2021年版。

［81］〔比利时〕克里斯蒂安·德迪夫：《生机勃勃的尘埃：地球生命
　　　的起源和进化》，上海科技教育出版社2019年版。

［82］〔比利时〕伊利亚·普里戈金著，湛敏译：《确定性的终结：时
　　　间、混沌与新自然法则》，上海科技教育出版社2018年版。

［83］〔比利时〕普利高津，尼科里斯著，罗久里译：《探索复杂性》，
　　　四川教育出版社2010年版。

［84］〔比利时〕伊·普里戈金，〔法〕伊·斯唐热著，曾庆宏、沈小
　　　峰译：《从混沌到有序：人与自然的新对话》，上海译文出版社
　　　2005年版。

［85］〔法〕伯努瓦·B.芒德布罗，凌复华、陈守吉译：《大自然的分
　　　形几何学》，科学出版社2022年版。

［86］〔丹麦〕帕·巴克著，李炜、蔡勖译：《大自然如何工作：有关
　　　自组织临界性的科学》，华中师范大学出版社2001年版。

［87］〔奥地利〕薛定谔著，周程、胡万亨译：《生命是什么》，北京大

学出版社2018年版。

［88］〔挪威〕拉斯·特维德著，董裕平译：《逃不开的经济周期》，中信出版社2018年版。

［89］昝廷全：《系统思维》（第2卷），科学出版社2022年版。

［90］钟永光、贾晓菁、钱颖：《系统动力学前沿与应用》，科学出版社2022年版。

［91］钟永光、贾晓菁、钱颖：《系统动力学》（第二版），科学出版社2021年版。

［92］周德群：《系统工程概论》（第四版），科学出版社2021年版。

［93］邱昭良：《如何系统思考》，机械工业出版社2021年版。

［94］吴军：《吴军数学通识讲义》，新星出版社2021年版。

［95］吴军：《信息传：决定我们未来发展的方法论》，中信出版社2020年版。

［96］吴军：《数学之美》，人民邮电出版社2020年版。

［97］郭玉翠：《系统科学概论》，北京邮电大学出版社有限公司2020年版。

［98］谢科范、王红军、刘星星：《系统工程概论》，武汉理工大学出版社2020年版。

［99］吴金闪：《系统科学导引》（第1卷：系统科学概论），科学出版社2020年版。

［100］卜湛、曹杰、李慧嘉：《复杂网络与大数据分析》，清华大学出版社2019年版。

［101］孙东川、孙凯、钟拥军：《系统工程引论》（第4版），清华大学出版社2019年版。

[102] 王越：《系统理论与人工系统设计学》，北京理工大学出版社2019年版。

[103] 张发、于振华：《大规模复杂系统认知分析与构建》，国防工业出版社2019年版。

[104] 张彦：《活序：本真的世界观——兼论社会发展的第三种秩序》，上海人民出版社2019年版。

[105] 张智光：《生态文明和生态安全：人与自然共生演化理论》，中国环境出版集团2019年版。

[106] 郑波尽：《复杂网络的结构与演化》，科学出版社2018年版。

[107] 彭越：《基于系统学的环境承载力研究》，民族出版社2018年版。

[108] 任泽平、甘源：《新周期：中国宏观经济分析框架》，中信出版社2018年版。

[109] 邓环：《从双层功利主义到系统功利主义：基于协同学的当代道德哲学研究》，暨南大学出版社2018年版。

[110] 昝廷全：《系统思维》（第1卷），科学出版社2017年版。

[111] 潘丽君：《复杂之美》，广东人民出版社2017年版。

[112] 安永钢：《互动经济：互动思维下的经式》，浙江人民出版社2017年版。

[113] 周金涛：《涛动周期论：经济周期决定人生财富命运》，机械工业出版社2017年版。

[114] 韦岗：《生命探秘：信息、能量、气血网》，广东科技出版社2017年版。

[115] 郭方中、郭毅可：《论复杂》，上海大学出版社2016年版。

［116］吴军：《智能时代：大数据与智能革命重新定义未来》，中信出版社2016年版。

［117］武杰：《跨学科研究与非线性思维》，中国社会科学出版社2016年版。

［118］陈禹、方美琪：《复杂性研究视角中的经济系统》，商务印书馆2015年版。

［119］朱国云：《组织理论：历史与流派》（第二版），南京大学出版社2014年版。

［120］郝柏林：《从抛物线谈起——混沌动力学引论》，北京大学出版社2013年版。

［121］张天蓉：《蝴蝶效应之谜 走近分形与混沌》，清华大学出版社2013年版。

［122］唐恢一：《系统学：社会系统科学发展的基础理论》，上海交通大学出版社2013年版。

［123］钟义信：《信息科学原理》，北京邮电大学出版社有限公司2013年版。

［124］李梁美编著：《走向系统综合的新学科》，上海社会科学院出版社2012年版。

［125］黄欣荣：《复杂性科学的方法论研究》，重庆大学出版社2011年版。

［126］史定华：《网络度分布理论》，高等教育出版社2011年版。

［127］吴今培、李学伟：《系统科学发展概论》，清华大学出版社2010年版。

［128］邬焜：《古代哲学中的信息、系统、复杂性思想》，商务印书馆

2010年版。

[129] 林宗涵：《热力学与统计物理学》，北京大学出版社2007年版。

[130] 郭雷、许晓鸣主编：《复杂网络》，上海科技教育出版社2006年版。

[131] 颜泽贤、范冬萍、张华夏：《系统科学导论：复杂性探索》，人民出版社2006年版。

[132] 邬焜：《信息哲学——理论、体系、办法》，商务印书馆2005年版。

[133] 郝柏林：《混沌与分形——郝柏林科普文集》，上海科学技术出版社2004年版。

[134] 胡皓、楼慧心：《自组织理论与社会发展研究》，上海科技教育出版社2002年版。

[135] 李曙华：《从系统论到混沌学》，广西师范大学出版社2002年版。

[136] 吴彤：《自组织方法论研究》，清华大学出版社2001年版。

[137] 金吾伦：《生成哲学》，河北大学出版社2000年版。

[138] 许国志：《系统科学》，上海科技教育出版社2000年版。

[139] 胡代光、高鸿业主编：《西方经济学大辞典》，经济科学出版社2000年版。

[140] 曾国屏：《自组织的自然观》，北京大学出版社1996年版。

[141] 李志才：《方法论全书Ⅲ：自然科学方法》，南京大学出版社1995年版。

[142] 许国志：《系统科学大辞典》，云南科技出版社1994年版。

[143] 刘秉正：《非线性动力学与混沌基础》，东北师范大学出版社

1994年版。

［144］冯国瑞：《信息科学与认识论》，北京大学出版社1994年版。

［145］颜泽贤：《复杂系统演化论》，人民出版社1993年版。

［146］郭治安、沈小峰：《协同论》，山西经济出版社1991年版。

后　记

　　这本小书我们写了八年。经常有朋友问笔者为什么另起炉灶、跨界做系统科学研究，也有一些热心人奉劝我"做交叉研究费力不讨好，千万别叉到十万八千里回不来"。确实，从笔者当初拜读《钱学森讲谈录》开始触碰系统科学问题时，的确没有做到"三思而后行"。如果那时真的有过一番功利主义的"挣扎"，或许就不会有这本书的诞生了。走到今天，笔者实在觉得学习系统科学不仅有趣也很有用。从专业角度讲，笔者所从事的科学社会主义研究获得了更为科学的方法论滋养，至少使笔者对"否定之否定"这类辩证法命题的解读不再空洞乏味。除此以外，系统科学也会让我们在人文的海洋里获得了新的灵感。就如同对待"二王手札"一样：过去笔者只是随手临摹，也从未领悟到"力屈万夫，韵高千古"的书风从何而来。但现在，笔者明白这是一种新质的"涌现"，是一种缘起于从点画、间架、字组再到墨色变化综合集成出来的复杂之美。借用物理学的概念，在"对称性破缺"的作用下，楷、行、草形成了矛盾关系，于是就有运动。由此一来，书法的二维空间上就有了像黄庭坚大草那样"纵逸豪放"的雅韵。

　　这本书的写作过程大致是这样的：2016年，笔者正在研究国家治理体系协同问题，一个偶然的机缘使笔者有幸同中央党校专题研修班的学员张宏军教授切磋学问。当时，他是中国船舶工业系统工程研究院院长，曾担任我国第一艘航母航空保障系统总设计师。在交流过程中，他向笔者详细介绍了体系工程前沿理论。那一瞬间，笔者既有"乱花渐欲迷人眼"的茫然，也有一种"柳暗花明又一村"的顿悟之感。回到家中，通过进一步检索相关资料，笔者的直觉告诉自己：必须大胆拥抱系统科学，努力探索经典科学社会主义方法论的突破。于是，复杂性科学就这样进入了笔者的视野。因此，推动笔者开展21世纪科学社会主义前沿交叉研究的序幕也由此拉开。

细心的读者可能会发现，这本书把交叉研究的重心放在了"复杂"这一系统现象上，这是因为党校教员面对的是各行各业的中高级领导干部，无论在课堂上还是在研讨中，我们经常会接到学员抛来的各种复杂性问题。在党的最高学府从事教学科研工作，不能画地为牢而要勇于突破舒适区。复杂系统科学是横跨多个自然科学领域的复合型科学，对于从事人文社会科学研究的学者来说，跨进去、沉下去犹如攀越一座雄伟的珠穆朗玛峰。从2017年开始，我们就为推动科学社会主义前沿交叉研究进行了理论上的准备：最初是从中国科学院、清华大学、中国人民大学、北京师范大学的相关课程中汲取营养；之后，我们坚持每周开展读书会——有半天的、也有全天的；有遭遇难点而争论不休的，也有边品茶边速记火花思维的……大家在研讨过程中十分重视把复杂系统科学同唯物辩证法结合起来分析现实问题，每次研讨过后，我们都会把经典文献资料和交流发言进行整理归档，最终，形成了50余万的文字材料，这为本书后续进入成稿阶段打下了坚实的理论基础。

"款款挥来捶作片，团团结就宝珠圆。"这本书的创作彰显了团队协同的力量。在这项"系统工程"启动之时，胡建涛、张冠玉都还是硕士研究生，目前已临近博士毕业，对于他们二人的茁壮成长，笔者倍感欣慰。本书正式写作始于2021年1月，截至2024年1月定稿。在此期间，我们大致按照明确思路、整合材料、分工写作、攻坚克难、交互审校五个阶段来推进这项"系统工程"。值得一提的是，线下与线上研讨贯穿于整个写作过程。近两年来，我们大约举行过100多次会议交流。在每一次的思想碰撞中，大家围绕重点问题阐述观点、沟通想法，有时候甚至会针锋相对，比如对系统动力学、分形几何、规模法则等难点问题，我们往往都要进行多次交流，有时也会邀请自然科学领域的专家来解疑释惑。考虑到目标读者群的多样性，我们尽可能做到对专业问题进行通俗表达，但在"专业"与"通俗"之间犯难之时，我们一致偏向了"专业"，即阐释观点时务求科学严谨。

在写作过程中，我们采取了"以动制静"的推进方法，让思想观点在团队之间流动，即历经多轮碰撞再确定篇章布局，而非一上来就把体例固定化。随着一次又一次研讨会的深入推进，本书最初的框架设想也得到不断完善并逐步确立下来，最后在结构风格上呈现出一种交叉的"多样之美"。各自的篇章结构没有遵循程式化的标准，而是按照研究主题所涉及的自然科学特色来铺陈材料，在优先"原汁原味"的基础上再做力所能及的

后　记

人文社会科学阐释。在此期间，我们做了大量的调整工作，尝试让自然科学与人文社会科学的交叉自然发生，避免生搬硬套。

此书付梓之际，还要感谢多方给予的支持与帮助。首先要感谢中共中央党校（国家行政学院）科学社会主义教研部的领导和同事对我们推动21世纪科学社会主义前沿交叉研究的包容和鼓励。此外，特别要感谢我国船舶工业以及航空航天领域的系统工程师、专家学者对此项研究的思想供给，感谢中共中央党校（国家行政学院）诸位亦师亦友的学员们对本书写作的关注以及他们实践经验的启迪。最后，感谢天津市委党校李丹老师在材料收集与交流研讨方面的辛勤付出，感谢石晓婷、汪赛两位博士研究生在文稿审校方面给出的宝贵建议，感谢中共中央党校出版社对本书出版所提供的大力支持。

目前，有关系统观念和复杂系统科学的交叉研究在我国仍是一个前沿课题，有着广阔的知识生长空间。这本书只是我们立足系统观念的初步尝试。囿于专业能力，我们深知，书中还存在一些不足之处，敬请各位专家和读者批评指正！衷心希望能够有更多的专家学者保持一份好奇，去探索这个世界的复杂性。

徐浩然

2024年3月6日于京西掠燕湖畔